도판 1. 왼쪽 사진은 엔티솔의 토양 단면(미국 농무부 자연자원보전청 제공), 오른쪽 사진은 스포도솔의 토양 단면(Dahlhaus Kniese/Alamy Stock 사진)

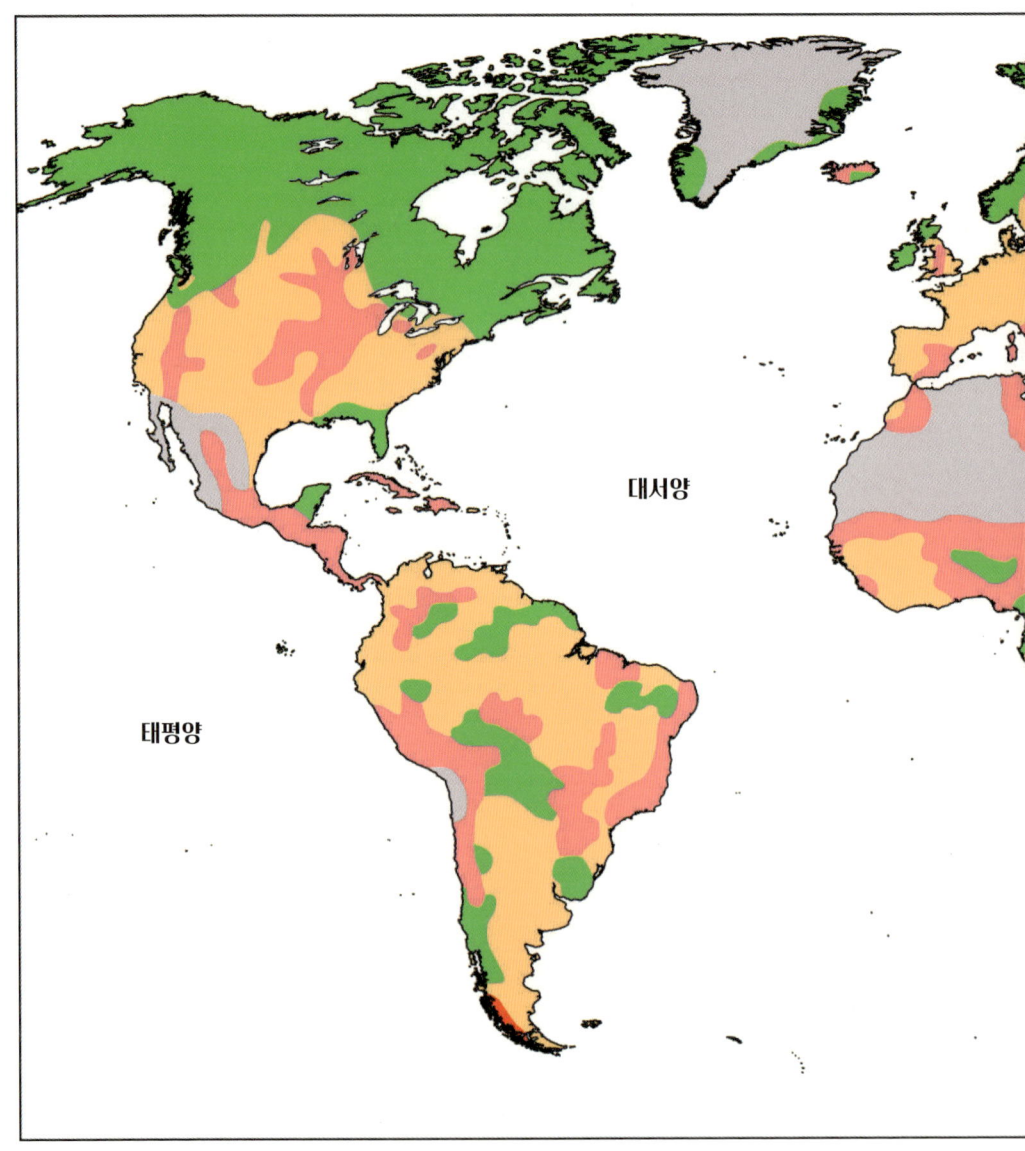

도판 2. 세계토양침식지도. 인간에 의한 토양침식 평가(GLASOD) 사업(1997) 연구 자료를 이용해 Phillppe Rekacewicz가 만든 세계토양침식지도를 빌 넬슨이 다시 그림. UNEP/GRID-Arendal, https://www.grida.no/resources/7424

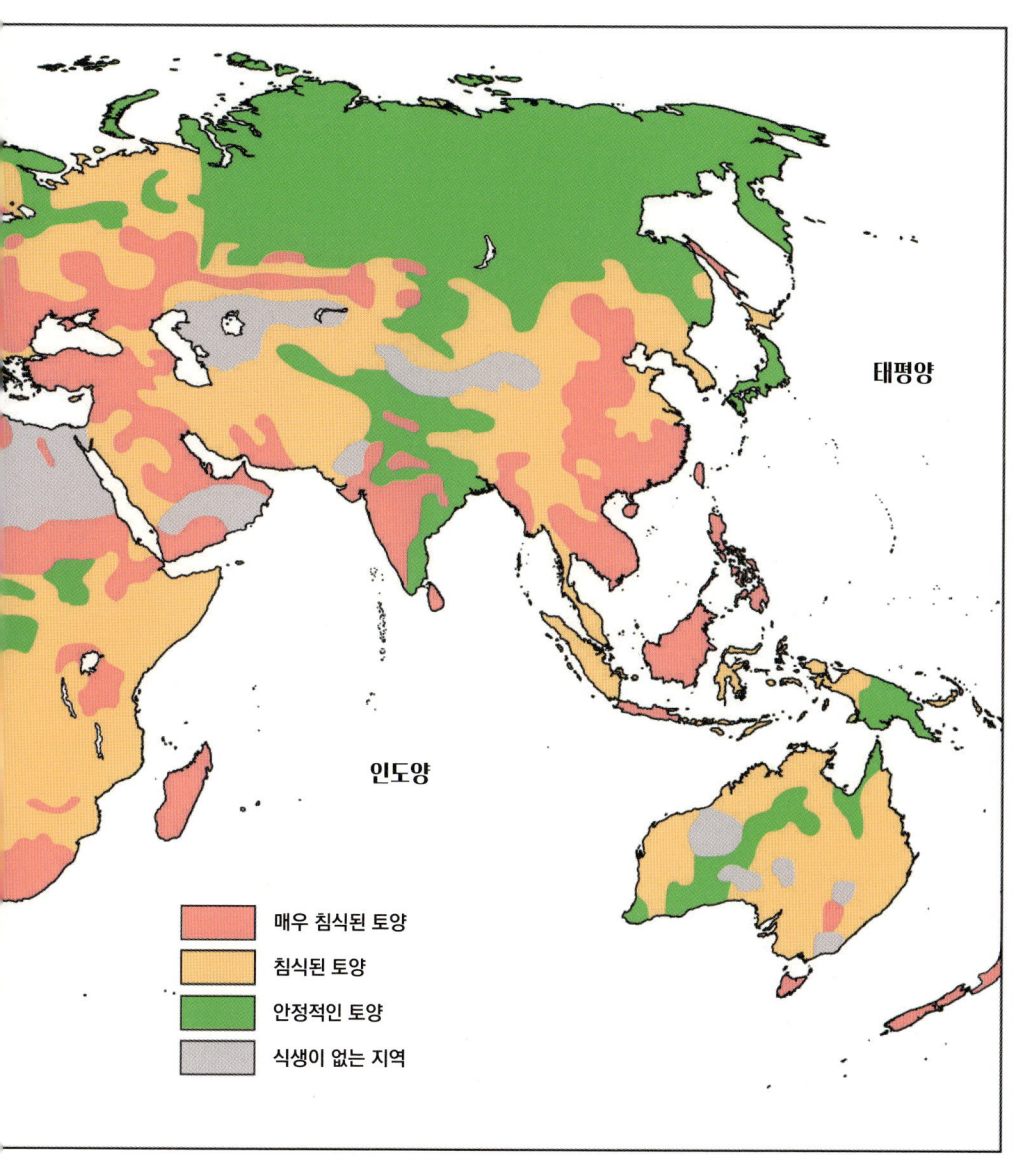

도판 3. 1999년 뉴질랜드 와이아푸(Waiapu)강에 퇴적된 침식 토양. 뉴질랜드 토지보호연구소 (Landcare Research NZ) Noel Trustrum 박사 제공

도판 4.
왼쪽 사진은 퇴적물을 이동시키며 스위스 발레(Valais)주에서 제네바 호수로 흘러드는 론(Rhône)강(Rama 사진, Wikimedia Commons, Cc-by-sa-2.0-fr).
아래 사진은 2019년 4월 콩고민주공화국 킨샤사(Kinshasa) 거주지에서 촬영된 빗물에 침식된 골짜기(Matthias Vanmaercke 사진)

도판 5. 위쪽 사진은 우크라이나 체르노젬 지역에서 최근 작물을 심은 경작지로, 체르노젬은 표토층이 1.5m에 달하는 전 세계에 있는 가장 깊은 토양 중 일부이다(Anton Petrus 사진).
아래 사진은 우크라이나에서 침식이 심각하게 일어난 지역이다(Megapixl.com의 Yurikr 사진).

도판 6. 위쪽 사진은 표토층이 완전히 침식돼 모래 언덕(밝은색의 모재)이 드러난 아이오와주 북부에서의 토양 침식을 보여준다(미국 농무부 Lynn Betts 사진).
아래 사진은 아이오와주에서 자라는 초원 식물을 사이에 심어 대상 재배를 하는 모습이다 (아이오와 주립대학교 Omar de Kok-Mercado 사진).

도판 7. 베트남 북서부 옌바이(YenBai)성 무깡짜이(Mu Cang Chai)현에 있는 계단식 논 (Freepik.com Tzido 사진)

The Past, Present, and Precarious Future of the Earth Beneath Our Feet
우리 발밑에 있는 지구의 과거, 현재 그리고 위태로운 미래

A World Without Soil
흙이 사라진 세상

A WORLD WITHOUT SOIL by Jo Handelsman

Copyright © 2021 by Jo Handelsman

All rights reserved.
This Korean edition was published by GEOBOOK publishing co. in 2025 by arrangement with Yale University Press through KCC(Korea Copyright Center Inc.), Seoul.

이 책은 (주)한국저작권센터(KCC)를 통한
저작권자와의 독점계약으로 지오북(**GEO**BOOK)에서 출간되었습니다.
저작권법에 의해 한국 내에서 보호를 받는 저작물이므로
무단전재와 복제를 금합니다.

The Past, Present, and Precarious Future of the Earth Beneath Our Feet
우리 발밑에 있는 지구의 과거, 현재 그리고 위태로운 미래

A World Without Soil
흙이 사라진 세상

조 핸델스만 지음

김슾 옮김

GEOBOOK 지오북

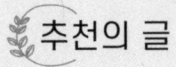
추천의 글

흙은 인류의 생존과 문명의 터전

대학에서 지리학과 환경을 가르치면서, 학생들에게 인간의 생존을 위해서 반드시 필요한 것 세 가지를 물어본다. 공기와 물은 쉽게 답을 하는 반면, 세번째 답을 얻는 데는 시간이 좀 걸린다. '흙'이라고 하면 에너지 아니냐, 동식물 아니냐는 반문이 이어진다. 이러한 반문에 난 10여 년 전 개봉했던 「마션(The Martian)」이라는 영화를 자주 예로 든다. 주연을 맡은 맷 데이먼이 화성에 홀로 남겨진 후 가장 먼저 했던 일이 감자를 기를 수 있는 흙을 만드는 것이었다. 영화 속 맷이 토양에 대한 지식을 가진 식물학자였기 때문에, 화성이라는 환경에서도 토양을 직접 만들어 낼 수 있다는 약간은 과장된 스토리 전개가 가능했다. 영화를 보면서 토양학을 공부한 나는 분명 인류의 마지막 생존자 가운데 한 명이 될 수 있겠다는 상상을 한 적이 있다.

흙은 인류의 생존과 문명을 일으킨 근간이다. 세계 4대 문명 혹은 고대문명을 이야기하면서 꼭 나오는 대하천의 하류지역은 사실은 비옥한 토양을 의미한다. 우리가 잘 모르는 중요한 사실은 한국은 전 세계에서 유일하게 토양 황폐화를 극복한 국가라는 사실이다. 조선시대 말부터 한국의 산지는 극도로 황폐화되었다. 여기에 일제강점기와 한국전쟁은 전 국토를 그야말로 폭탄을 맞은 것과 같은 상태로 만들었다. 하지만 1970년대 국가적인 노력으로 산의 토양을 복원하고 조림을 하였고, 지금은 우리 산의 임목축적량이 OECD 국가 중에서 4위다. UN에서 훼손된 토양복원을 위해 사막화방지협약(UNCCD)을 만들고 열심히 활동하고 있지만, 인류 역사상 전무후무한 성공스토리로 거론되는 곳이 한국이다. 같은 상황이었지만, 토양 황폐화 극복에 실패한 북한은 1990년대 말 '고난의 행군'으로 수백만 명이 목숨을 잃는 비극을 경험했다. 한국이 전 세계에 자랑스러워해야 할 세 가지 성취는 눈부신 경제발전, 문화강국 그리고 토양 황폐화 극복이다.

우리가 일상에서 깨끗한 물과 공기에는 과도할 정도로 집착하지만, 토양이 왜 중요하고 또 왜 '깨끗해야' 하는지에 대해서는 이해를 하는 사람이 많지 않다. 특히, 도시생활에 익숙한 현대인들은 토양을 직접 만져보거나 접할 기회가 점점 없어지고 있고, 심지어는 흙을 '더러운 것'으로 인식하는 사람도 많다. 이러한 인식을 바꿀 수 있는 자료, 교재, 방송 프로그램을 부지런히 찾아보지만, 안타깝게도 그런 자료가 많지 않다.

그 와중에 지오북에서 토양을 소개하는 책을 번역해서 출판을 앞두고 있다는 반가운 소식을 전해 들었다. 저자와 번역내용을 확인하는 과정에서 더 반가운 소식은 이 책의 저자 조 핸델스만 박사와 개인적으로 인연이 있다는 사실이었다. 나는 1998부터 2년간 미국 위스콘신대학교 토양학과에서 머문 적이 있다. 그때 같은 단과대학에 소속된 핸델스만 교수를 만났다. 미국 위스콘신대학교는 토양학과 농학의 메카로 불리는 곳이며, 관련 학회의 본부들이 위치한 곳이다. 엄청난 열정을 가진 여성학자로 기억하고 있다. 아니나 다를까 이후 백악관 과학기술정책실 부실장까지 지냈다고 하니, 그 열정을 쏟는 일들을 찾으셨구나 하는 생각을 하게 되었다.

그 어마어마한 학문적 열정에 더해 미국 대통령의 과학정책을 보좌한 분인 만큼, 이 책이 지향하는 바는 명확하다. 우리 자신과 자식들의 생존을 위해서는 목숨 걸고 토양을 보호해야 한다는 것이다. 최근 걱정이 점점 늘어나고 있는 기후환경변화 뿐만 아니라, 생태시스템의 균형이 무너지면서 발생하는 각종 재난과 질병을 줄이기 위해서라도 토양은 반드시 보호되어야 한다. 한국의 경우에는 최근 무절제한 도시화와 산림전용을 위한 사면의 절단 등으로 토양 침식과 함께 산사태의 위험이 급증하고 있다. 국가지도집에 발표된 내용에 의하면 우리나라의 연간 총토양 유실량은 5,000만 톤 이상이며, 그 절반 이상이 경사지에 개간된 밭에서 일어난다. 특히 고랭지 유기농 농산물에 대한 수요가 늘면서 토양 침식이 급격하게 증가하고 있다. 이렇게 침식된 토양이 하천과 호수로 유입되어 수생태계 파괴와 우리가 이용할 수 있는 물 부족 문제로 이어진다. 산사태로 인한 피해액도 10년 단위로 3배 이상 꾸준하게 증가하고 있다. 더불어 산업 활동과 농업에서 사용되는 농약과 화학비료 등으로 인해 중금속 및 기타 유해 물질이 토양에 집적되고 있다. 우리 아버지와 어머니들이 힘겹게 지킨 토양들을 당장 나의 자식들에게는 물려주지 못할 것 같은 두려움과 아쉬움이 든다.

토양학이 결코 쉬운 분야는 아니다. 전문적인 용어들이 있어서 때로는 어렵다고 느껴질 수도 있다. 하지만 인류의 미래를 지키기 위해서, 자랑스러운 토양 황폐화 극복 역사를 가진 한국인으로서, 그리고 우리의 자식들이 안전한 토양환경에서 살 수 있도록, 우리 모두가 이 책을 열심히 읽고 전 세계 토양보호 홍보대사가 될 수 있기를 기대해 본다.

서울대학교 지리학과 교수, 대한지리학회 회장 **박수진**

옮긴이의 글

2050년이면 건설용 모래가 고갈될 것이라는 기사를 보았습니다. 고갈을 예견하는 자원은 많이 보았지만 그 대상이 모래라는 것이 정말 놀라웠습니다. 사막에 끝도 없이 펼쳐져 있는 것이 모래인데 고갈이 예견되어 있다니요. 하지만 사막에 가득한 모래는 끊임없이 부는 바람을 따라 이리저리 움직이며 서로 부딪히고 굴러 겉표면이 반들반들해진다고 합니다. 반면, 시멘트의 응집력을 높이기 위해 건설에 사용하는 모래는 풍화를 겪지 않은 각진 형태의 모래가 필요하다고 합니다. 그렇기에 사막에 있는 무수히 많은 모래가 아니라 주로 강이나 해안에서 모래를 채취합니다. 하지만 강이나 해안에 퇴적되는 모래의 양은 점점 줄어드는 중입니다. 지구의 70%가 물이지만 담수는 단 2.5%밖에 되지 않는 것처럼 우리에게 필요한 흙은 점점 더 줄어들고 있습니다.

도시 텃밭 프로그램을 2년 동안 해본 적이 있습니다. 해마다 텃밭 농사가 시작될 무렵이면 텃밭을 전체적으로 갈아엎고 부족한 흙을 보충하는 작업을 하더군요. 저렇게 흙이 많은 데도 왜 어디선가 흙을 가져와 보충하는지 궁금했던 의문이 이 책을 읽으며 풀렸습니다. 텃밭은 가을걷이가 끝난 뒤 4월에 파종을 하기 전까지 거의 반년 동안 어떤 지피식물도 없이 지표가 그대로 드러나 있거든요. 이런 토양은 비와 바람의 침식에 매우 취약할 수밖에 없습니다. 만약 겨울 동안 땅을 따뜻하게 덮고 있을 지피식물을 심으면 어떨까 하는 생각도 들었습니다. 겨울을 버틸 식물이 없을 것이라고 생각하기 쉽지만, 잎은 사라졌어도 뿌리는 여전히 땅속 미생물들과 함께 겨울을 난답니다.

흙은 생명을 담고 있습니다. 이번에 번역한 『흙이 사라진 세상』 역시 저의 관심사인 생명을 흙으로 이야기하는 책입니다.

김숲

존 너지(John Nagy)와 다른 모든 농부들을 위해

머리글

이 책을 쓰게 된 것은 세계 곳곳의 토양이 눈에 보이지 않는 위기에 처해 있기 때문이다. 많은 사람들은 우리가 밟고 있는 바로 그 땅이 놀라울 만큼 빠른 속도로 사라지고 있다는 사실을 알지 못한다. 우리가 밟고 돌아다니며 더럽다고 말하고 경멸하는 흙이 위험에 처해 있다. 토양이 침식되면서 식량생산과 환경 전반도 불안정해지고 있다. 만약 전 세계가 지금이라도 조치를 취한다면 토양을 탄소 저장고로 사용하여 온실가스를 줄이면서 기후변화를 늦추고, 미래에도 급격히 늘어나는 인구를 위한 식량을 지속해서 생산할 수 있을 것이다.

인류는 무엇인가를 고치기까지 너무 오랜 시간을 기다리는 습성이 있는 생물이다. 위험에 빠져 위태로워질 때까지 무시하거나 논쟁하거나 의심한다. 하지만 행동하기로 결심만 한다면 문제를 해결하기 위한 기발한 해결 방법을 찾아 협동 정신을 발휘하기도 한다. 우리가 직면하고 있는 수많은 문제와 달리 토양 위기가 희망적인 점은 '우리가 해결할 수 있다'는 것이다. 우리는 토양이 강으로 쓸려 내려가거나 대기 중으로 날아가 버리는 것을 지켜보는 대신 토양을 수천 년 동안 보존해 온 다양한 농경법을 이미 알고 있다.

토양은 실용적이기만 하진 않다. 이 책을 쓴 이유에는 토양과 토양 생성 기작의 과학을 향한 내 열정을 나누기 위한 것도 있다. 나는 알 수 없는 매력으로 우리를 매료시키는 흙을 좋아한다. 다양한 향, 질감 그리고 그 중요성에 매혹됐다. 그리고 토양에서 생명체가 돋아나는 것은 매년 일어나는 기적과 같다. 하지만 이는 기적이 아니다.

기적보다 훨씬 나은 '과학'이다. 음식부터 생명을 구하는 약물까지 토양이 주는 다양한 혜택은 내 연구에 활력을 불어넣고 토양을 향한 애착을 더 공고히 한다.

이 귀중한 자원을 구할 수 있는 시간은 아직 남아 있다. 이 책을 읽고 토양을 구하기 위한 행동을 하는 데 영감을 얻었으면 한다.

도판 목록

도판 1 … 엔티솔의 토양 단면, 스포도솔의 토양 단면 … i

도판 2 … 세계토양침식지도 … ii

도판 3 … 와이아푸강에 퇴적된 침식 토양 … iv

도판 4 … 퇴적물을 이동시키는 론강, 킨샤사의 빗물에 침식된 골짜기 … v

도판 5 … 전 세계에서 가장 깊은 토양 중 하나인 우크라이나 체르노젬 지역, 우크라이나에서 심각한 침식이 일어난 지역 … vi

도판 6 … 표토층이 완전히 침식되어 모래 언덕이 드러난 지역, 자생하는 초원식물을 작물 사이에 심어 놓은 모습 … vii

도판 7 … 베트남 북서부의 계단식 논 … viii

일러두기

- 글쓴이의 주는 아라비아 숫자로, 옮긴이의 주는 *로,
  편집자의 주는 •로 표기하였다.

차 례

추천의 글 … 4
옮긴이의 글 … 7
머리글 … 10

프롤로그 … 14
1. 새벽-보이지 않는 위기 … 18
2. 지구의 암흑물질 … 26
3. 흙이 하는 일 … 42
4. 지구에는 열두 가지 흙이 있어 … 64
5. 사라지는 흙 … 86
6. 지구에서 흙이 모두 사라진다면? … 122
7. 흙과 기후 위기의 듀엣 … 152
8. 토착민에게 배우는 농사 … 176
9. 농사짓는 방법을 바꾸자! … 202
10. 흙이 있는 미래 … 230

감사의 글 … 254
약어略語 … 258
주註 … 259
참고문헌 … 296
찾아보기 … 308

프롤로그*

오바마 대통령께

저는 미국과 전 세계 문명 전반에 걸친 토양을 위협하는 위기를 알리기 위해 이 편지를 씁니다. 네, 토양에 대해 말하는 것 맞습니다. 우리는 토양을 흙이라 하고 스페인어로는 suelo, 나바호어로는 Łeezh, 히브리어로는 adama, 헝가리어로는 talaj, 스와힐리어로는 udongo라고도 부릅니다.

모든 종류의 생명체가 의지해 살아가는 비옥한 토양의 표토층은 빠르게 침식되고 있습니다. 토양은 수천 년간 지구 지각에 가해진 물리적인 힘의 결과물입니다. 풍화된 지질학적 원료는 살아있거나 죽은 식물, 동물 그리고 미생물로부터 나온 화합물과 섞입니다. 이것이 바로 토양을 이루는 기본적인 재료입니다. 여기에 물이 스며들고 공기가 빈 곳을 채우고 식물은 흙을 뚫고 뿌리를 뻗으며 동물들은 굴을 파고 들어가고 미생물은 영양분이 잘 순환하도록 합니다. 수천 년의 시간 동안 토양은 이러한 과정을 거쳐 풍요로워지고 깊어지며 식량 생산의 95%를 책임지는 비옥한 표토층이 만들어졌습니다.[1]

토양은 농업을 넘어서도 커다란 영향을 미쳤습니다. 모든 생명체는 깨끗한 물을 얻기 위해 토양에 의존합니다. 사실, 토양은 지구상에서 가

---

* 편지에 해당하는 부분은 어투를 다르게 옮겼다.

장 거대한 정수 필터 역할을 합니다. 또한 지구상에서 가장 거대한 탄소 저장고이기도 합니다. 토양 속 탄소의 양은 지구 대기의 3배 그리고 모든 식물을 구성하고 있는 탄소의 4배입니다. 덕분에 토양은 기후변화를 완화할 수 있는 강력한 도구가 될 수 있습니다.[2] 그리고 지구에서 가장 다양한 생물이 서식하는 장소인 토양은 전통 의학과 현대 의학에서 쓰이는 약의 원료가 되는 미생물도 품고 있습니다. 심지어는 복잡한 물리적 특성을 가지고 있어 벽돌, 길 그리고 도자기로도 구워질 수 있습니다.

전 세계적으로 토양은 위험에 처해 있습니다. 이미 빠르게 일어나고 있는 토양 침식과 황폐화는 기후변화에 따라 점점 더 빈번하게 발생할 것으로 예측되는 폭풍우로 인해 더 가속화될 것입니다. 미국을 비롯한 다른 여러 나라에서 토양은 만들어지는 속도보다 10~100배는 빠르게 사라지고 있습니다. 어떤 예측에 따르면 미국은 경사면에 있는 농경지에서 너무나도 많은 토양이 침식돼 21세기 말에는 작물 수확량이 매우 위태로워질 것이라고 합니다. 어떤 지역은 곧 척박해질 것입니다. 사실, 아이오와주의 농경지 항공사진을 통해 암석으로 이루어진 심토가 지표로 드러난 모습을 이미 여러 곳에서 확인할 수 있습니다.[3]

토양 침식으로 사그라진 문명의 역사는 오래전부터 있어 왔습니다.

이스터섬은 가파른 산등성이에서 바다로 토양이 침식되자 더 이상 농산물을 생산할 수 없게 되었고 인구가 14,000명에서 2,000명으로 줄었습니다.[4] 이처럼 토양을 과도하게 경작하고 난 후 토양이 침식되면서 식량을 생산하는 능력도 하락한 공동체 이야기는 중국, 아프리카 그리고 미국에서 많이 찾을 수 있습니다. 미국의 많은 농경지가 이 비극의 전철을 밟는다는 증거는 넘쳐납니다.

지금 우리가 가고 있는 방향은 지속가능하지 않습니다. 이 현상이 지속된다면 식량을 생산하는 데 전례 없는 수준의 어려움을 겪을 만큼 토양이 사라지게 될 것입니다.

좋은 소식은 우리가 토양 침식을 줄이거나 심지어 멈추기 위한 충분한 지식을 갖추고 있다는 것과 그것이 단기적으로는 지금보다 조금 손해가 나는 것처럼 보이겠지만 잠재적으로는 장기간에 걸쳐 이득이 된다는 것입니다. 무경운 재배, 지피 작물 이용 그리고 뿌리가 깊은 식물을 사이 심기하는 방법은 토양 침식을 막고 토양을 회복할 수 있는 입증된 농경법 3인조입니다. 게다가 이 농경법들은 토양에 탄소 저장을 늘려 온실가스를 줄일 수 있습니다. 2015년 파리에서 열린 유엔기후변화협약 당사국 총회에서 전 세계적으로 토양의 탄소 저장량을 매년 0.4%씩 늘리자는 안건이 제시되었습니다. 비록 이상적인 목표지만 이 목표가 달성된다면 앞으로 늘어날 것이라 예상되는 탄소 배출을 완화할 수 있을 만큼의 충분한 탄소를 격리해 지금의 대기 중 탄소 농도를 유지할 수 있을 것입니다.[5]

농부들이 토양을 보호하는 농법을 사용하고 토양에 탄소 농도를 높일 수 있도록 독려하기 위해 정부가 시행할 수 있는 정책은 다양합니다. 농작물 보험이 책정되는 기준을 바꾸는 일부터 농부들이 토양을 보호함으로써 인센티브를 받을 수 있도록 하는 것까지 말입니다. 또한 소비자들에게 '토양 안전' 표지가 붙은 식품을 구매하는 운동에 동참하도록 독려하고, 농부, 환경 단체, 농약 회사, 식료품점 그리고 지역 주민들과 협력하여 인증 기준을 만들 수도 있습니다.

나는 대통령께 어렵지만 빠르게 바로잡을 수 있는 문제를 제시합니다. 우리가 필요한 것은 의지뿐입니다. 이 문명이 지속가능하지 않을 것이라는 사실을 알기에 우리의 의지가 반드시 필요합니다.

2016년
과학기술정책실 부실장
조 핸델스만

이는 내가 오바마 대통령에게 전달하고 싶었던 편지다. 이 책의 나머지 부분은 여러분 모두에게 보내고 싶은 편지다.

1
새벽-
보이지 않는 위기

'어떻게 내가 그걸 놓쳤지?'

이는 2015년 내가 백악관에 있는 사무실에서 초조해하며 서성일 때 머릿속을 맴돌며 괴롭힌 질문이었다. 버락 오바마 대통령의 과학분야 참모이자 35년 차 토양학자였던 나는, 왜 그랬는지 모르겠지만 우리가 위험에 처해 있다는 사실을 알아채지 못했다. 생성되는 속도보다 몇 배는 빠른 속도로 사라지는 토양은 말 그대로 미국에서 고갈될 수 있었다.

조금 뒤돌아보자면 나는 2년 전 오바마 대통령의 수석 과학보좌관이자 백악관 과학기술정책실장인 존 홀드런의 전화를 받았다. 홀드런은 내게 백악관 과학부에서 함께 일해 볼 생각이 없냐고 제안했다. 처음에 나는 거절했다. 학부생, 대학원생 그리고 박사후연구원들이 곤충 내장, 토양 그리고 식물에 있는 미생물 군집을 연구하느라 바쁜 예일대학교 연구실을 떠나기 망설여졌기 때문이었다. 하지만 홀드런의 식견과 오바마 대통령의 과학을 향한 깊은 관심에 두 손 두 발 다 들 수밖에 없었다. 결국 나는 백악관에서 일하기로 했다. 관례적이면서도 엄격한 FBI의 신원 조사 후 상원의원들의 질문에 어떻게 답해야 하는지에 대한 속성 과외가 진행됐다. 상원 상무·과학·교통위원회 앞에서 받은 인준 청문회는 의외로 즐거웠다. 투표를 위해 9개월 동안 기다린 후 상원 본회의에서 마침내 추인을 받고 정식으로 과학 부문 부실장으로 취임 선서를 했다.

취임하던 날, 나는 아이젠하워 행정동의 웅장한 사무실로 이사했다. 아이젠하워 행정동은 백악관 옆에 있는 건물로 거의 천 명이나 되는 직원들이 머무르는 장소다. 나는 곧 65,000m^2나 되는 백악관 경내를 자유롭게 돌아다닐 수 있다는 사실을 알아차렸다. 친절한 경호원들에게 저녁 인사를 제대로 하지 않고 어두워지기 전에 보안문을 통과했기 때문에 이 공간의 무성한 아름다움은 나의 성인 시절 전반에 걸쳐 자리 잡은 현장 연구와 경작지에서의 일을 대신해 자연으로 향하는 통로가 됐다. 광활한 잔디밭은 대통령이 외국 정상을 맞을 때 열병식을 거행하고, 수석보좌관과 함께 '심각한 문제를 논의하고 있다'는 분위기를 풍기며 걷거나, 눈보라로 직원들이 출근하지 않을 때는 자신의 두 딸과 즉흥적으로 썰매를 타는 장소가 되기도 했다. 땅은 나와 대지, 역사 사이를 연결하는 다리가 됐다. 나는 한 회의에서 다음 회의로 분주히 오가면서 같은 길을 걸었을 수많은 사람들을 떠올렸다. 어쩌면 지난 대통령의 신체를 이루던 분자가 내 주변을 떠다녔을지도 모른다. 영부인의 채소밭을 지날 때면 비옥한 토양과 퇴비 냄새를 맡을 수 있었다. 이 채소밭의 잡초를 뽑는 일에는 직원들이 앞다투어 나서기도 했다. 나는 병든 식물이 하나도 없는 꽃밭의 정돈된 알록달록함도 한껏 즐겼다. 또, 대통령 집무실에서 행사가 열리는 이스트룸까지 대통령을 에스코트하면서 뿌듯해하는 내 모습을 지켜봤던, 백악관 콜로네이드*를 따라 길게 늘어선 멋진 장미 덤불에 고갯짓하기도 했다.

내가 새로운 자리에 적응할수록 내 사무실의 화려한 벽은 인공위성, 망원경, 미생물 그리고 대통령의 사진으로 가득해져 갔다. 이 사진들은 내가 하루 종일 매달려 있던 프로젝트의 유물이었다. 내 일은 미국 시민들에게 과학을 기반으로 한 정책을 제공하는 것이었다. 연구사업을 강화하고 세상을 더 나아지게 할 정책 말이다. 실제로 우리 부서는 대통령이나 예산 관리국 등에 망원경과 초대형입자가속기 같은 중요한 과학기기를 관리, 감독하기 위한 연간 과학예산에 대해 조언할 의무가 있었다. 과학과 그 활용을 촉진할 수 있는 방안에 대한 통찰력을 가진 수백 명의

---

* 웨스트 윙과 중앙 관저를 연결하는 통로로 기둥이 늘어서 있다.

과학자가 나를 찾아왔다. 여러 분야의 미국 대표단을 이끌고 G7, G20 그리고 EU 각국의 과학기술부 장관을 만나 거대한 국제 과학 프로젝트를 지원할 계획을 논의하기 위해 외국을 여행하기도 했다. 한 번은 일본에서 미래형 전기자동차를 운전하고 로봇과 대화를 나누는 경험을 했다. 하지만 사회를 맡은 장관이 내 쪽으로 몸을 돌려 나지막하게 질문했을 때는 정말 흥분되는 동시에 두려운 순간이었다.

"미국 측의 의견은 어떤가요?"

다른 나라에 백악관의 입장을 전달하는 건 '나'에게 달려 있었다.

오바마 행정부와 함께 일하는 것은 즐거웠다. 나는 물질을 이루는 가장 작은 입자와 우주 저 끝에 있는 새로운 은하에 대한 연구, 바이러스성 질환을 치유할 수 있는 범용 백신 탐색 그리고 파리지옥풀을 보존하려는 과제를 알게 됐다. 그 보상은 환상적이었다. 2015년 국정연설에서 과학기술정책실의 동료 그리고 연방정부의 여러 기관과 함께 수립한 정밀의료계획*을 시행하겠다는 대통령 연설을 들었다. 백악관의 뛰어난 입법 담당 보좌진과 인류 건강에 대한 의회의 깊은 헌신 덕에 이 계획에 예산을 지원하는 법안이 상원에서 92:8로 통과해 자금을 지원받을 수 있었다. 이제 이 계획은 양당이 모두 참여하는 일이 됐다.

비극과 절망이 가득한 시기도 있었다. 에볼라와 지카 바이러스가 유행했던 순간처럼 말이다. 하지만 희망은 항상 있었다. 결국 우리는 미합중국 정부고, 그렇기에 고통을 완화하고 죽음을 피할 수 있도록 도와야 했다. 그렇지 않은가? 에볼라 바이러스가 서아프리카에서 시작됐을 때 대통령은 전염병 종식을 원한다는 의견을 분명하고 빠르게 표명했다.

---

* 방대한 건강 데이터를 수집하며 최적의 치료법을 제공하는 의료서비스

나는 수개월 동안 상황실에서 진행된 회의에 참석하였는데, 미군이 3주 만에 라이베리아 곳곳에 치료시설을 구축하는 모습을 감탄의 눈으로 지켜보았다. 또한 26개 정부부처 직원들과 논의를 진행했고, 오바마 대통령의 의회 담당 보좌진이 의회에서 재정 지원을 얻기 위해 엄청난 노력을 쏟는 모습을 지켜보았으며, 몇 가지 실책을 저지르고 언쟁을 벌이는 과정을 통해 권력투쟁에서 패하였고, 수천 명의 목숨을 구한 용감한 의료계 종사자를 만났다. 그러던 어느 날 라이베리아는 에볼라 바이러스 종식을 선언했다. 나는 그런 일을 가능하게 만든 정부에서 아주 작은 부분이라도 담당했다는 사실이 매우 자랑스러웠다.

위기 상황에 처해 있거나, 대통령의 요청이 있거나, 혹은 과학 외교가 필요한 상황이 아니라면 나는 나만의 과학 의제에 집중했다. 주요한 화두는 국가 식량 공급의 수익성과 지속가능성을 높이는 것이었다. 내가 농업 과학자였기에 기후변화와 경제 변화로 인해 때로 견딜 수 없는 새로운 압박이 미국 농부들에게 가해지고 있다는 사실을 알고 있었다. 농업 기업의 두 가지 요구는 특히 심각했다. 첫번째는 유전적 선택을 통해 작물 생산을 증가시키기 위해서는 이제는 사라지고 있는 과학자인 식물육종학자가 더 필요하다는 것이다. 두번째는 작물 생산에 이용되는 토양의 질을 향상해야 한다는 것이다. 첫번째 문제는 교육 훈련을 확대하는 것과 관련이 있었고 두번째는 연구에 착수할 필요가 있어 보였다.

그러나 현대 토양과학을 새로이 공부하면서 나는 연구와 현실 사이에 간극이 있다는 사실을 발견했다. 최근 수십 년 동안 토양의 질을 개선하기 위해 토양학자들이 연구한 내용의 상당 부분이 미국 농지의 3분의 2에서는 시행되지 않았다. 그 결과 서서히 문제가 발생하고 있었다. 즉 토양이 사라지고 있었다. 토양은 바람과 물의 흐름에 쓸려 눈에 띄지 않게 떼를 지어 미국을 가로질러 운반되고 있었다. 토양 침식은 특히 중서부에 위치한 미네소타, 아이오와, 캔자스, 아칸소, 미주리 그리고 일리노이주에서 걷잡을 수 없이 진행되고 있었다. 매년 대량의 표토가 미시시피강을 따라 멕시코만으로 흘러 들어갔다.[1]

이는 깜짝 놀랄 만한 일이었다. 나는 1970년대에 토양학을 공부했고 의회에서 국가식량안보법이 통과되던 1985년까지 토양 침식 동향을 추적했었다. 국가식량안보법은 농무부 산하의 자연자원보전청(NRCS)이 광범위한 토양 보존 정책을 추진하도록 하였다.

몇 년이 흐른 후 자연자원보전청의 노력으로 토양 침식을 억제하는 데 있어 큰 진전이 있었다는 사실을 알게 되었다. 그 후 나는 토양미생물을 주제로 한 내 연구에 집중했고, 토양 침식 문제는 이미 해결됐다고 생각하며 국가적인 흐름에서 관심이 멀어졌다.

1985년 이후, 의회가 지속적으로 법률 문구를 완화해서 자연자원보전청이 농부들에게 토양 보호의 책임을 물을 권한이 거의 사라졌다는 소식을 언뜻 들을 수 있었다. 1992년에는 토양 침식을 줄이기 위한 진전이 눈에 띄게 느려졌다. 오늘날 미국에서 토양은 만들어지는 속도보다 10배에서 100배는 빠르게 사라지고 있고 세계적으로는 더 심각한 상황이다.

토양 침식을 주제로 발표된 논문에서 발견한 사실로 인해 나는 어안이 벙벙해졌다. 게다가 저명한 토양학자들과의 대화를 통해 나는 내 두려움을 확인했을 뿐만 아니라 많은 연구에서 말하고 있는 것보다 실상은 더 심각하다는 사실을 깨달았다. 그리고 직원들과 함께 농무부 자료를 이용해 상황이 얼마나 심각한지 예측했다. 그 결과 중서부 농경지대의 상당 지역에서 표토층이 21세기 내에 사라질 수 있다는 결론을 얻었다. 기후변화 모델 예측에 따라 폭우 빈도가 늘어나는 것을 고려한다면 토양 침식 속도는 눈에 띄게 가속화될 것이었다. 아이오와 주립대학(Iowa State University) 농학자인 릭 크루즈(Rick Cruse)는 비바람으로 표토가 사라져 심토가 드러난 여러 지역의 항공사진을 공유해 주었다.

몇 달 동안 나는 계산을 다시 검토하고 자료를 수정하였으며 추가적인 연구 성과를 찾아보고 더 많은 전문가들에게 자문을 구했다. 과학적으로 깊이 검토한 결과, 나는 '심각하다'는 말이 과장이 아니라는 사실을 받아들일 수 있었다. 이러한 토양 침식 추세가 계속된다면 미국의 풍부한 식량 생산량이 수십 년 내에 줄어들 수 있고, 인도, 중국 그리고 아프리카에서도 이와 같은 빠른 토양 침식이 일어난다면 전 세계적인 식량위기를 일으킬 수 있었다.

과거에 내가 얼마나 무지했는지에 크게 실망한 채 사무실을 서성이면서 나는 무엇을 해야 할지 고민했다. 대통령에게 알려야 했다. 이런 사실을 대통령에게 알리지 않고 어떻게 책임감 있는 자문위원이라 할 수 있겠는가? 국가의 토양을 구하는 일은 오바마 행정부의 유산이 될 수 있었다.

대통령에게 알리는 과정은 보고서에서 시작된다. 이전에 내가 작성했던 대부분의 보고서는 대통령에게 전달됐다. 그리고 몇몇은 다음 단계를 논의하기 위해 대통령 집무실에서의 회의로 이어졌다. 그래서 나는 이 보고서가 오바마 대통령에게 닿아 토의를 거치고 토양을 보호할 수 있는 대통령 발의로 이어질 수 있을 거라는 긍정적인 느낌이 들었다. 하지만 1년 넘게 기다린 후에야 나는 대통령 임기가 거의 끝나 커다란 계획을 새로 추진하기에는 너무 늦었다는 이야기를 들었다. 내게는 그 보고서를 대통령에게 전달하지 못한 것이 가장 큰 후회로 남아 있다. 하지만 나는 전 세계 사람들에게 이 위기를 알리기 위해 이 책을 쓰는 방식으로 행동을 취했다.

토양 위기는 현실이며 점점 더 빠르게 그리고 궁극적으로는 지구에 서식하는 모든 생명체에게 영향을 미칠 것이다. 토양 침식은 전 세계에서 각기 다른 속도로 일어나고 있지만 바이러스가 퍼지는 것처럼 나라를 가리지 않으며 가까이에 있는 사람에게만 영향을 미치지도 않는다. 토양이 사라지는 일은 식량과 의약품의 공급에 영향을 미치고 지구의 기후도 변화시킬 것이다. 몇몇 서식지가 완전히 사라지고 다른 서식지는 확장될 것이며 이에 따라 종의 분포가 달라져 몇몇 종은 멸종하고 어떤 종은 크게 늘어날 것이다. 하지만 토양 침식은 멈출 수 있다. 그것도 빠르게 말이다. 사람들은 스스로 되돌릴 수 있는 위기에 내재한 희망과 자율에 의해 동기부여가 되어야 한다. 목표를 세우고 일치단결하여 행동할 수 있도록 더 알아보자.

2
지구의 암흑물질

Earth가 지구뿐만 아니라 '토양'이란 뜻도 담고 있다는 사실은 우연이 아니다. 우리의 세계에는 지표 외에도 더 많은 것들이 있지만 광물과 생체분자로 이루어진 얇은 갈색 껍질은 우리가 아는 한 우주에서 하나뿐인 지구라는 행성을 정의하고 가치를 부여한다. 만약 지구가 그 이름에 걸맞은 곳이라면 토양 이야기는 그 시작부터 이야기할 가치가 있을 것이다.

지구는 토양이 생기기 훨씬 전에 탄생했다. 빅뱅 이론은 우주가 어떻게 시작됐는지 그리고 팽창으로 지구가 어떻게 형성되었는지에 가장 근접한 추측이다. 빅뱅 이론에 따르면 태초에 우주의 모든 물질과 에너지는 눈에 보이지도 않을 만큼 작은 점에 들어 있다가 우리가 오늘날 빅뱅이라 부르는 137억 년 전 사건으로 한 번에 폭발했다고 한다. 우주의 첫 순간은 작고 밀도와 온도가 매우 높아 입자가 생겨날 수 없었다. 우주의 온도가 낮아지면서 처음 만들어진 것은 쿼크와 전자였다. 그리고 뒤따라 각각 하나씩의 양성자와 전자로만 이루어져 118개 원소 중 가장 간단한 수소가 만들어졌다. 온도가 10억K(절대 온도) 이하로 떨어지면 수소 핵이 융합돼 헬륨이 만들어진다. 온도가 더 떨어지면서 우리가 성운이라 부르는 수소와 헬륨가스로 이루어진 거대한 구름이 생겨났고 한 치 앞도 보이지 않는 성운 안에서 별과 함께 첫 은하가 나타났다.

중력장과 자기장은 성운을 수축해 원시별*로 만들고 우주를 떠다니던 잔해물을 회전시키고 부딪혀 모아 암석, 원시행성 그리고 최종적으로 행성을 만드는 수백만 년의 과정을 통해 행성계가 완성되었다. 우리 태

---

* 우주에 존재하는 성간 물질이 중력으로 수축되면서 만들어지는 별

양계에 있는 행성 여덟 개 중 하나는 45.5억 년 전 지구가 됐다. 우리는 44억 년 전까지 거슬러 올라가는 광물을 화강암에서 찾아볼 수 있다. 화강암이 만들어지기 위해서는 물이 필요하기에 지질학자들은 지구가 형성되고 1억 5,000만 년이 지나지 않아 지구에 암석과 물이 존재했다고 추론했다.[1] 물과 암석은 토양이 만들어지는 데 중요한 두 요소다. 세 번째 요소는 생명이다.

가장 오래된 화석과 암석 속에 기록된 생명의 기원은 39.5억 년에서 34.8억 년 전 사이 그 어딘가이지만 그보다 훨씬 일찍이었을 수도 있다.[2] 생명체는 변화하며 자급자족할 수 있는 화학 시스템이라 정의할 수 있다. 지구상에 생명체와 유사한 첫 화학 시스템이 등장한 것은 자가복제하는 RNA 분자(DNA와 밀접하게 연관된 단일 가닥 뉴클레오티드)였을 것이다. 그 후에는 생명을 구성하는 세 가지 역(domain) 중 두 가지에 해당하는 박테리아와 고세균의 조상인 단순한 단세포 생물이 탄생했을 것이다. 초기에 탄생한 단세포 형태의 생명체는 몹시 뜨거운 해저의 열수 분출공에서 기원했을 것으로 보이나 이들이 만들어지는 과정은 수수께끼로 남아 있다.

생명체는 나타나자마자 자연선택에 의한 진화와 같은 과정을 거쳐 변하기 시작했다. 개체군은 약간의 유전적 차이를 가진 개체들을 포함하고 있다. 만약 변이 유전자를 가진 개체가 생존과 번식에 적응상의 이점을 갖는다면 그 변이 유전자가 우세하게 될 것이고 적응하지 못한 유전자는 쇠퇴하게 될 것이다. 변화하는 과정은 상호적이다. 환경은 생명체에게 선택압으로 작동했고 생명체는 지구의 화학적 성질과 대기를 바꾸면서 환경을 변화시켰다. 두 과정 모두 30억 년 이상 지속됐다. 생명체가 지구를 완전히 바꿔놓은 가장 극적인 예로 24.5억 년 전 대산소 발생사건을 일으킨 남세균의 산소 생산을 들 수 있다.[3] 이 광합성 세균은 태양 에너지를 사용해 대기 중의 이산화탄소에서 탄소를 추출하며 그 부산물로 산소를 배출한다. 바다와 그 안의 광물이 산소로 포화되기 시작하면서 대기에도 산소가 늘어나기 시작했다. 남세균의 숫자가 늘어나면서 더욱더 많은 산소가 방출되었고 대기 중 산소 농도는 호흡하며 살아가는 생명체가 생존할 수 있을 정도가 되었다. 자연선택으로 인한 진화의 냉혹한 사례로 산소의 존재를 견딜 수 없는 수많은 혐기성 종이 멸종하면서 산소를 이용하여 대사 작용을 할 수 있는 생명체를 위한 장이 만들어졌다. 오늘날, 거의 모든 복잡한 유기체는 산소를 필요로 하는데 이는 미생물이 진화 과정을 통해 수백만 종의 대사 작용에 영향을 끼칠 만큼 중요한 역할을 했다는 사실을 보여준다.

남세균은 또 다른 놀라운 변화를 일으켰다. 이번에는 성층권이었다. 대기에 산소가 서서히 늘어나면서 일부는 성층권으로 확산돼 오존층이 형성될 정도의 충분한 농도가 되었다. 오존은 태양에서 온 자외선에 의해 산소 분자(O_2)가 쪼개져 산소 단일 원자가 만들어지며 탄생한다. 만약 이 원자 하나가 산소 분자(O_2)와 충돌한다면 오존 분자(O_3)가 만들어진다. 그리고 오존이 충분히 만들어지면 오존은 지구에 서식하는 생명체의 목숨을 위협하는 강력한 방사선으로부터 생명체를 보호하는 태양 자외선의 흡수 필터 역할을 한다. 이 사건으로 식물, 동물 그리고 미생물이 다양해지고 지상으로 이주하여 토양을 위한 기반을 만들 수 있게 되었다.

수십억 년 전에 무슨 일이 일어났는지 어떻게 알 수 있을까? 과학의 매력적인 점 중 하나는 우리가 어떻게 현재의 지식을 습득하게 됐는지에 대한 부분이다. 나는 실험적 방법론으로 과학 연구를 시작했다. 우리는 변수를 조절하고 실험을 수행하며 결과를 찾는다. 만약 당신이 온도를 바꾼다면 박테리아는 어떤 반응을 보일까? 유전자 하나를 없앤다면 식물에겐 어떤 일이 벌어질까? 이 약을 투여한다면 환자의 상태가 나아질까? 모든 실험은 조절한 변수의 영향을 측정할 수 있도록 비교를 위한 기준을 제공하는 대조군을 지닌다. 그리고 모든 실험은 반복적으로 진행된다. 우리는 박테리아 세포 하나, 식물 한 그루 혹은 한 사람에서 도출된 결과를 사용하지 않는다. 대신 여러 개체들 사이에 혹은 심지어 한 개체를 여러 날 측정한 결과에서 실험의 영향이 얼마나 다른지를 결론짓기 위해 가능한 많은 결과를 모은다. 대조군과 함께 반복된 실험이 내가 정의하는 과학의 일부분이었다. 사건이 의미가 있으려면 통제되고 반복돼야 했다. 그러므로 내가 처음 지구와 토양이 만들어지는 과정을 배우기 시작했을 때 나는 지구가 단 하나밖에 없다는 사실에 당황스러웠다. 지구가 하나밖에 없다는 말은 반복 실험을 할 수 없다는 뜻이다. 과거에 지구가 형성되던 과정의 조건을 바꿔서 같은 방식으로 지구가 만들어지는지 실험해 볼 수 없다는 말이다. 이는 먼 과거에 일어났던 사건을 연구하는 과학자들이 실험을 반복하거나 내가 미생물 실험실에서 했던 종류의 실험을 할 수 없다는 것을 의미한다. 행성학은 완전히 다른 방법을 사용해야 한다.

나는 초기 지구의 모습과 초기 지구를 만들어 낸 힘을 하나의 그림으로 그려 낸 생각과 추론에 감탄했다. 토양을 만들어 내는 두 가지 재료인 암석과 물이 지구에 처음 나타난 시기를 밝혀내는 과정을 예로 들어보자. 위스콘신 대학교 매디슨 캠퍼스의 지질학자인 존 밸리(John Valley)는 44억 년 전 지구의 온도가 급격하게 낮아졌다는 증거를 발견해 교과서를 새로 쓰게 하고 자신의 분야에서 혁명을 일으켰다. 즉 대륙 지각의 형성과 바다의 출현 시기에 대한 추정을 4억 년 이상 앞당겼다.

밸리가 메인(Maine) 남부에 있는 화강암 채석장에 처음 갔을 때는 4살이었다. 당시 작은 망치를 들고 열의에 가득 찬 표정을 지은 밸리를 보고 아버지는 웃음을 터뜨렸다. 매년 여름이 되면 밸리는 아버지와 보스턴에서 메인에 있는 채석장으로 향했다. 채석장에서 크리스털을 채굴할 수도, 운이 좋다면 보석을 발견할 수도 있었다. 수십 년이 지난 후에도 밸리는 여전히 암석을 사랑했다. 지질학자로서 밸리는 "살면서 하루도 일을 한 적이 없다."고 말한다. 이는 절대로 은퇴하지 않을 것이라는 말이기도 하다.

밸리는 그가 지구의 시간기록계로 활용한 광물인 지르콘을 연구했다. 지르콘은 지르코늄, 규소 그리고 산소가 포함된 규산지르코늄으로 이루어져 있다. 세 원소도 흔하고 그 결정화 과정도 흔하게 일어나기에 지르콘은 지구의 지각에 흔한 광물 중 하나다. 지르콘은 한 번 만들어지면 잘 사라지지 않는다. 극한의 열과 압력에도 말이다. 고온으로 모암이 부서지고 녹아도 지르콘의 화학결합은 털끝 하나 다치지 않고 그대로 남아 있다. 하지만 지구 역사의 이야기를 담고 있는 건 규산지르코늄이 아니다. 지구 역사에 대한 증거는 '다른' 원소를 붙잡아 두려는 이 분자의 특성에서 찾아볼 수 있다. 이 멋진 특성 덕분에 과학자들은 광물이 언제 만들어졌는지 알아낼 수 있다. 광물이 만들어지면서 지르콘은 방사성 우라늄 원자를 낚아챌 수 있다. 오랜 시간에 걸쳐 우라늄 원자는 훨씬 크기가 큰 원자인 납으로 붕괴한다. 지르콘이 처음 만들어질 때는 납 원자 크기가 너무 커서 포집될 수 없기에 지르콘 결정 내의 납은 우라늄이 붕괴됐을 때만 나타난다. 방사성 붕괴는 과학자들이 이미 알고 있는 속도로 일어나기에 우라늄과 납의 비율에서 시간을 산출하는 일은 단순한 계산이다. 우라늄으로만 이루어진 결정은 만들어진 지 얼마 되지 않았으며 납의 비율이 높을수록 오래된 결정이다. 이 방법을 이용해 밸리와 동료 연구진은 매우 오래된 지르콘 몇 개의 나이를 추정해 이 광물이 44억 년 전에 만들어졌다는 사실을 밝혀냈다.[4]

여기까지 암석의 이야기였다. 토양을 만드는 두번째 재료는 물이다. 지구에 가장 먼저 등장한 수역인 바다가 처음 나타난 건 언제일까? 원시 지르콘의 형성을 둘러싼 상황을 추론하기 위해서 밸리 연구진은 동위원소에 의존했다. 원자핵 속의 중성자 개수가 다른 변종 원소인 동위원소 말이다. 물의 경우에 밸리는 동위원소 ^{18}O에 관심이 있었는데 이는 대부분의 ^{16}O보다 원자핵에 중성자를 2개 더 지니고 있었다. ^{18}O과 ^{16}O은 모두 오랜 시간이 지나도 안정적인데 이는 시간이 지나도 다른 동위원소로 붕괴하지 않는다는 뜻이다. 지르콘 속 ^{18}O와 ^{16}O의 비율은 결정이 만들어지는 온도에 따라 결정된다. 낮은 온도에서 만들어진 지르콘에는 ^{18}O의 비율이 높다. 그러므로 동위원소 비율은 온도 측정값을 영구적으로 고정하는 온도계 역할을 한다. 밸리는 40억~44억 년 전에 만들어진 지르콘은 ^{16}O에 대한 ^{18}O의 비율이 높다는 사실을 발견했다. 이는 당시 상대적으로 낮은 온도(아마도 토양 속)에서 산소를 포획한 암석이 깊이 파묻혀 높은 온도에서 용융돼 지르콘을 만들었다는 것을 의미한다. 사실, 풍화는 물이 액체 상태로 존재할 만큼 낮은 온도에서 일어나므로 일반적으로 생각했던 것보다 4억 년 이상 일찍 바다가 나타났다는 것을 의미한다.[5] 이 모든 추론이 한 줌 정도의 암석 속에 있는 지르콘 알갱이 몇 개에서 왔다는 사실이 놀랍지 않은가?

지구가 약 1억 5,000만 년 정도 됐을 때 토양을 만들기 위한 재료 세

가지 중 두 가지인 암석과 물은 이미 만들어졌다. 생명체는 가장 나중에 만들어진 재료였다.

2005년 이후 존 밸리는 미화석*을 이용해 생명의 기원을 측정하기 위해 그의 날카로운 통찰과 강력한 도구를 활용했다. 1992년까지 과학자들은 생명체가 약 20억 년 전에 나타났을 거라고만 예측할 수 있었을 뿐, 이를 직접적으로 측정할 방법이 없었다.[6] 그때 고생물학자인 윌리엄 쇼프(J. William Schopf)는 자신이 제시한 웨스턴오스트레일리아주의 원시 암석 속에 지구상의 생명체에 대한 가장 오래된 증거가 있다는 사실을 알아차렸다. 하지만 이 분야의 연구자들 다수는 쇼프의 주장에 회의적이었다. 미화석을 단지 시각적으로 분석한 결과에만 의존했기 때문이었다. 생명의 기원처럼 중요한 사항이 어떻게 세세한 형태, 색 그리고 구조만으로 결정될 수 있겠는가? 형태학적 관찰도 중요했지만, 이 작은 알갱이가 생물이 아닌 광물일지도 모른다는 가설도 배제할 수 없었다.

밸리는 34억 6,500만 년 된 암석에서 발견한 귀중한 미화석을 얻기 위해 10년간 쇼프를 설득했다. 하지만 핵심적인 시료는 런던의 박물관에 전시되어 있었다. 마침내 시료를 얻게 됐을 때 밸리는 방대한 화학분석을 통해 다른 형태를 지닌 미화석이 서로 다른 함량의 동위원소를 지니고 있다는 사실을 밝혀냈다. 그 말은 미화석이 모두 다른 종이라는 것을 의미했다. 이 공동연구로 미화석이 확실히 34억 6,500만 년 전 대부분 진흙이나 물속에서 살았을 것이라 예상되는 생명체의 흔적이라는 것을 확인했다.[7]

그러므로 지구에 지각이 형성되고 바다가 출현한 지 10억 년도 지나

---

* 육안으로 볼 수 없는 작은 화석

지 않아 생명체가 탄생했으며, 지구는 이미 다양한 미생물 군집으로 바글거리고 있었다. 각종 미생물들은 자신만의 비밀스런 대사 활동을 자랑하며 경쟁적인 세계에서 세력을 불려 나갔다. 결과적으로 태양 주위를 10억 바퀴 돌기도 전에 지구는 토양을 형성할 수 있는 모든 요소를 만들어냈다(그림 1).

토양은 풍화 작용과 미생물의 활동이 만들어 내는 천 년 동안의 과정을 통해 만들어진다. 시작은 암석이다. 토양학자들에게 모암으로 알려진 지질학적 기반암은 여기서 탄생할 토양을 가장 우선적으로 특징 짓는다. 열적, 기계적 그리고 화학적 과정을 거쳐 암석은 풍화된다. 열은

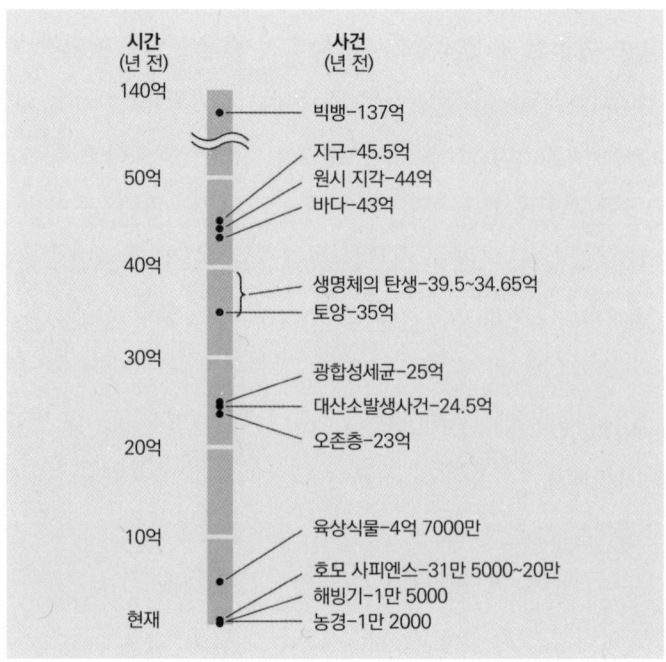

그림 1. 지구에서 토양의 생성과 이용에 기여한 중요한 사건 연대표. 빌 넬슨(Bill Nelson) 그림

암석이 팽창하고 균열이 생기게 한다. 암석의 틈으로 물이 스며든 후 기온이 영하로 떨어지면 물의 부피가 증가하면서 고체인 얼음으로 변하고 그로 인해 암석은 더 갈라진다. 그 후, 식물의 뿌리가 암석을 쪼갤 정도의 힘으로 틈을 파고들어 더 많은 암석 표면이 환경에 노출되게 만든다. 바깥 환경에 노출되면 다양한 화학적 방법이 암석을 변화시킬 수 있다. 석회암 같은 암석은 오랜 시간에 걸쳐 물에 용해된다. 다른 암석도 산소나 근방에 있는 암석 속 원소와 화학적으로 반응하며 변한다. 특히 암석 표면에 있는 금속 원소는 전자를 얻거나 잃으면서 반응성이 달라진다. 이 반응으로 암석은 더 작은 입자로 쪼개지며 색과 구조 그리고 화학적 특성이 변하게 된다.

이 과정은 대부분 기상 현상에 의해 조절된다. 날씨는 물과 온도 변화에 모암을 노출시켜 토양 형성을 진전시킨다. 오랜 시간에 걸쳐 암석은 무기질 토양과 비슷한 무언가로 부스러진다. 50년 혹은 100년 동안 이상의 기상 현상을 통틀어 우리는 기후라 부른다. 온실과 얼음저장고를 오가는 지구의 기후는 대륙을 가로질러 끊임없이 전진하거나 후퇴하면서 계곡을 침식시키고 암석을 분쇄하는 거대한 힘을 가진 빙하의 움직임을 끌어낸다. 토양을 옮기는 데 한 줄기 바람이 필요하다면 암석을 들어 올리고 그것을 수백만 년 동안 잘게 갈아서 지구 표면을 따라 조약돌 흔적을 남기는 데는 빙하가 필요하다.

암석이 변하는 속도는 제각각이다. 물이 많은 환경에서 석회암은 빠르게 용해된다. 반면에 지질학적인 관점에서 가장 단단하고 공극이 적은 물질인 석영은 일반적으로 가장 마지막까지 남아 있는 암석이다. 따라서 제각기 다른 모암에서 만들어진 토양은 만들어지거나 침식되는 속도가 다를 것이다.

어떤 토양이든 한 움큼마다 이야기보따리를 담고 있다. 그리고 각각의 이야기는 광물의 구성에서 비롯된다. 예를 들어 이산화규소는 지각에서 가장 흔한 물질 중 하나다. 이산화규소(SiO_2)는 주목할 만한 특성 때문에 지구 지각의 기반암(사암)이자 오늘날 과학기술을 이끄는 데 중요한 역할을 수행한다. 이산화규소는 해변, 사막에서 발견되며 토양을 이루는 핵심 요소인 모래를 구성하는 화합물이다. 기원전 6500년경, 원시 베두인족은 모래와 석회, 물을 혼합하면 오늘날 콘크리트와 비슷하게 단단하면서도 다양한 형태로 굳힐 수 있는 건축 자재가 만들어진다는 사실을 발견했다. 후에 로마인들은 이를 개선하여 오늘날까지도 남아 있는 판테온과 콜로세움같이 거의 무너지지 않는 건물을 만들어 냈다.[8]

기원전 4000~3500년 사이, 메소포타미아와 이집트 사람들은 고온에서 녹아내린 모래가 냉각되면 유리라는 아름답고 유용한 물질로 단단하게 굳는다는 사실을 발견했다.[9] 수천 년 동안 사람들은 유리의 특성에 매혹됐고, 광물을 추가해 그 특성을 바꿈으로써 창문에 사용할 투명한 유리와 예술에 사용할 색색의 유리를 만들었다. 지난 200년 동안 사람들은 모래가 길에 깔린 아스팔트를 더 단단하게 만든다는 사실을 발견해 광범위한 지역에 모래를 쏟아붓기 시작했는데, 이로 인해 전 세계 모래가 고갈될 위험에 처해 있다. 지구에 사막이 매우 많다는 것을 생각하면 터무니없는 소리처럼 들릴지도 모른다. 하지만 각진 모양의 모래만이 건축자재로 유용하게 사용될 수 있으며 사막의 모래는 수천 년 동안 바람에 노출돼 반들반들해졌다. 가장 잘 알려진 사례로 이산화규소는 컴퓨터 칩을 만드는 각광받는 광물이 됐다. 이는 샌프란시스코 근방의 컴퓨터 산업을 '실리콘* 밸리라고 부르는 이유를 설명한다.

이 모든 인상적인 특성을 고려한다면 이산화규소가 대부분의 토양에서 중요한 부분을 차지한다는 사실은 의심의 여지가 없다. 모래 알갱이는 토양에서 가장 크기가 큰 광물 입자로 토양에 공극이 발달하게 하므로 물과 공기가 토양 속으로 자유롭게 드나들 수 있다. 토양 속 가장 작은 입자는 점토다. 점토 입자는 박테리아만큼이나 작을 수도 있으며 대부분은 내부에 물이 갇혀있는 규산염 광물로 이루어져 있다. 이 규산염은 금속과 섞여 있으며 물과 산소가 동반되는 반응으로 다른 물질로 변한다. 이 광물을 이루는 금속성 물질이 대부분 알루미늄과 철이기에 점토에서 온갖 종류의 색이 관찰되는 경우가 많다. 미국 마서스비니어드(Martha's Vineyard)의 붉은 해안 절벽부터 뉴질랜드 오마라마(Omarama)의 황갈색 절벽까지 말이다.

중간 정도 크기의 토양 입자는 미사(silt)다. 미사 입자는 지각 아래에서 용융된 마그마가 냉각되면서 만들어진 석영과 장석으로 이루어져 있다. 미사는 칼륨, 나트륨 혹은 칼슘과 결합한 알루미늄과 규소를 기반으로 한 물질로 구성돼 있다. 이 광물은 암석에 박혀 있다가 물과 얼음에 의해 서서히 풍화된다. 흐르는 물로 암석이 들리고 물의 흐름을 따라 이동하면서 조각은 떨어져 나가고 강바닥에 긁히며 미사 입자 크기로 작아질 때까지 서로 부딪혀 마모된다.

이 광물 기반 토양 안에는 상상할 수 없을 만큼 밀집된 공간에서 자원을 얻기 위해 협력하고 경쟁하는 미생물로 이루어진 대도시가 있다. 전세계 토양에 대략 3×10^{29}개체의 박테리아가 살고 있으며 이는 티스푼

---

* 규소(Si)의 영명이 실리콘이다.

하나의 흙 속에 수십억 개체의 박테리아가, 1만 m^2에 5마리의 소 무게와 맞먹는 박테리아가 사는 것과 같다.[10] 지구의 대기에 어마어마한 영향을 줄 수 있다는 것을 보여줬던 남세균처럼 토양 화학은 토양 속 미생물의 엄청난 영향을 증명한다. 지구의 대기에 산소를 방출하고 오늘날 지속해서 탄소를 격리하는 박테리아는 대기에서 이산화탄소를 제거하여 자신과 토양에 서식하는 다른 생명체가 사용할 수 있는 형태로 만들었다.

미생물은 광물의 풍화 작용 전반에 걸쳐 믿음직한 일꾼 역할을 하고 자발적인 화학 반응을 가속하며 혼합물에 자신의 화학 작용을 더했다. 예를 들어, 특정한 박테리아는 자신의 영양소에 광물이 녹아들게 하기 위해 산酸을 만들어 낸다. 또 어떤 박테리아는 지질 구성 물질에서 금속을 제거하는 분자인 킬레이트 화합물을 만들어 낸다. 이 화학 반응은 수 미터 깊이의 토양 단면에 눈에 띄게 뚜렷한 층을 만들어 낼 수 있다. 토양과 식물의 건강에 특히 중요한 것은 대기 중의 생물학적 비활성 분자인 질소(N_2) 기체를 식물이 사용할 수 있는 질소인 암모니아(NH_3)로 바꾸는 박테리아다. 이 질소 고정 박테리아는 식물이 육지에 발을 디딜 수 있었던 원시 생태계에 질소를 공급하는 주된 원천이었다.

오늘날 육지 식물은 4,500억 톤의 탄소를 저장하고 있는, 지구에 가장 흔한 생명체다. 식물이 없는 지구는 상상하기 어렵다. 이들은 토양을 만들고 형성하며 영양을 공급하는 토양의 청지기이다. 하지만 수중에서 육상 환경으로의 진화적 도약은 쉽지 않았다. 일부 강인한 생존자들이 산산이 부서진 암석에서 자라기 시작함에 따라 생태계는 여러 생물들이 기여하면서 발달했다. 박테리아는 질소를 비롯한 다양한 영양소를 식물이 사용할 수 있는 형태로 바꾸었고 식물은 암석질 토양 환경에서 살아가는 미생물과 동물 등이 섭취할 수 있도록 탄소를 고정했다. 식물 뿌리는 광합성으로 고정한 탄소의 20~40%를 토양으로 방출하여 토양에 탄소를 공급하는 1차 공급자가 되었다. 그 결과 토양은 지구에서 가장 다양한 생물들이 서식하는 곳이 되었다.[11]

늦어도 4억 7,000만 년 전 바다에서 육지로 처음 올라왔던 식물은 토양을 변화시켰고 이 변화는 식물이 새로운 암석을 만날 때마다 일어났다. 1985년, 오리건 코밸리스(Corvallis)에서 열린 질소 고정 박테리아에 관한 학술발표에 참석했을 때 운이 좋게도 나는 이 과정을 직접 볼 수 있었다. 학회를 개최한 단체는 학회장 근처에서 화산폭발이 있었던 세인트헬렌스산을 등반하는 프로그램을 구성했다. 1980년 5월 18일, 지구 깊은 내부의 압력으로 마그마가 지표로 올라와 산의 측면을 팽창시켰다. 그리고 히로시마에 떨어졌던 원자폭탄 1,600개와 맞먹는 힘으로 폭발했다. 나는 뉴스에서 세인트헬렌스산의 폭발 장면을 담은 영상을 보았다. 세인트헬렌스산의 폭발로 5억 2,000만 톤의 재가 24km 이상 분출하여 성층권까지 닿는 바람에 태양을 완전히 가려, 화산을 중심으로 수백 km 근방은 한낮에도 으스스하고 밤 같았다고 한다. 유독한 화산 가스가 대기로 분출되는 바람에 57명의 사람과 수천 마리의 동물이 목숨을 잃었다.[12] 화산재는 미국 북서부의 항공 운송을 마비시키고 수로를 막고 농기계가 움직이지 못하게 만들었으며 호흡하는 간단한 행동도 위협했다. 그 후 2주 동안 화산재는 지구를 둘러쌌고 전 세계적으로 충격적인 일몰을 만들어 냈다. 지표 아래를 서성이는 폭발적인 에너지를 상기시키는 강렬함이었다.

1985년 내가 화산을 찾았을 때 용암은 이미 굳어 마치 밑바닥이 없는 것처럼 보이는 분화구까지 광범위하고 황량하게 펼쳐져 있었다. 우리가 분화구 가장자리를 에워싸자 가이드는 용암이 만들어 낸 암석에서 자라나는 자그마한 식물 하나를 가리켰다. 샌님 같은 세균학자들은 우리가 에워싸고 있는 거대하고 황량한 분화구 끝이 아니라 식물 주변으로 모여들었고, 우리는 과학이 실제로 작동하는 모습을 보고 있다는 사실을 깨달았다. 이 자그마한 개척자는 콩과 식물이었다. 이 씩씩한 식물은 뿌리혹에 질소 고정 박테리아를 지니고 있다. 질소 고정 박테리아가 없다면 식물은 질소가 부족해 화산암에서 자랄 수 없다. 이 식물이 자라면서 화산암은 풍화돼 부서질 테고, 그 결과 더 많은 박테리아가 서식하고 다양한 식물과 미소 동물이 함께 참여할 것이다. 이 식물, 동물 그리고 박테리아가 죽으면 남은 유기물을 분해하기 위해 다른 미생물이 찾아와 천천히 그리고 반복적으로 우리가 토양이라 부르는 생태계를 만들어 낼 것이다.

남은 여정 동안 우리는 대부분 조용히 생명의 회복력과 화산 폭발, 죽음 그리고 새로운 군집의 탄생이라는 끝없는 순환에 경외심을 느꼈다. 산에서 내려가려고 돌아설 때 우리는 얼룩다람쥐가 분화구 가장자리를 날쌔게 돌아다니는 모습을 목격했다.

현미경을 통해서나 볼 수 있는 작은 벌레부터 굴 파는 오소리까지, 다양한 크기의 동물들이 토양을 만드는 데 중요한 역할을 한다. 지표 아래의 무수히 많은 토양 서식지는 오늘날 밝혀진 생명체의 25%가 서식하는 생물다양성의 중요한 보고이며, 그렇기에 생태계가 작동한다. 토양 $1m^2$에는 지렁이만 150마리가 넘게 살 수 있는데 이 생물량(biomass)은 모두 합쳐 1헥타르당 1,500kg을 넘는다. 이는 대략 소 두 마리와 맞먹는 무게다.[13] 작은 곤충도 땅속에 서식하는데 평생은 아니더라도 잠깐 머무른다. 무당벌레는 겨울잠을 잘 때만 토양 호텔에 체크인하는 단기 체류 손님이다. 어떤 나방 애벌레는 낮에는 토양 호텔에 머무르고 달이 뜨면 음식을 섭취하기 위해 땅 위 식물로 이동한다. 땅속에 굴을 파 먹이를 찾고 대피소를 만드는 포유동물 혈통의 더 거대한 거주민도 있다. 토양에 서식하는 모든 거주민은 단단한 토양입자를 만들거나 공기와 물이 흐를 수 있는 길을 구축하는 데 기여한다.

토양이 탄생한 이후로 그것은 아낌없이 주는 지구의 선물이었다. 먼저 지각에 있는 광물이 물, 미생물, 식물 그리고 동물의 영향을 받아 혼합 기질을 만들어 낸다. 그러면 물은 입자와 생명체를 아래쪽으로 이동시킨다. 그리고 식물은 생육지에 뿌리를 뻗으면서 길고 끈적거리는 긴 사슬 형태의 다당류, 단백질 그리고 DNA를 배출한다. 이들은 토양 입자를 하나로 뭉치고 덩어리지게 해 토양 속에 서식하는 미생물에게 유익한 수프를 만든다. 이에 대한 대가로 미생물은 광물을 제각기 다른 화학적 상태로 변하게 만들어 질소, 인 그리고 마그네슘 같은 영양소가 식물에게 공급되는 것을 조절한다. 한편 식물, 동물 그리고 미생물이 죽으면서 남긴 사체는 곰팡이와 박테리아가 분해한다. 이들은 거대한 고분자를 분해해 작은 분자로 만들어 영양을 섭취하며 자신의 세포가 토양을 구조화하고 풍요롭게 만드는 데 필요한 화합물을 합성하기 위한 에너지를 공급한다.

지구상에서 가장 복잡한 서식지인 토양은 다른 어떤 자원도 필적할 수 없는 수수께끼와 힘을 지니고 있다. 어떤 식물이나 동물도, 석유나 석탄, 폭포나 우뚝 솟은 산도 토양의 생기 넘치는 힘이나 복잡성을 지니지 못한다. 세상의 몇몇 특징은 자연의 겸허함 또는 우리가 생존을 위해 그것에 의존하면서도 이를 당연하게 생각하기 때문에 눈에 보이지 않을 뿐이다. 그리고 몇 가지는 연구하기도 어렵다. 토양은 우리 지구의 암흑물질이다.

3
흙이 하는 일

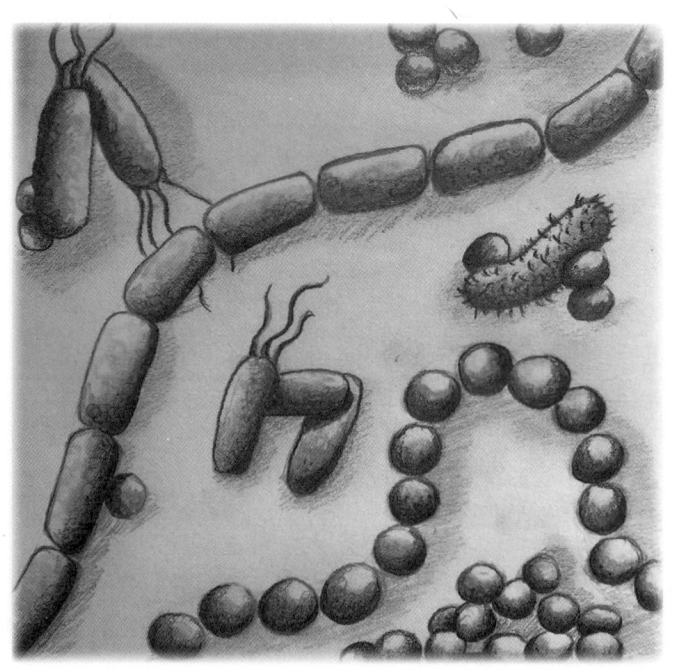

봄비가 내린 직후 산책을 해보자. 숨을 크게 들이쉬면 열심히 활동 중인 흙냄새를 맡을 수 있을 것이다. 이 특유의 냄새는 흙이 내뿜는 지오스민*이라는 화합물 때문이다. 지오스민은 그리스어로 문자 그대로 '흙냄새'를 뜻한다. 지오스민은 흙 속에 서식하는 박테리아가 발산하는 화학물질로 우리의 음식, 물, 연료, 건축자재 그리고 약품을 생산하기 위해 부지런한 미생물이 피땀 흘려 일하고 있다는 사실을 보여준다(그림 2).

흙은 수많은 생물학적, 화학적, 물리학적 반응이 일어나는 곳으로 다방면에 걸친 일련의 생태계 서비스를 제공한다. 생물학적 관점에서 흙은 식물과 미생물이 식량, 연료, 사료, 섬유 그리고 약품을 생산하면서 번성할 수 있게 한다. 화학적 관점에서 흙은 지나가는 유익한 또는 유해한 화학물질을 낚아채거나 배출하는 필터다. 그리고 물리학적 관점에서 흙은 물이 아래로 흐르는 것을 조절하면서도 식물이 잘 서 있도록 지지하는 구조를 이룬다. 흙은 지구에 서식하는 생명체를 위해 셀 수 없이 많은 일을 한다. 아마 이것이 인류 역사 전반에 걸쳐 흙이 숭배받았던 이유일 것이다.

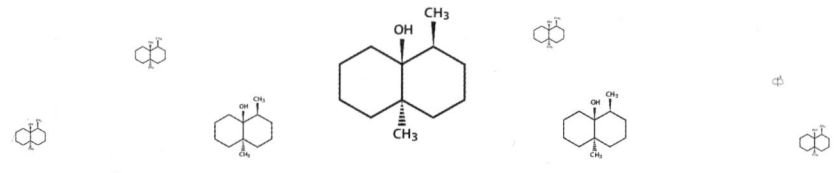

그림 2. 지오스민(geosmin)의 구조. 빌 넬슨 그림

* 미생물이 이차 대사 결과 생산하는 산물 중 하나로 흙냄새를 내는 화합물

대부분의 다신교에는 흙을 상징하는 신이 있다. 그리스 신화에서 대지의 여신인 데메테르(Demeter)는 사람들에게 대지를 잘 관리하는 대가로 충분한 수확물을 약속했다. 힌두교에서는 대지를 부데비(Bhudevi)라는 여신으로 묘사했다. 유대교와 기독교에서는 토양을 신처럼 생각하진 않았지만, 인간이라는 생명체가 토양에 기원을 두고 있다고 여긴다. 구약성서에 따르면 최초의 인간인 아담은 흙으로 빚어졌다고 한다. 아담이라는 이름은 히브리어로 흙을 의미하는 'adama'에서 유래했다. 유사하게 코란에 따르면 알라는 인간을 진흙으로 빚었고, 퇴적물, 대지 그리고 우주를 설명하며 '흙'이라는 단어를 287번이나 언급했다.[1]

1912년, 미국 선주민 중 하나인 크로(Crow)족의 컬리(Curley)는 자신의 땅을 정부에게 팔고 싶지 않은 이유를 설명했다. 컬리는 자신의 부족과 토양 사이의 오래된 연대를 분명하게 말했다. "여러분이 보는 흙은 그냥 평범한 흙이 아닙니다. 이는 우리 조상의 피와 살 그리고 뼈의 유해입니다…. 대지는 그 자체로 제 생명이자 죽음입니다. 흙은 존엄한 것이기에 저는 조금도 포기할 수 없습니다."[2]

컬리와 미국 정부가 토양을 두고 이야기를 나누는 데 애를 먹은 일은 수많은 토착민들과 흙을 숭배해 본 경험이 거의 없는 산업화된 나라 사이에 존재하는 인식의 차이를 상징하는 것이다. 식량 생산이 산업화 그리고 중앙 집중화되면서 사람들은 음식이 탄생하는 근원에서 쉽게 멀어졌으며 흙을 '더러운 것(dirt)'이라 여기게 된다. 'dirt'는 고대 스칸디나비아 말로 배설물을 뜻하는 단어인 'drit'에서 기인했다. 오물, 오염, 외설, 추문, 쓸데없는 일을 의미하는 단어인 dirt라니? 이것이 지구 지각의 보물이자 우리에게 영양분을 제공하고 우리의 식수를 깨끗하게 하며 질병에 대항할 수 있도록 면역력을 강화할 뿐만 아니라 어마어마한 양의 탄소를 저장하는 생기 넘치고 복잡한 서식지를 몇몇 사람들이 지칭하는 방식이다. 바로, 흙 말이다.

대산소 발생사건이 지표를 완전히 바꾸어 놓았던 것처럼 호모 사피엔스가 수렵채집 생활을 그만두고 농경 생활을 하게 되면서도 엄청난 변화가 일어났다. 이런 변화가 일어난 약 12,000년 전까지 흙은 수백만 년에 걸쳐 자연스러운 과정을 거쳐 만들어졌다.[3] 특정한 지역에 자라는 것은 그 어떤 것이든 원래 그 지역에 자생했거나 바람, 물, 동물을 따라 확산된 것이었다. 수천 년에 걸쳐 흙은 지구 역사의 대부분을 이끌었다. 흙은 셀 수 없이 많은 식물이 탄생한 곳이자 한때 대단했지만 이제는 멸종해버린 모든 육상동물의 변치 않는 무덤이다.

500만~700만 년 전, 초기 원시 인류는 아프리카 대륙에서 분화되었다. 200만 년 전 호모속(*Homo*)이 아프리카 대륙을 떠나 유라시아 대륙으로 향했을 때 다른 원시 인류와 자신들을 구별했다. 20만~31.5만 년 전, 호모 사피엔스가 나타났다. 여덟 종의 다른 호모속을 완전히 사라지게 만든 어마어마한 멸종에서도 호모 사피엔스만 살아남은 이유는 오늘날까지도 불분명하다. 우리는 호모 사피엔스가 등장하기 훨씬 전부터 석기가 발명되었다는 사실을 안다. 하지만 그들이 기술을 고안하고 사용하는 것에서 우위에 서고 결과적으로 진화적 이점을 갖게 된 것은 솜씨 좋은 손의 형태 덕분이었을지도 모른다. 우리가 손목을 돌릴 수 있고 더 무거운 것을 들어 올리게 된 것이 인류의 생존을 도왔든 그렇지 않았든 수천 년 후 인류가 농업 활동을 하는 데 도움이 됐다는 사실은 분명하다. 그로 인해 1만 년 전 800만 명이었던 인구가 오늘날 거의 80억 명까지 극적으로 늘었다.[4]

농경은 음식을 제공하는 생물체를 관리하고 착취하는 데 특화된 행동으로 개미를 비롯한 몇몇 동물과 사람이 이러한 행위를 한다. 몇몇 고고학자들이 23,000년 전 야생 곡물을 모으는 일로부터 원시 농업이 시작되었다고 주장하기도 하지만, 일반적으로 농업이 시작된 것은 그로부터 11,000년 후인 가장 최근의 빙하기가 끝나 기후가 따뜻해졌을 때라고 알려져 있다.[5] 기후가 변하면서 다양한 식물이 퍼져나갔고 호모 사피엔스는 야생의 식물에서 씨앗을 수확해 그다음 계절에 재배하는 방법을 터득했다. 초기의 농부들은 자신의 작물과 경쟁하는 식물을 제거하면서 생산성을 높였다. 또, 커다란 씨앗처럼 원하는 특성을 선택함으로써 식물 유전자에 영향을 미쳤다.

농경이 자리 잡아 가면서 마을과 도시가 등장했다. 사람들은 모여서 살기 시작했고 그 결과 직업이 다양해지고 예술과 유한계급*이 탄생했다. 농경은 또한 사람, 가축 그리고 작물에 감염성 질병이 빠르게 퍼지게 했다. 동일한 종이 가까운 곳에 많이 모여서 살게 되자 병원체가 한 숙주에서 다른 숙주로 이동하기 쉬워졌다, 변덕스러운 날씨와 더불어 질병은 식량 생산을 요동치게 했다. 그 결과 풍족한 시대 후에 배고픔의 시대가 뒤따라왔다. 그럼에도 농경은 토양 착취를 장려하고 늘어나는 인구를 부양하며 경제를 풍요롭게 만들었다. 그에 따라 고대로부터 많은 문명이 쟁기질과 경작으로 고갈되고 바람과 물로 침식되어 취약해진 황폐한 토양으로 인해 붕괴되었다. 농경은 오늘날 토양 침식 위기의 본질에 있는 역설을 보여준다. 즉 농경은 토양 남용을 조장하는 동시에 그 가치에 대한 사람들의 인식을 증진시킬 수 있다.

오늘날 토양은 우리 식량 생산의 95%를 담당하고 있다.[6] 우리 먹이

---

* 생산적 노동에 적극적인 의욕을 갖지 않고 비생산적인 소비생활을 하는 계층

사슬의 가장 바닥에는 식물이 있다. 광합성으로 햇빛에서 에너지를 얻고 대기 중의 이산화탄소를 당으로 전환하는 식물 말이다. 토양은 식물에게 물, 황, 칼륨, 마그네슘, 칼슘, 철, 인을 비롯해 광합성을 하고 성장하는 데 필요한 많은 영양소를 제공한다. 이 영양소가 먹이사슬을 따라 이동하는데, 생명체는 생체 분자를 만들기 위해 필요한 원소를 이어받는다.

세인트헬렌스산의 분화구에서 목격했던 것처럼 척박한 암석에 처음으로 정착하는 것은 보통 콩과 식물이다. 이는 환경 속 질소가 대부분 식물과 동물이 이용할 수 없는 형태로 존재하는 데 반해 콩과 식물과 공생하는 질소 고정 박테리아는 이런 질소에 접근할 수 있기 때문이다. 비록 대기의 78%가 질소로 이루어져 있지만 이 기체상태의 질소를 활용할 수 있는 생명체는 몇 안 된다. 하지만 생체 분자를 만들기 위해 모든 생명체는 질소를 필요로 한다. 비활성인 질소 기체를 식물이 사용할 수 있는 형태로 만드는 방법에는 세 가지가 있다. 첫번째는 매년 전 세계적으로 수천 명을 사망에 이르게 할 만큼 강력한 전기 에너지를 하늘에서 땅으로 내리꽂는 번개다.[7] 이는 질소 원자를 떨어뜨릴 수 있을 만큼 어마어마한 에너지를 방출한다. 하지만 생물계에서 번개로 만들어지는 질소 비율은 매우 낮다. 한편 질소 원자 두 개가 자연에서 가장 강력한 결합 중 하나인 삼중 공유결합으로 결합한 질소 기체에 직접 접근할 수 있는 특정한 박테리아도 있다.

$$N \equiv N + 3H_2 \rightarrow 2NH_3$$

수천 년 동안 농부들은 질소 원자의 결합을 끊어내고 암모니아(NH_3)

와 다른 질소 분자를 만들어 내기 위해 질소 고정 박테리아에 의지했다. 특히 유용한 박테리아는 완두, 알팔파 그리고 대두 같은 콩과 식물을 위해 질소를 고정해주는 뿌리혹박테리아였다. 이 식물들은 질소를 고정하는 공생균 덕에 토양 건강에 기여한다. 수백 년 동안 농부들은 콩과 식물 부스러기를 토양 속으로 집어 넣고 갈아 엎어서 이어 재배하는 벼, 밀, 옥수수 그리고 감자 같은 작물에 질소를 제공했다. 역사 기록에 따르면 고대 로마인들도 뿌리혹박테리아를 옮긴다는 사실을 알지는 못했지만 새로운 밭에 완두를 심기 위해 오래전에 콩을 심었던 땅의 흙을 옮겼다.[8]

20세기까지 지구에 거주하는 생명체를 위해 질소를 제공하는 방법은 번개와 질소 고정 박테리아밖에 없었다. 이는 생각해 볼 만한 지점이다. 지구에 살고 있는 모든 생명체를 이루는 질소 원자는 대부분 질소 고정 박테리아 그리고 드물게는 번개가 질소 기체에서 분리해 낸 것이다. 피튜니아, 세쿼이아, 공룡, 모기, 소 그리고 사람까지 모두 말이다. 이 어마어마한 일을 하는 토양 박테리아에게 경의를 표해야 하지 않을까?

20세기 초, 독일 과학자 프리츠 하버(Fritz Haber)가 질소 기체를 암모니아로 바꾸는 방법을 개발하면서 질소와 농경 사이의 관계는 달라졌다. 그는 전쟁을 위해 폭발물과 니트로겐머스터드(nitrogen mustard)[*]를 만드는 방법을 찾던 중 질소의 삼중 결합이 고온, 고압 환경에서 깨질 수 있다는 사실을 발견했다. 이 발견은 또 다른 독일 과학자인 카를 보슈(Carl Bosch)가 암모니아 생산 효율을 높일 수 있는 촉매를 개발하면서 상업적으로 사용할 수 있게 됐다. 하버와 보슈의 연구는 하나로 합

---

[*] 세포독성 효과가 있어 항암 화학요법에 사용되는 항암제의 일종으로 제2차 세계대전 당시 독가스로 사용했다.

쳐져 하버-보슈법으로 탄생해 오늘날까지도 질소 비료를 만드는 데 사용되고 있다. 하버와 보슈는 인류의 삶에 지대한 영향을 가져올 연구로 각각 노벨화학상을 수상했다. 사람을 죽이려는 목적으로 시작된 연구가 식량 생산을 위한 연구로 변했다는 사실이 얼마나 역설적인지 모른다.

하버-보슈법으로 질소 비료는 농업에서 매우 흔해졌고 작물 수확량을 적어도 30~50% 증가시켰다.[9] 이처럼 비료는 1960년대에 낮은 수확량의 농경시스템에서 작물 수확량을 늘린 녹색혁명을 뒷받침했다. 질소 농도가 높은 환경에서 재배되는 식물에서는 수확량이 늘었다. 그러나 안타깝게도 이 성공은 미래의 농경이 질소 비료뿐만 아니라 질소 기체의 삼중 결합을 깨뜨릴 에너지를 제공하는 화석 연료에 의존하게 만들었다. 그런데 질소 고정 박테리아가 그렇게 유명한 삼중 결합을 깨뜨리기 위해 화석 연료의 힘이 필요하지 않다는 사실은 가히 충격적이다. 질소 고정 박테리아는 이 반응을 상온의 대기압 환경에서 일으키는 반면 하버-보슈법은 200℃ 이상의 온도와 대기압 보다 수백 배나 강한 압력이 필요하다. 어쩌면 이 시점에서 또 한 번 토양 박테리아에게 경의를 표해야 하지 않을까?

손쉽게 질소를 고정해주는 이 유용한 생명체를 알아보기까지 내게는 오랜 시간이 걸렸다. 토양 박테리아를 공부하기 전 나는 작은 생물이라면 모두 면밀히 살펴보았다. 이 모든 연구의 시작은 아마 현미경을 처음으로 사용했던 7학년 과학 시간이었을 것이다. 사랑스러운 단세포 생명체인 짚신벌레들이 섬모를 일제히 흔들며 그 진홍색 조각을 입으로 쓸어담는 모습을 보고 마음을 홀딱 빼앗겼다. 다음 수업에 늦었지만 그건 문제가 되지 않았다. 내 새로운 친구인 현미경과 헤어지고 싶지 않았다.

자연이 내게 비밀을 털어놓았고 그 과학 수업 시간에 커다란 비밀을 들을 수 있을 만큼 내가 운이 좋은 것 같았다.

미시 세계를 둘러싼 비밀을 더 배워야 한다는 것을 알게 되면서 나는 오래된 라이츠(Leitz) 현미경을 살 수 있을 만큼 돈을 모으기 위해 아이를 돌보는 아르바이트를 했다. 그 라이츠 현미경은 어떤 이유에선가 1930년대 독일 병원에서 뉴욕의 고리타분한 창고로 옮겨졌고 마침내 작은 것들을 보고 싶은 열망에 사로잡힌 12살 소녀의 손에 들어왔다. 그 이후 4년 동안 나는 시간이 날 때마다 연못물에서 건져낸 것부터 비타민C 결정까지 모든 것을 라이츠 현미경을 통해 들여다 보았다. 나는 현미경으로 들어갈 수 있는 세상뿐만 아니라 내 오래된 현미경에 달린 황동으로 만든 고전적인 조절 나사와 생채기가 난 검은색 몸체를 보는 것만으로도 기뻤다. 몇 년이 지나 내 연구실을 꾸리면서 연구팀을 위해 새로이 개발된 현대식 현미경을 골라야 했을 때 당연하게도 나는 라이츠사에서 제조한 현미경을 선택했다.

대학생 시절 나는 식물을 공부했지만, 토양학 시간에 질소 고정 박테리아에 대해 배우던 시간은 심장이 멎을 것같이 흥미로운 또 다른 순간이었다. 교수님은 뿌리혹박테리아가 어떻게 콩과 식물의 뿌리에 자리를 잡아 뿌리혹이라는 작은 기관이 생겨나게 유도하고 질소를 고정해 식물이 질소를 흡수할 수 있게 하는지를 설명했다. 나는 다시 한번 눈에 보이지 않는 것을 보게 된 것 같았다. 실험체의 크기로 보나 수수께끼의 서식지인 불투명한 토양이라는 점으로 보나 둘 모두 우리의 시야를 가리고 있었다.

뿌리혹박테리아에 매혹됐음에도 나는 식물을 연구하러 대학원에 진학했다. 그러나 창의적이고 고무적인 지도자인 윈스턴 브릴(Winston

Brill)과 그가 질소 고정 박테리아를 연구하는 연구실이 내 마음을 사로잡았다. 나는 내 전공을 미생물학으로 바꾸었다. 그 당시 나는 박테리아에게서 크고 분명한 메시지를 들었다.

"우리를 연구해봐."

박테리아는 내게 속삭이며 손짓했고 나는 식물에서 멀어졌다. 미생물을 향한 내 관심을 돌려놓은 것을 그 이후로는 만나지 못했다. 식물은 내가 토양이나 뿌리 속에서 눈에 띄지 않는 가장 작은 생명체의 비밀을 탐구하며 박테리아 세계로 기나긴 여정을 떠나는 동안 우연히 만난 여행자가 됐다. 나는 짚신벌레와 질소 고정 박테리아가 나로 하여금 평생 미생물을 향한 호기심에 빠지게 했다고 확신한다.

토양은 살아있든 그렇지 않든 모든 소비자가 영양분을 교환하는 번잡한 시장이다. 이 시장에서 전 세계 탄소와 질소 경제의 많은 부분이 관리된다. 미생물이 흔히 그런 것처럼 전 세계적 영향을 미치는 일들은 매우 작은 공간에서 일어나는 일에 의해 좌지우지된다. 탄소와 질소는 순환을 통해 관리된다. 원소는 하나의 상태에서 다른 분자들로 변했다 원래의 상태로 돌아오는 것을 반복한다. 지구가 45억 년 전에 축적한 원소를 계속해서 재활용해 왔음에도 지구 밖으로의 유출 혹은 방사성 붕괴로 극미량만 유실됐다는 사실은 정말 놀랍다. 지구의 물자 상당량이 결국 토양이라는 시장을 거치면서 원래대로 분해될 것이다.

탄소 순환에서 토양의 복잡한 역할은 기후와 농경에 미치는 영향 때문에 오늘날 특히 관심을 받고 있다. 탄소를 포집하는 과정은 식물에서 시작된다. 식물은 광합성으로 고정한 탄소를 사용해 에너지 생산과 번식에 필요한 세포조직을 만들어 낸다. 어떤 탄소는 셀룰로오스와 리그

닌같이 길고 딱딱한 중합체로 만들어져 침입자로부터 식물을 보호하고 높이 서 있을 수 있게 하는 방어 시설을 만든다. 게다가 식물에겐 놀라운 습관이 있다. 식물은 광합성이라는 매우 값비싼 과정을 수행하여 고정한 탄소 중 3분의 1을 뿌리 근처의 토양으로 배출한다.[10]

뿌리를 둘러싼 공간인 근권(rhizosphere)은 미생물을 위한 스모가스보드(smorgasbord)*다. 뿌리에서 폭포처럼 쏟아지는 다양한 화학물질은 근권을 상대적으로 화학물질이 부족한 다른 토양과 구별 짓는다. 박테리아는 뿌리 주변을 돌아다니며 맛있는 음식을 집어삼킨다. 어떤 박테리아는 식물이 분비하는 별미를 맛보기 위해 줄지어 달라붙어 뿌리가 울퉁불퉁한 중세시대 철퇴 같아 보이게 만든다. 한편 박테리아가 먹고 난 식물 분비물은 접착제가 되어 작은 토양 입자를 뭉쳐 건강한 토양 구조의 특징인 토양 입단과 흙덩이를 만들어 낸다.[11] 또한 근권의 미생물은 뿌리 주변에 밀집대형을 이루며 풍부한 음식에 이끌려 다가오는 환영받지 못하는 침입자와 병원균으로부터 뿌리를 보호한다. 즉 식물이 미생물 입주민에게 꾸준히 영양분을 공급하는 것에 대한 대가로 미생물은 적절한 토양 구조를 만들어 주고 약탈자들에 대항해 식물을 보호하는 것이다.

식물이 광합성한 탄소를 다른 영양분으로 교환하는 일을 박테리아만 하는 것은 아니다. 예를 들어, 균근균(mycorrhizal fungi)은 4억 년 동안 식물과 공생했다. 오늘날 식물 과(family)의 92%는 토양 속에 사는 수천 종의 균근균 중 하나와 밀접한 관계를 맺고 있다. 곰팡이는 먼저 뿌리를 감염시키고 영양분을 포집하는 뿌리 주변에 느슨한 균사 망을 만든다.

---

* 온갖 음식이 다양하게 나오는 뷔페식 식사

곰팡이 균사는 길고 좁은 세포로 이루어진 관으로 주변의 토양으로 뻗어 나가 식물이 사용할 수 없는 인을 포함한 여러 영양소를 수용액 상태로 만든다. 이 공생적인 관계는 인산질 비료의 필요성을 줄인다. 인산질 비료는 토양 개량제로 전 세계의 인광석 공급이 줄어들면서 향후 수십 년 안에 보기 힘들어질 것으로 보인다.[12]

토양 군집을 이루는 식물, 동물, 미생물 구성원은 질병, 계절 순환, 제한된 영양분 혹은 노화로 하나씩 죽어 간다. 그러고 나면 미생물이 사체를 분해하여 새로운 생명체가 사용할 수 있도록 복잡한 분자를 간단한 분자로 만든다. 어떤 곰팡이는 셀룰로오스와 리그닌을 분해하는 능력을 포함해 어마어마한 분해 능력을 지니고 있다. 굉장히 질긴 고분자라 분해할 수 있는 생명체가 거의 없어 사람이 소화할 수 없는 섬유질로 여겨지는 셀룰로오스와 리그닌을 말이다.

오랜 시간에 걸쳐 생체 물질은 분해되어 유기물로 변하고, 이 유기물 성분이 비옥한 토양과 메마른 토양을 구분 짓는다. 축적된 유기물은 영양분을 향상하고 수분을 보존하며 토양 침식과 다짐을 막는다. 유기물의 농도가 높아지면 생물다양성도 높아진다. 그 결과 식물 질병도 줄어든다. 유기물은 토양 층위의 상층부가 검은색 혹은 짙은 갈색 색소를 띠게 하는데, 이는 토양 미생물과 곤충이 분해되는 과정에서 흘러나오는 멜라닌(사람의 고유한 피부색이 나타날 수 있게 해주는 분자) 때문이다. 유기물이 늘어날수록 멜라닌의 양도 늘어나 토양의 색이 어두워지므로 검은색 토양은 곧 비옥한 토양을 뜻한다.

토양 유기물은 지구상에서 가장 거대한 탄소 저장고로 지구 전역을 이롭게 한다. 전 세계 토양은 약 2조 5,000억 톤의 탄소를 지니고 있는 것으로 추정된다. 이는 1750년 산업혁명이 일어난 이후 인류가 배출한 것을 모두 합친 양보다도 많다.¹³ 그러므로 토양을 관리하는 일은 식량 안보와 기후 조절 둘 모두에 있어 전 세계적으로 영향을 미친다(그림 3). 중대한 책임이다.

빗방울이 토양에 떨어지면 멈추지 않고 흩어질 것이다. 수많은 물 분자는 토양 입자와 결합하거나 식물 뿌리와 토양 공극으로 흡수될 것이다. 다른 분자들은 중력의 힘에 이끌려 모래, 미사, 점토, 유기물, 자갈 그리고 기반암을 지나는 힘든 길을 뚫고 지하수나 대수층*에 닿아 다공질 암석을 흐르며 대륙지각을 가로지를 것이다.

지하수는 지구 담수의 75%, 관개수의 약 40% 그리고 전 세계 식수의 50% 이상을 차지한다. 비록 담수가 지구 전역 모든 물의 1%도 안 됨에도 지하수는 25억 명의 사람들에게 필요한 만큼의 물을 제공한다는 사실이 놀랍다. 인도에서만 약 7억 명의 사람들이 지하수에 의존하고 있으며 이로 인해 전 세계에서 지하수를 가장 많이 사용하는 나라이자 우물의 물을 과도하게 퍼 올려 물 부족을 겪는 나라가 됐다. 인도, 중국, 방글라데시, 네팔 그리고 파키스탄은 전 세계적으로 이용 가능한 지하수의 약 50%를 사용한다. 수요가 점점 늘어나면서 아시아-태평양 지역의 물이 고갈될 위기에 처해 있다. 캐나다와 미국에서 공공용수를 사용하는 시민 중 약 3분의 1은 토양이 주요한(때로는 유일한) 여과 단계인 물을 공급받는다.¹⁴

물 여과는 아마도 토양의 역할 중 가장 간과되는 부분일 것이다. 흙탕물로 이루어진 웅덩이 물은 한 모금도 마시지 않을 사람도 흙탕물 아래 깊은 곳에서 뽑아 올린 지하수는 기꺼이 마실 것이다. 그렇다면 흙탕

---

* 지하수를 함유한 지층

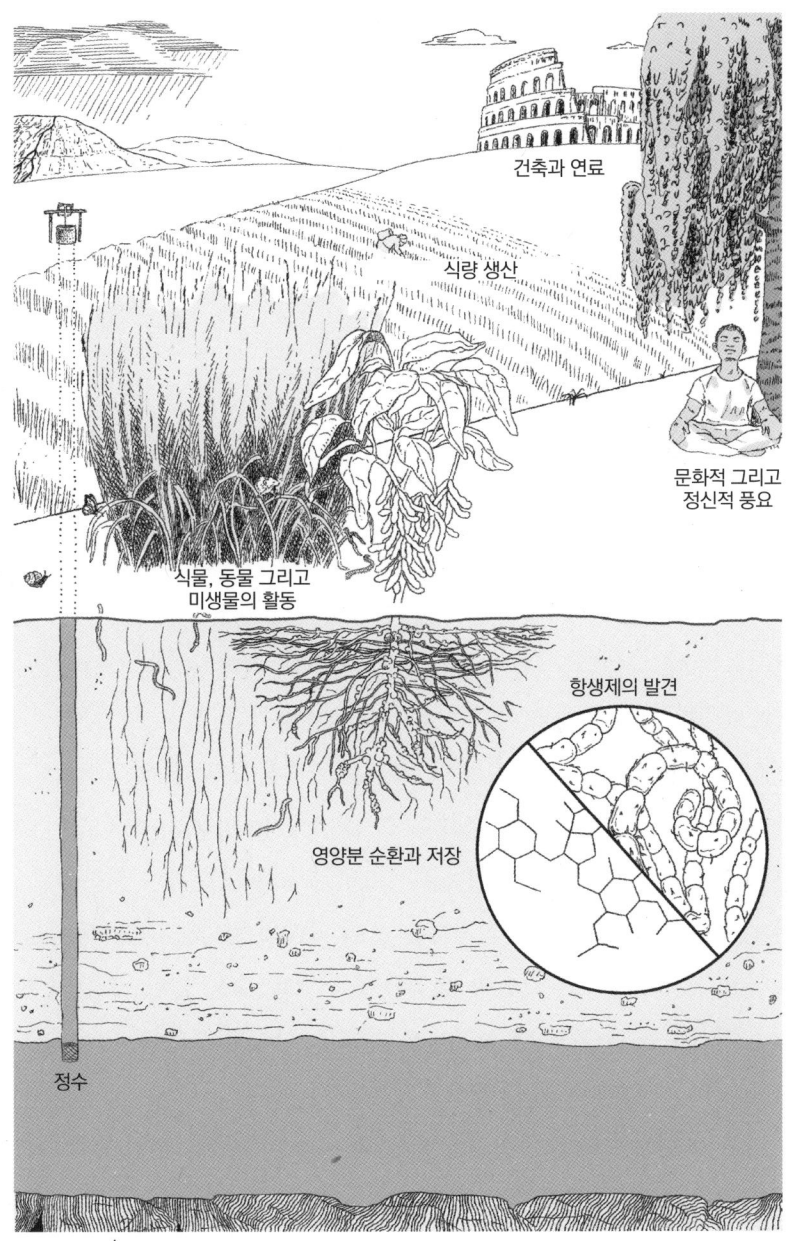

그림 3. 토양이 제공하는 생명 유지에 필요한 다양한 서비스. 소피 울프슨(Sophie Wolfson) 그림

물과 지하수 사이에서 무슨 일이 벌어지는 것일까? 생물학적 그리고 화학적 오염물질은 토양을 지나며 제거된다. 어떤 화학물질은 토양 입자에 달라붙고 다른 화학물질은 미생물의 활동으로 분해된다. 미생물 하나하나가 특유의 대사 능력을 지니고 있기에 토양 미생물 군집은 총체적으로 그 누구와도 견줄 수 없는 대사 기술을 보여준다. 이 중 일부는 제초제를 분해하고 다른 미생물은 제약 화합물을 손쉽게 먹어 치우는데 이는 화학자들이 상상만 하던 것이다.

휘발유를 분해하는 것보다 더 충격적인 기술은 아마 없을 것이다. 전 세계 땅속에는 수백만 개의 휘발유 저장고가 있다. 그리고 대부분의 저장고에서 휘발유가 새고 있다. 이는 사람들에게는 골치 아픈 문제지만 미생물에겐 축제다. 미생물 협력단은 휘발유를 분해해 스스로 성장하고 번식하는 데 사용한다. 만약 이 미생물 군집이 사라진다면 사람들은 휘발유가 첨가된 지하수를 마셔야 할지도 모른다.[15]

하지만 물을 정수하는 데 있어 토양은 완벽하지 않다. 일반적으로 토양에 더 많은 화학물질이 퍼질수록 그 곳에 있는 미생물이 속도를 맞춰 분해하는 일은 굉장한 도전이 된다. 그리고 유독한 분자가 지하수로 새어 나올 가능성도 커진다. 심지어는 물이 암석과 토양을 지날 때 광물을 녹이고 지하수까지 흘러들어 오염물질을 더할 수도 있다. 오염물질이 섞인 지하수를 퍼 올릴 때 황화수소는 냄새, 산화철은 얼룩, 인산칼슘은 물때 그리고 염화나트륨은 맛으로 검출할 수 있다.

다른 한편으로 토양은 병원균을 걸러내는 데 최적화되어 있다. 그렇기에 보통 거름은 안전한 비료로 여겨진다. 사람에게 해롭지만 가축들에게는 해롭지 않기에 가축에 기생해 살아가는 미생물은 거름을 사용하는 농지에서 많이 발견되지만 대부분은 지하수까지 닿지 못한다. 토양의 온도, 염분 혹은 산도를 견디지 못하고 죽어버리는 것도 있고, 경쟁하는 다른 토양 미생물에게 잡아먹히거나 목숨을 잃는 병원균도 있다. 이따금씩 병원균이 장애물을 지나 지표에서 지하수까지 도달해 질병을 일으키기도 한다. 매우 드물지만 이런 일은 점점 늘어나고 있으며, 일부는 배설물로 오염된 우물물 때문이다. 예를 들어 악성 폐렴의 일종인 재향군인병(legionnaires' disease)의 원인균인 레지오넬라균은 루이지애나주에서 극심한 홍수가 발생한 후 2016년에 지하수에서 발견됐다. 전 세계 인구가 매년 약 8,000만 명씩 계속해서 늘어나면서 담수의 가치는 아무리 과대평가해도 지나치지 않으며, 세계에서 가장 큰 정수 필터인 토양의 역할도 간과할 수 없게 됐다.[16]

지난 수천 년 동안 사람들은 토양 속 미생물을 알지 못하면서도 이들에 의지해 살아왔다. 그러던 중 이 보이지 않는 생명체를 보는 방법이 개발됐다. 17세기에 안토니 판 레이우엔훅(Antonie van Leeuwenhoek)은 박테리아를 관찰할 수 있는 렌즈를 발명했다. 그리고 19세기에 로베르트 코흐(Robert Koch)는 박테리아를 배양할 수 있는 고체 배지에서 한 종류의 박테리아를 순수 배양했다. 현미경 관찰과 배양을 통해 대부분의 미생물 발견에 기반이 된 100년이 흐르고 노먼 페이스(Norman Pace)는 배양되지 않은 미생물 세계도 들여다볼 방법을 개발했다. 많은 박테리아가 표준 배지에서 배양되지 않는다는 사실은 수많은 미생물학자를 놀라게 했다. 아무것도 없다고 생각했던 환경이 미생물로 가득하다는 사실도 밝혀졌다. 단순하다고 생각했던 미생물 군집은 밝혀지지 않은 수천 종의 미생물이 가득했다. 토양은 풍요로움을 보여준다. 박테

리아 종의 1% 이하만이 손쉽게 배양되며, 배양할 수 없는 종은 믿기 어려울 정도로 다양하다.[17]

 페이스의 방법은 칼 워즈(Carl Woese)의 발견에 기반을 두고 있었다. 워즈는 분자생물학적 방법으로 진화적 유연관계를 밝혀 현대적 생물 분류를 위한 계통수를 그렸으며, 이러한 방법은 이후 생물학 연구에 안내자가 되었다. 현대적 생물 계통수는 생명체를 크게 세 가지 역(domain)으로 나누었다. 그것은 박테리아, 고세균 그리고 진핵생물이었다. 박테리아와 고세균은 약 35억 년 전 공통 조상의 자손이며, 고세균과 진핵생물은 그 이후에 갈라졌다(그림 4). 비록 고세균이 미생물이고 단세포이며 핵이나 다른 세포기관이 없다는 점에서 박테리아와 비슷해 보이기는 하지만 놀랍게도 핵을 지닌, 흔히 말하는 고등 생물인, 진핵생물과 더 가깝다.

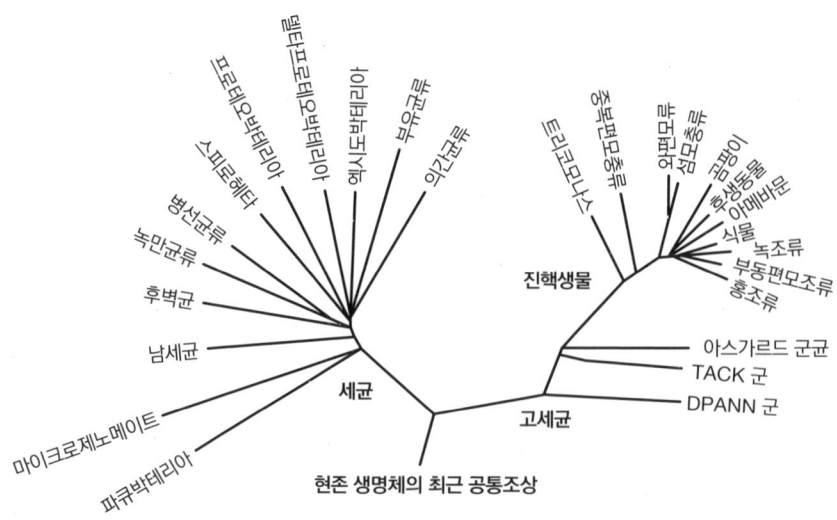

그림 4. 범용 분자 시계인 16S rRNA 유전자 서열을 사용해 만들어진 계통수. 마크 세브렛(Marc G. Chevrette) 그림

계통수를 보면 대부분 미생물이라는 점이 곧바로 눈에 띨 것이다. 모든 고세균과 박테리아 그리고 대부분의 진핵생물은 단세포 생물이다. 그리고 토양만큼 미생물이 다양한 장소는 없다.

토양 속 미생물의 다양성은 역사상 인류의 건강에 가장 큰 혜택일지도 모를 물질을 제공했다. 바로 항생제 말이다. 최초의 항생제인 페니실린을 곰팡이에서 발견한 후, 진정한 보물은 토양 박테리아 속에 숨어 있다는 사실이 밝혀졌다. 1940년대부터 1980년대까지 미생물학자와 약학자들은 토양 박테리아가 만들어 내는 어마어마한 종류의 항생제를 발견했다. 이 화합물은 항생제 산업의 뼈대가 돼 테트라사이클린, 반코마이신 그리고 스트렙토마이신 같은 약을 만들어 냈다. 토양의 선물은 인류의 삶을 완전히 바꾸어 놓았다. 항생제에 접근할 수 있게 되면서 세균 감염병이 치명적이라기보다 치유할 수 있게 됐고 그 결과 여러 나라에서 사망률 10위권에 이름을 올리던 장티푸스, 결핵 그리고 발진티푸스 같은 질병은 목록에서 사라지게 됐다. 미국을 비롯해 항생제를 충분히 보유한 나라의 기대수명은 47세에서 79세까지 치솟았다.

증식성이 좋은 토양 박테리아는 오늘날 처방전에 흔하게 등장하는 상품이자 거대하고 수익성이 좋은 항생제 산업을 탄생시켰다. 하지만 항생제는 세균성 질병뿐만 아니라 효과가 없는 바이러스성 질환에도 처방되기 시작했고, 닭, 돼지 그리고 소의 무게를 급속도로 늘리는 놀라운 효과가 있었기에 가축 사료에도 널리 사용됐다. 지난 수십 년 동안 전 세계 항생제 사용량의 70~80%는 건강한 가축에게 먹이는 용도로 사용됐다.[18] 많은 항생제는 동물의 체내에서 분해되지 않는다. 그러므로 항생제는 토양에 스며들고 지하수, 호수 그리고 강에 흘러들어 그곳에 서식하는 박테리아 군집에 영향을 미친다. 항생제를 더 많이 사용할수록 더 강한 내성을 지닌 박테리아가 진화해 퍼질 것이다. 오늘날 일상적인 감염이 점점 더 치유하기 어렵고 치명적인 질병으로 변하면서 항생제 내성은 세균성 질병을 다시 치명적인 질병 10위권에 올리려 하고 있다.

1985년 나의 어머니는 폐에 세균성 질병이 발발했다. 나는 의심의 여지 없이 어머니가 항생제를 복용하고 곧 일상생활로 돌아갈 것이라고 생각했다. 어쨌든 어머니는 블로섬(Blossom)*이라는 이름처럼 건강하고 훌륭하며 아름다운 여성이기 때문이었다. 어머니는 강인한 헝가리 이민자의 후손이었고 제2차 세계대전 당시 그루먼 항공사에서 전투기를 만들었던 진정한 리벳공 로지(Rosie-the-Riveters)** 가운데 한 명이었다. 세균학자로서 나는 항생제의 효과에 대한 믿음이 대단했기에 테트라사이클린을 사용한 치료법이 어머니의 건강을 회복시켰을 때도 그다지 놀랍지 않았다.

1980년대 제약업계는 많은 병원균이 현존하는 항생제에 내성을 진화시킨 것이 분명해졌음에도 항생제 탐색을 그만두기 시작했다. 그 대신 고콜레스테롤 혈증이나 우울증같이 만성적인 질병과 관련한 약을 개발하는 데 집중했다. 금전적인 관점에서 이런 선택은 일리가 있어 보였다. 평생에 걸쳐 복용하는 약은 며칠 동안만 복용하는 항생제보다 훨씬 수익성이 좋다. 1990년대가 되자 제약업계는 세균성 질병 문제가 해결됐고 토양에서 발견할 수 있는 항생제는 더 이상 없다고 주장하며 항생제 개발을 대부분 그만두었고 새로운 항생제를 발견하는 속도는 매우 느려졌다. 1980년대에는 임상적으로 사용할 수 있는 새로운 항생제 40개가 이름을 올렸다. 그러나 2010년대에는 단 8개만 이름을 올렸다. 새

---
* Blossom은 '꽃'이라는 뜻도 있다.
** 제2차 세계대전 당시 미국의 군수 공장에서 일한 여성들을 대표하는 문화적 상징

로운 천 년이 시작됐을 때 높은 내성을 지닌 주요 병원균 여럿이 전 세계적으로 퍼져나갔다. 대부분은 여러 항생제에 내성이 있었고, 몇몇은 치료할 방법이 사라졌다.

어머니는 테트라사이클린으로 1차 치료에 성공한 후 재감염됐다. 다행히도 처방받은 항생제가 효과를 보였고 어머니는 건강해졌다. 하지만 곧 다시 감염됐다. 이는 계속해서 반복됐다. 어머니는 항생제를 복용하거나 정맥주사로 투여받거나 흡입하는 등 다양한 방법을 사용했지만 몇 년이 흐르며 폐가 약해졌고 치명적인 녹농균에 감염돼 만성적인 질병을 얻게 됐다.

한편 내가 있던 대학 연구실은 항생 물질을 탐색하고 있었는데 그 과정이 첫째는 우연히, 그 후에는 계획적으로 진행됐다. 그리고 곧 제약회사들이 틀렸다는 사실이 분명해졌다. 토양은 완전히 분석되지 않았다. 그보다는 버려졌다. 내 개인적인 절박함으로 우리 팀은 항생제 활성을 갖는 토양 박테리아 수천 종류를 분석했다. 어머니를 치료할 수 있는 항생 물질을 찾기를 기도하며 말이다. 그 사이 녹농균은 투여하는 항생제마다 내성을 가지며 어머니의 폐 건강을 악화시켜 숨 쉬는 것조차 힘들게 만들었다. 나는 경주에서 졌다. 결국 녹농균은 현존하는 모든 약에 내성을 갖게 됐고 2001년, 강인하고 아름다웠던 어머니는 이 전쟁에서 패배했다.

지금도 2001년에 있었던 항생제에서 크게 종류가 늘지 않았다. 항생 물질을 향한 관심은 제약산업에 다시 등장하지 않았고 화학적, 분자적 방법으로는 다량의 신약을 만들어 낼 수도 없었다. 배양된 토양 박테리아는 여전히 항생 물질을 발견할 수 있는 최고의 원천으로 남아 있다. 나는 떠나버린 제약 회사의 빈자리를 메우기 위해 토양에서 새로운 항생 물질을 찾는 일을 하는 전 세계 대학생들과 네트워크를 구축했다. 동료들과 나는 "작은 지구(Tiny Earth)"라는 교육 과정을 개발했는데 지금은 매년 27개국에서 만 명 이상의 학생을 교육하고 있다.[19] 학생들은 토양 시료를 채취하고 그 안에 항생 물질을 만드는 박테리아가 살고 있는지를 확인한다. 나는 이렇게 훈련된 학생들이 항생제 개발 프로젝트를 되살리는 동시에 토양의 선물이 가진 진가를 인정받을 수 있게 되기를 바란다. 개인적으로 한 가지 첨언하자면 "작은 지구"는 능수능란한 토양 박테리아와의 협력으로 어머니의 건강을 악화시켰던 병원균을 쓰러뜨렸다.

토양이 사라지는 일은 미래의 항생 물질 탐색에서도 문제가 된다. 어떤 항생 물질은 수천 곳을 탐색해도 단 하나의 토양 시료에서만 찾을 수 있었다.[20] 그러니 매년 360억 톤의 토양이 사라진다면 앞으로 발견하지 못할 항생 물질이 얼마나 많을까?[21] 항생제 내성을 지닌 박테리아가 우리를 어린 시절의 평범한 질병과 수술 그리고 일상적인 손가락 상처도 치명적으로 변할 가능성이 높았던 항생제 이전 시대로 회귀하도록 위협하고 있다. 그러므로 우리는 토양 박테리아를 동반자로 삼아야 한다.

토양은 사람이 지구에서 살아갈 수 있게 해준다. 하지만 우리는 흙을 오물이라 폄하하며 거침없이 불도저로 밀어 버리고 파괴적인 농경 활동으로 토양의 활력을 악화시킨다. 토양을 잃는다면 우리는 식량, 깨끗한 식수 그리고 신약 공급에 위협을 받을 것이다. 그런데도 토양이 감당할 수 없는 속도로 사라지는 것을 두고 보고만 있어야 할까?

4
지구에는 열두 가지 흙이 있어

조지아나 스캇(Georgianna Scott)은 흙구덩이 안에 서 있었다. 2m 깊이의 정사각형 구덩이로 구석은 잘 정돈돼 있었고 바닥은 평평했다. 스캇은 흙으로 된 벽을 마주하고 위아래로 살피며 자신이 보고 있는 것의 의미를 이해하려고 했다. 시간은 계속 흐르고 있었다. 스캇은 정해진 시간 안에 브라질 세로페디카(Seropédica)에서 열린 2018년 국제 토양심사대회의 개인전 우승자를 선택할 심판에게 자신의 평가표를 넘겨야 했다. 토양을 평가하는 대회는 참관 기회를 얻는 것조차도 쉽지 않지만, 이곳에는 세계 1위 타이틀을 거머쥐기 위해 사우스캐롤라이나에 있는 클렘슨 대학교(Clemson University)에서 브라질로 온 24살 젊은이가 있었다. 스캇은 지표 근처에서 뿌리가 잔뜩 얽혀 있는 것에 주목했다. 그 아래층에는 밝은색의 모래가 있었고 다시 갑작스럽게 모래에서 밀도가 높은 점토로 변해 날카로운 칼조차 파고들 수 없었다. 점토 아래에는 여기저기 흰색 반점이 있는 것을 제외하면 아래로 내려갈수록 색이 더 어두워지는 붉은색 층을 볼 수 있었다. 이는 이제껏 스캇이 봤던 어떤 토양과도 달랐다. 이 토양 이름이 뭐였더라?

우리는 암석, 물, 생명체, 시간과 공간이라는 동일한 기본 재료를 다양하게 혼합한 수많은 형태를 '토양'이라는 한 단어로 표현한다.[1] 각각의 규모는 척도에 따라 다양하며, 한없이 다양한 경관을 지구상에 만들어 낸다. 어떤 특징은 모든 토양이 공유하고 있는 반면에 어떤 특징은 대륙마다 또는 심지어 토양 입자마다 다르다.

사람들은 혼돈스러운 시스템에 질서를 부여하는 정형화된 규칙을 찾으려는 경향이 있다. 사람과 동물은 자신을 둘러싼 정보를 빠르게 해석하기 위한 형태재인(pattern recognition)*에 의지해서 생존한다.[2] 우리는 사물을 공통점과 차이점을 기반으로 범주화하여 생물, 소리, 생각 그리고 물건의 분류체계를 만든다. 하지만 대부분 땅 위에 있는 것을 구분 짓는 데만 익숙해져 있다. 비록 눈에 보이지 않는 것이 대부분이지만, 지표 아래에 있는 혼돈의 세계도 이제는 관찰될 수 있는 그리고 토양의 역사와 기원에 대한 단서가 될 수 있는 특징들에 기초해서 체계화될 수 있다.

토양의 다양성은 모재**에서 시작된다. 가장 먼저, 화강암, 석회암, 사암, 편암, 현무암 혹은 셰일 같은 기반암이 아래에 있다. 바람이나 물이 다른 곳에서 실어 나른 광물이 더해져 더 복잡해지기도 한다. 풍화 과정을 거치면서 광물 혼합물은 생명체가 들어와 살며 변화를 일으킬 수 있는 물리 화학적 환경을 갖추게 된다. 온도 변화로 암석이 균열을 일으키면서 지형은 토양 입자를 새로운 장소로 옮겨줄 물의 흐름에 영향을 준다. 그 결과 경관의 윤곽과 풍화 과정도 달라진다. 그리고 물과 산소는 광물 표면과 반응하여 모재의 화학적 성질을 변화시킨다.

수백만 종의 미생물, 식물 그리고 동물은 지구 전역에 걸쳐서 암석을 매우 다양한 땅속 서식지로 변화시키는 물리 화학적 과정에 기여한다. 뿌리가 지표에서부터 암반까지 입자들의 미로 사이를 뚫고 내려갈 때, 각각의 종마다 그리고 뿌리의 종류에 따라 다른 양상을 보인다. 커다란 뿌리는 토양 입단을 뚫고 내려가면서 토양에 공극을 만드는 반면, 가는 뿌리는 토양의 힘에 굴복해 토양 입단을 돌아 기존의 토양 공극으로 뻗어 나간다. 모든 뿌리는 토양에 어마어마한 양의 생물량을 더함으로써

---

* 시각 수용기를 통해 입력된 시각 정보를 장기 기억에 저장된 정보와 비교함으로써 그 형태를 인식하는 과정
** 표토나 심토가 만들어졌을 것으로 생각되는 원물질

자신의 흔적을 남긴다. 호밀 하나의 가는 뿌리를 모두 합치면 그 길이가 620km나 된다. 지금까지 가장 깊이 뿌리를 뻗은 식물은 남아프리카에 있는 무화과나무 종류로, 땅속 160m까지 뻗었다고 한다.[3] 식생 종류와 토양 활용 모두 토양 발달에 영향을 준다. 숲의 토양은 나무와 하층 식생에 영향을 받아 콩밭이나 초원의 그것과 달라진다. 지질학적 기반이 같더라도 말이다.

지질, 식생 그리고 풍화의 상호 작용은 흙 1g마다 수만 종이나 발견되는 박테리아에 영향을 준다. 그리고 이는 지구의 지표 아래에 있는 다른 것으로도 확장된다. 미생물의 분비물은 흙을 덩어리지게 만드는데 이는 각각의 토양이 갖는 고유한 무늬를 형성하는 특징적인 물길과 구멍을 결정한다. 또한 미생물은 광물의 화학적 상태도 변하게 만들어 화학반응이 1,000배까지 빠르게 일어나도록 한다. 이러한 화학적 변화는 흔히 층위層位라고 알려진 색색의 토양층을 땅속에 만들어 내는 요인의 하나가 된다.

수 초부터 수십억 년까지, 시간은 토양에 광범위하고 다양하게 영향을 준다. 암석은 천 년의 시간에 걸쳐 변한다. 식물과 동물은 늘 그렇듯이 몇 달에서 몇 년 동안 증식하며 삶과 죽음을 반복하고 미생물은 몇 분 만에 증식하거나 수천 년 동안 휴면에 들어갈 수도 있다. 이러한 변화에 더해 토양의 온도, 물 그리고 공기가 하루 주기로 혹은 날씨에 따라 빠르게 변한다. 나무는 낮 동안 물을 빨아들이고 밤에는 그중 상당량을 토양으로 배출한다. 폭풍우가 바싹 말라버린 땅에 몇 분 만에 홍수를 일으킬 수도 있다. 이 모든 과정들은 끊임없이 진행되며 다른 단계에 있다. 심지어 아주 작은 땅에서도 말이다. 그러므로 토양 분류는 시간적으로 짧은 순간 포착에 기반한다.

토양은 아주 작은 규모에서부터 방대한 규모까지 공간적으로 다양하다. 불균질성은 그 전형적인 특징이다. 토양은 다양한 종류의 입자들, 생명체들 그리고 화학물질들의 혼합물로 정의되며 이들 각 유형에 속하는 단위들은 저마다 다른 생활사의 단계에 놓여 있다. 미생물 군집은 흙덩이마다, 입자마다 그리고 심지어 모래 알갱이 하나에서도 지점에 따라서 다양하게 존재한다. 한 덩이의 흙에서도 내부의 틈에는 산소가 없을 수도 있지만 표면에서는 공기에 쉽게 접근할 수 있다. 야외 규모에서는 생물적 특징이 가장 다양하게 나타난다. 현장이 지질 전이 지역에 걸쳐 있거나 한쪽으로 물이 고여 있는 움푹 파인 땅을 포함하고 있지 않는 한 물리적 특징은 아주 작은 차이만 보일 뿐이다. 더 넓은 지역으로 넓히면 토양은 지질, 날씨, 식물상, 동물상 그리고 미생물들이 지표면을 가로지르며 변화함에 따라 모든 특징이 달라진다.

그렇다면 토양학자들은 특정한 토양을 기술하기 위해 암석, 물 그리고 생명체가 이리저리 엇갈려 뒤섞여 있는 것을 어떻게 이해하는 것일까? 지구의 암흑물질 체계를 세우려면 어떤 분류체계를 만들어야 할까? 우리는 토양의 특징을 빠르게 소통할 수 있는 약칭이 필요하다. 통일된 이름으로 우크라이나의 검은색 흙이나 앨라배마의 붉은 흙의 모습을 떠오르게 할 수 있도록 말이다. 그것이 토양 분류학이자 토양 판정 기법이다.

만약 우리가 스캇과 함께 흙구덩이에 들어갔다면 가장 먼저 지오스민의 향에 취했을 수도 있다. 또한 토양 시료를 약간 채취한 후 질감을 알아보기 위해 맛을 보거나 자갈이 많은지 모래가 많은지, 또는 탤컴파우더(talcum powder)*만큼이나 부드러운지 입자의 크기를 측정했을 수

---

* 마그네슘으로 이루어진 탤크를 주재료로 붕산, 스테아르산마그네슘 등을 배합해 만든 분말 화장품으로 주로 땀띠약으로 사용한다.

도 있다. 톡 쏘는 듯한 신맛이 나거나 달고 텁텁한 맛이 날 수도 있다. 우리는 눈에 띄는 지층 혹은 미묘한 층을 볼 수도 있을 것이다. 검은색, 갈색, 금색, 붉은색, 혹은 회색이 구불구불하게 켜켜이 쌓인 층은 지구의 특정한 조각을 만들었던 고대의 그리고 최근의 사건을 설명한다.

지표 근처의 뿌리는 O층 혹은 유기물층이라 부르는 갈색 기질 안에 자리 잡고 있을 것이다. 이는 살아 있거나 썩어 가는 동물, 식물 그리고 미생물 혼합물을 가장 풍부하게 포함하고 있는 토양층이다. 토양 단면을 따라 내려가면 그 아래에는 A층이 있다. A층은 지표에 서식하는 생명체의 영향을 받지만 완전히 분해되어 있기에 구별된다. 전형적인 토양은 순서대로 A층 아래에 있는 B층 혹은 하층토(몇몇 토양에서만 발견된다), 모재가 있는 C층 그리고 기반암이 있는 R층이 있다. 어떤 토양은 A층 아래에 점토와 대부분의 광물 그리고 유기물이 씻겨 내려가고 풍화에 강한 광물만이 남아 있는 E층이 존재하기도 한다. 이러한 지층의 종류와 두께 그리고 색은 생명체와 암석 물질이 물, 풍화작용, 시간 그리고 다른 원인에 노출되면서 어떻게 토양으로 만들어졌는지에 대한 증거다. 우리가 앞에서 살펴본 특징들은 스캇 같은 토양 판정관이 평가표를 채워 넣을 때 사용하는 분류의 실마리가 된다(그림 5).

토양을 처음으로 분류하기 시작한 사람은 농부들이었다. 대략 12,000년 전, 농경이 시작된 이래로 사람들은 상대적인 생산량을 기준으로 토양을 구분 지었다. 사람들은 풍작 혹은 흉작으로 얻은 지혜를 후대에 전달했고 다시 후손들은 자신의 실험 결과를 토대로 토양에 관한 다양한 전통 지식을 만들어 냈다. 농부 다음으로는 재정 수입을 늘리기 위해 토양 분류체계를 발전시킨 고대 문명의 관료들이 그 바톤을 이어받았다. 약 4,000년 전 중국 요임금(기원전 2357년~2261년)이 통치

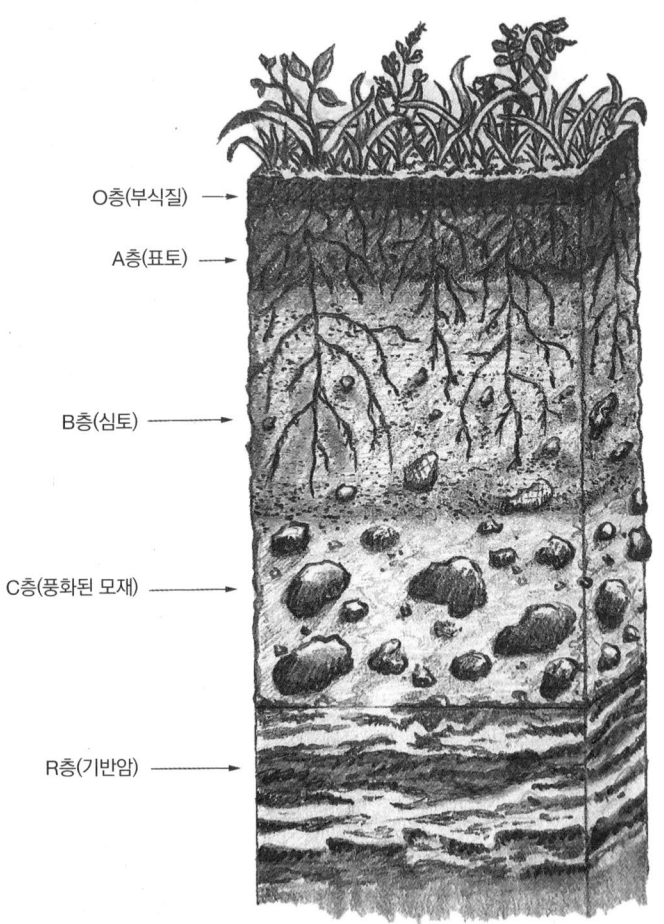

그림 5. 분화된 층위를 보여주는 토양 단면. 리즈 에드워즈(Liz Edwards) 그림

하던 시기에 관료들은 농경지를 생산량에 따라 아홉 등급으로 나누었고 그에 따라 지주들에게 세금을 부과했다.[5]

1832년 제기된 토양 분류체계의 필요성에 19세기 후반 미국의 유진 힐가드(E. W. Hilgard)와 러시아의 바실리 도쿠차예프(Vasily Dokuchaev) 두 지질학자가 응했다. 둘은 토양을 그 특징에 따라 분류할 방법을 고안했다. 둘 다 시대를 앞서 나갔다. 힐가드의 분류체계는 50년 동안 빛을 보지 못했으나 토양과 기후 사이의 관계에 대한 논문은 21세기 사고에 반영됐다. 도쿠차예프는 19세기에 러시아 토양과학 학파(Russian school of soil science)의 창시자였으며 그가 제시한 원리는 오늘날 사고방식의 뼈대가 되었다. 도쿠차예프는 지구의 독특한 부분이 토양이라 인식했으며 각각의 토양들이 모두 모여 하나의 통합된 자연세계를 이룬다고 봤다. 그는 지층 관측을 토대로 토양을 형성시킨 요인, 즉 토양의 기원을 기반으로 한 '생성론적 토양 분류'를 수행했다. 토양을 '기반암, 살아 있거나 죽은 동식물, 기후, 지역의 생성 연대 그리고 주변 지형의 총체적인 활동 결과'라 설명했는데 이는 오늘날 토양을 바라보는 시각과 거의 일치한다.[6] 도쿠차예프는 자신이 만든 분야에서 지속적으로 영향을 미쳤다. 그 결과 여전히 토양학 전반에서 그가 만들어 낸 러시아어로 된 용어를 사용하고 있다. 심지어 화성에는 도쿠차예프의 이름을 딴 분화구도 있다.

20세기 초, 미국 과학자들은 미국의 광활한 대지를 몇 개의 그룹으로 나누겠다는 생각으로 조사를 진행했다. 1920년대에 활동하던 토양학자들은 도쿠차예프가 반세기 전 그랬던 것처럼 제각기 다른 토양이 만들어지는 과정이 얼마나 다른지를 알아차리기 시작했다. 용탈(물로 인해 수용성 영양분이 씻겨나가는 일), 멜라닌화(유기물의 결합) 그리고 산화(광물이 산소와 반응)는 확연히 다른 색의 지층을 만들어 낸다. 생산성과 토양의 생성 기원에 찍힌 방점이 사라지고 분류체계에는 질감, 화학 그리고 깊이를 포괄하는 다양한 방면의 특징을 찾으려는 목표가 들어섰다.

토양 분류는 제2차 세계대전 후 소련, 프랑스, 미국 그리고 다른 여러 나라에서 과학자들에게 전국적인 토양분류체계 작성을 요청하며 본격적으로 시작됐다. 소련 과학자들은 토양이 만들어지는 과정에 기반하여 분류한 도쿠차예프의 19세기 연구에 따라 분류했다. 1967년 프랑스의 토양 위원회는 토양을 공통적인 특징(예를 들어 습윤성)을 기준으로 강(class), 아강(subclass), 군(group), 아군(subgroup)으로 범주화하였다. 이 두 가지의 토양 언어는 정치적 경계선을 따라 다른 영토로 흘러 들어갔다. 프랑스의 방식은 이전에 아프리카 전역에 걸쳐 있던 프랑스 식민지에서 사용됐고, 동독과 서독에서 사용하던 이질적인 방식은 베를린 장벽이 무너진 후에야 비로소 융화되었다. 중국은 처음에는 미국의 분류 방식을 활용했고 1949년 소련의 분류시스템을 거쳐 현재는 고유한 언어를 사용하고 있다. 호주, 브라질, 캐나다, 영국, 웨일스, 뉴질랜드, 남아프리카 그리고 그 밖의 여러 나라들이 자신들의 고유한 분류체계를 사용한다. 유엔식량농업기구(FAO)는 세계 공용어를 만들기 위해 중재했고 이제 오늘날 전 세계 국가의 절반에서는 세계토양자원분류기준(World Reference Base for Soil Resources, WRB)을 사용하고 있다. 그럼에도 완전히 보편적으로 사용되지는 못했다.[7]

여러 아프리카 나라들과 중동, 남아메리카, 인도, 남아시아 그리고 미국을 포함한 나머지 절반은 미국 농무부(USDA) 신토양분류법(Soil

Taxonomy)을 사용한다. 미국 신토양분류법은 질감, 풍화 정도 그리고 밀도를 포함한 토양 층위의 특징을 기준으로 한다. 이 분류체계는 가장 상위의 분류 단위를 각 그룹이 가진 형태적으로 두드러진 특징을 기준으로 12가지 토양목(order)*으로 분류한다. 가장 세분화된 단위는 토양통(series)**이다. 미국에는 21,000개 이상의 토양통(혹은 토양종)이 있다.[8] 토양목과 토양통 사이에는 토양이 어떤 풍화를 거쳤는지 그리고 어떤 기능이 있는지에 따라 여러 분류 범주가 있다.

　미국 신토양분류법의 12가지 토양목은 토양의 질감, pH 그리고 모재 같은 정보를 담고 있다. 예를 들어 흙이 발견되는 지역의 기후를 반영한 특징으로 이름이 붙여진 젤리솔(Gelisol)***은 영구 동결층을 가지고 있고 아리디솔(Aridisol)은 유기물 함량이 낮은 특징이 있다(그림 6, 7). 다른 토양목들도 마찬가지로 만들어질 때의 구성 요소가 드러나는, 눈에 보이는 토양 층위의 특징을 바탕으로 이름이 붙여졌다. 엔티솔(Entisol)과 인셉티솔(Inceptisol)은 가장 최근에 만들어진 토양으로 아직 명확한 층위가 형성되지 않았다. 옥시솔(Oxisol)과 울티솔(Ultisol)은 보통 열대지방에서 발견되는 풍화가 극심하게 일어난 오래된 토양이다. 스포도솔(Spodosol)은 온대지역에서 발견되는데 대개 밝은 색을 보인다(도판 1). 12가지 토양목은 다음과 같다.

---

* 미국 신토양분류법에서 가장 상위의 분류 단위다.
** 미국 신토양분류법의 최하위 분류 단위로 동일한 토양 모재로부터 발달된 특성 및 배열이 유사한 토양을 묶은 것
*** 국립농업과학원 토양환경정보시스템(http://soil.rda.go.kr/soil/soilact/soilWorld.jsp) 참고

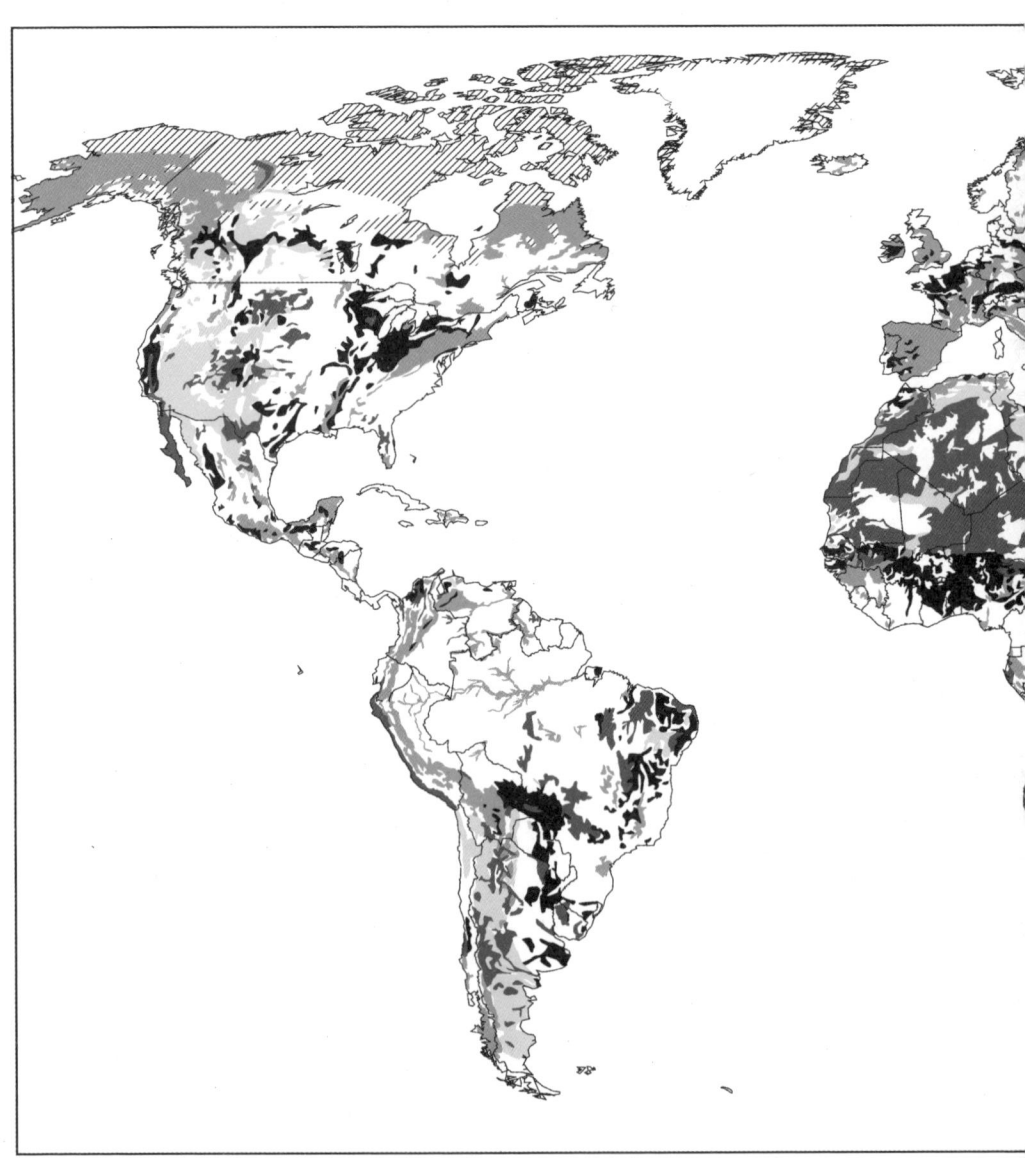

그림 6. 가장 흔한 토양목인 엔티솔, 인셉티솔, 젤리솔, 아리디솔 그리고 알피솔의 분포를 나타낸 세계토양지도(ESRI가 디지털화한 유엔식량농업기구, 유네스코의 세계토양지도와 미국 농무부 자연자원보전청 토양과학부 세계토양자원팀이 1997년 4월 제작, 2005년 9월 수정한 토양기후지도를 기반으로 하여 빌 넬슨 그림)

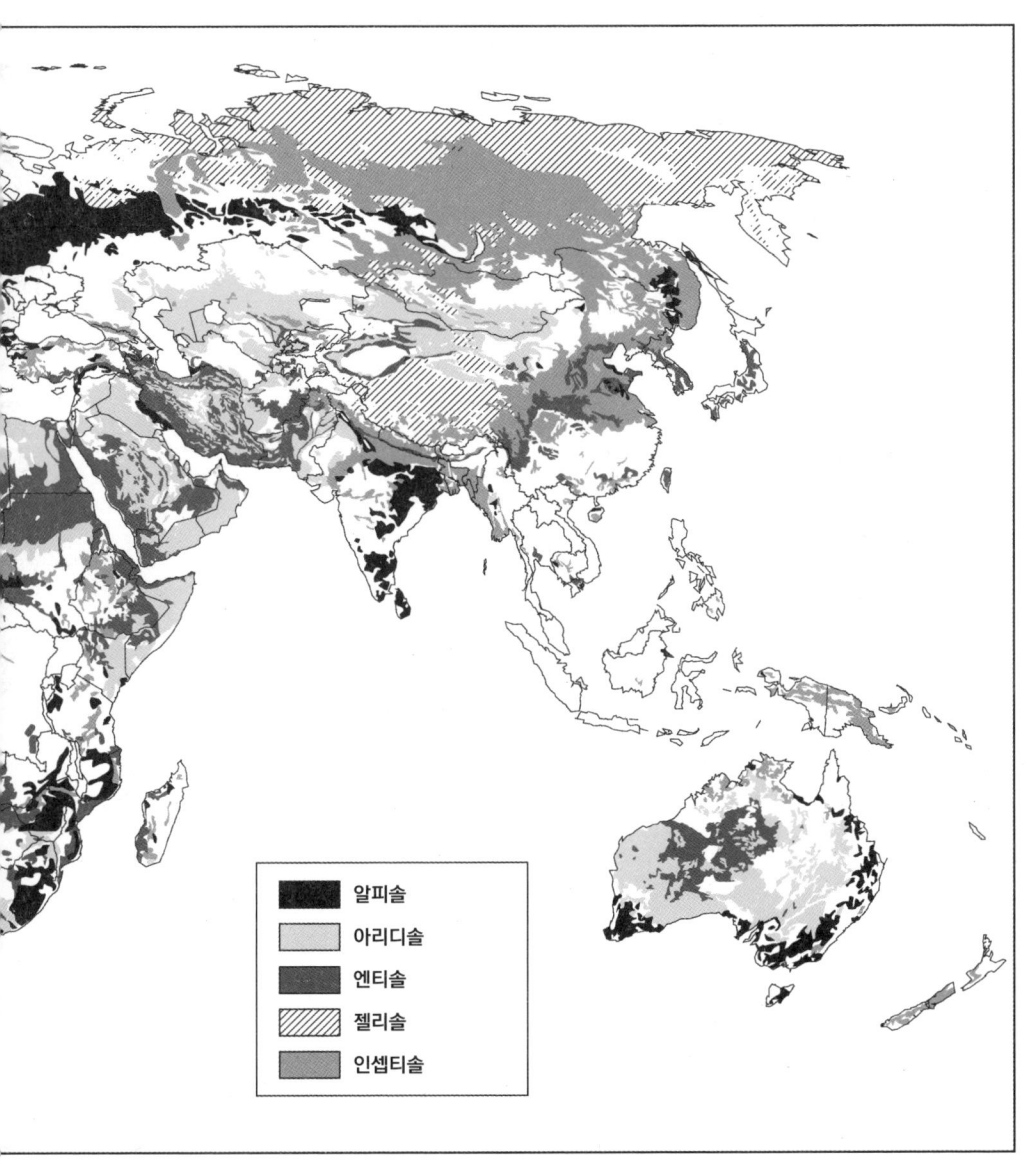

그림 7. 몰리솔, 히스토솔, 옥시솔 분포를 나타낸 세계토양지도(ESRI가 디지털화한 유엔식량농업기구, 유네스코의 세계토양지도와 미국 농무부 자연자원보전청 토양과학부 세계토양자원팀이 1997년 4월 제작, 2005년 9월 수정한 토양기후지도를 기반으로 하여 빌 넬슨 그림)

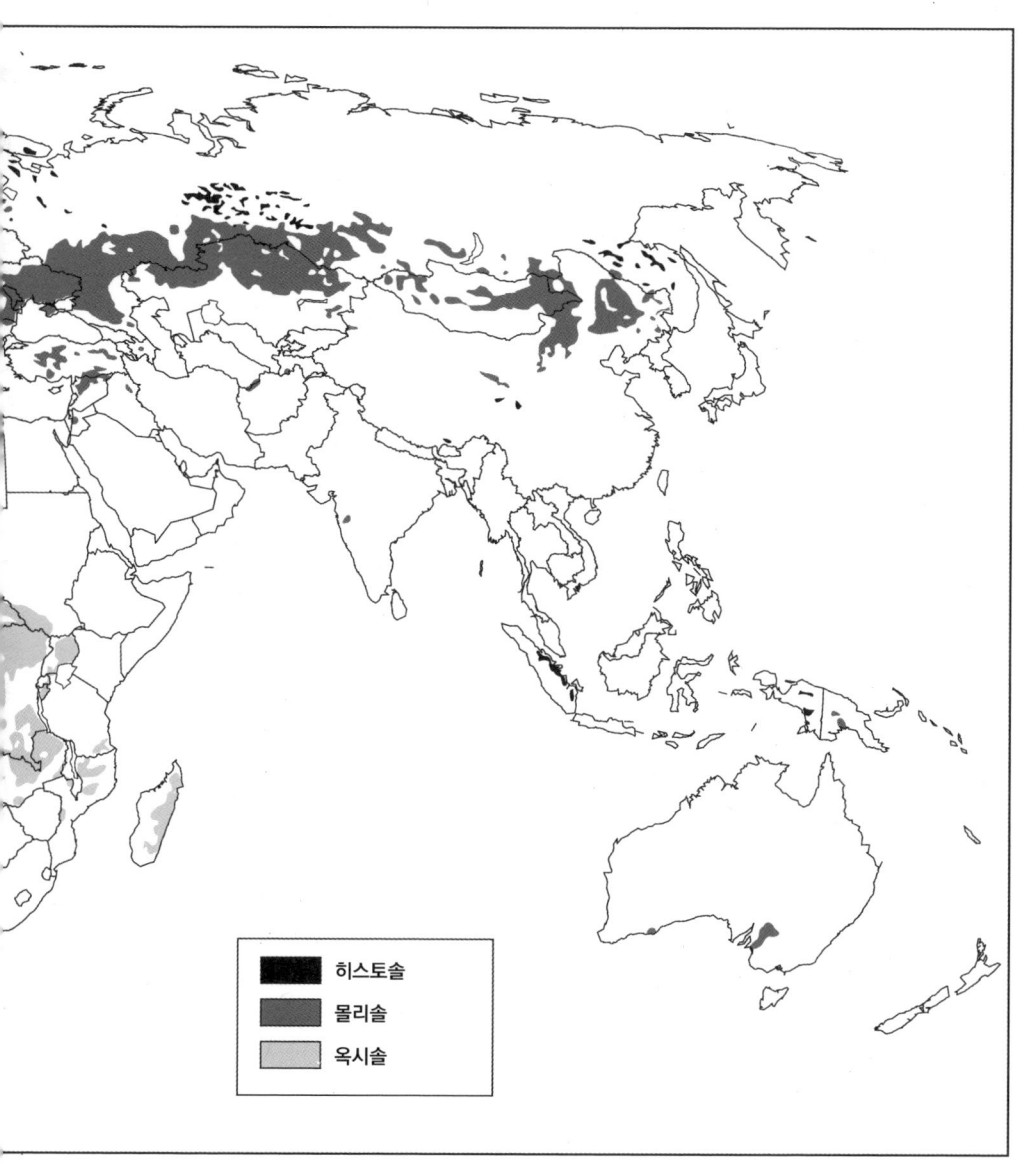

알피솔(Alfisol, 전 세계에서 얼음이 덮여 있지 않은 지역(GIL)의 10%를 차지한다)은 농경지나 임업에 이용되는 비옥한 토양이다. 습한 기후의 낙엽활엽수림 또는 반건조 지역의 사바나 식생 아래에서 형성되고, 토양층이 발달하는 데 수천 년이 걸리며 40만 년 이상 걸리는 지역도 많다. 빗물에 의해 점토가 알피솔 토양 단면 아래쪽으로 이동해 상층부 층위가 탈색된다.

안디솔(Andisols, 전 세계에서 얼음이 덮여 있지 않은 지역의 1%를 차지한다)은 대부분 산성이지만 비옥하다. 화산폭발로 분출한 화산재로부터 만들어졌고 많은 양의 탄소를 저장하고 있다. 강수량이 많고 습도가 높은 열대 지역에서 전형적으로 볼 수 있으며 다양한 식물종뿐만 아니라 전 세계 인구의 10%를 먹여 살리고 있다.

아리디솔(Aridisols, 전 세계에서 얼음이 덮여 있지 않은 지역의 12%를 차지한다)은 지구 사막의 3분의 1을 차지하며 대부분 아시아, 아프리카 그리고 호주에서 발견된다. 가장 오래된 토양 중 하나지만 깊이가 얕아 유기물이 거의 없고 모든 토양목 중 탄소와 질소의 양이 가장 적다. 아리디솔은 물과 영양분이 추가로 공급될 때만 농경지로 사용될 수 있다.

엔티솔(Entisols, 전 세계에서 얼음이 덮여 있지 않은 지역의 16%를 차지한다)은 지구에서 가장 흔한 토양이며 보통 만들어진 지 얼마 안 되거나 풍화가 잘 일어나지 않는 모재에서 만들어져 토양 층위의 분화가 거의 없다. 고대 농경의 중심지였던 나일강과 티그리스강을 따라서 분포하는 토양이 엔티솔이다.

젤리솔(Gelisols, 전 세계에서 얼음이 덮여 있지 않은 지역의 13%를 차지한다)은 추운 기후에서 형성되며 지표로부터 1m 이내에 영구

동토층이 있다. 얼었다 녹는 과정이 반복되면서 얼음이 스며든 불규칙한 모양의 층위가 형성된다. 젤리솔은 토착민들에게 식량, 거주지 그리고 연료를 제공하고 토양 속 유기 탄소의 약 4분의 1을 붙잡아 두고 있다.

히스토솔(Histosols, 전 세계에서 얼음이 덮여 있지 않은 지역의 1%를 차지한다)은 습도가 높고 유기물이 풍부하다. 보통 이탄지, 진창, 늪지, 소택지 그리고 습지에 있는 아한대림에서 주로 찾아볼 수 있다. 비옥도를 높이기 위해 다른 토양에 첨가하거나 연료로 사용하기도 하는 히스토솔은 홍수 조절, 야생동물 서식지, 지하수 충전, 탄소 저장고 그리고 영양소 순환 같은 생태계 서비스를 제공한다.

인셉티솔(Inceptisols, 전 세계에서 얼음이 덮여 있지 않은 지역의 15%를 차지한다)은 일반적으로 만들어진 지 얼마 되지 않아 그 아래에 있는 모암과 거의 구분되지 않는다. 산지나 하천 지형에서 침식되어 퇴적된 물질을 포함하고 있으며, 경사면이나 하천변 평야에서 발견된다. 조림지, 목초지 그리고 농경지로 활용되는 인셉티솔은 그 어떤 토양목보다 많은 전 세계 인구의 20%를 먹여 살린다.

몰리솔(Mollisols, 전 세계에서 얼음이 덮여 있지 않은 지역의 7%를 차지한다) 혹은 검은 흙(black earths)은 깊고 비옥하며 상층부에 두터운 유기물층을 가지고 있다. 초원에서 만들어지는데 바람에 날려온 먼지나 빙하 퇴적물로 비옥해진 이 토양목은 우크라이나, 러시아, 중국 동북부, 아르헨티나 그리고 미국에서 주로 발견할 수 있다. 몰리솔은 농업 생산성이 가장 높은 토양이며 밀, 대두, 옥수수 그리고 기장을 재배하는 데 사용된다. 또한 탄소를 격리하는 데도 탁월한 능력이 있다. 몰리솔을 만들어 내는 프레리(prairie) 식물은 어마어마한 양의 유기 탄소를 뿌리로 보내며 땅 위보다 아래에 더 많은 생물량을 만들어 낸다.

옥시솔(Oxisols, 전 세계에서 얼음이 덮여 있지 않은 지역의 7.5%를 차지한다)은 철분이 풍부하고 붉은색 혹은 노란색을 띤다. 열대 지역에서 만들어지는데, 대부분 남아메리카와 아프리카에서 볼 수 있다. 풍화가 잘 일어나지 않는 모재를 천천히 변화시키며 그 자리에서 만들어지거나 다른 곳으로부터 옮겨와 퇴적된 토양으로부터 발달한다. 사실상 불모지이기에 숲이 불타 필수 영양소를 내놓거나 비료를 뿌렸을 때만 식물이 자랄 수 있다.

스포도솔(Spodosols, 전 세계에서 얼음이 덮여 있지 않은 지역의 2.5%를 차지한다) 혹은 하얀 흙(white earths)은 캐나다, 러시아, 스칸디나비아 그리고 여러 산악 지역의 침엽수림같이 강우량이 많은 한대 지역에서 주로 발견된다. 열대 지역에도 광범위하게 나타난다. 유기물, 알루미늄, 철 그리고 규소가 토양 단면을 지나 침출되면서 만들어진 스포도솔은 새하얀 E층이 있으며, 탄소가 풍부한 경우도 있다. 스포도솔이 발달하기까지 적어도 3,000~8,000년이 걸리며 종종 과하게 산성을 띠고 모래가 많아 감자, 사과, 보리 그리고 장과류(berries)를 제외하고는 다른 작물을 재배하기 어렵다.

울티솔(Ultisols, 전 세계에서 얼음이 덮여 있지 않은 지역의 8%를 차지한다)은 주로 열대우림 아래에서 만들어진다. 뚜렷한 층위가 발달하는 데 수백만 년이 걸리기도 한다. 사용할 수 있는 영양소는 상대적으로 적으며 영양소의 상당량은 숲을 이루는 무성한 식물에 저장되어 있다.

버티솔(Vertisols, 전 세계에서 얼음이 덮여 있지 않은 지역의 2.5%를 차지한다)은 어둡고 점토가 풍부한 토양으로 일정 범위의 기후 특히 몬순 같은 기후 조건 하에 모든 종류의 모암 윗부분에서 만들어진다. 만약 물을 잘 관리한다면 작물을 재배하거나 목초지로서 생산성을 높일 수 있다. 물론 건조한 계절에 생긴 균열이 동물들에게 위험할 수 있지만 말이다.[9]

국제 토양심사대회가 개최되면서 토양 분류는 새로운 명성을 얻게 되었다. 이는 스캇이 토양학계에서 일약 스타가 될 수 있는 길이었다. 토양 심사를 시작한 지 일 년 만에 스캇은 지역, 전국 그리고 세계 대회를 휩쓸었고 그것은 스캇뿐만 아니라 학계에도 연이은 충격으로 다가왔다. 하지만 돌이켜 보면 스캇이 특별했다는 실마리는 어린 시절부터 뚜렷했다. 4학년 때 참가한 과학경진대회에서 스캇은 단지 토양 내부에 무엇이 있는지 관찰하기 위해 숲에 구덩이를 팠다. 그 안에는 지렁이, 낙엽 그리고 놀라운 물건이 있었다. 약 8cm 정도 길이의 매끈하고 하얀 화살촉이었는데 한때 이 지역에 살았던 카토바(Catawba) 인디언의 유물이었다.

그로부터 10년도 훨씬 더 지나, 스캇은 브라질의 흙구덩이 안에 서서 토양의 목과 아목을 판단하기 위해 고군분투하고 있었다. 스캇 앞에 있던 토양은 미국 신토양분류법의 12가지 토양목 중 어디에도 들어맞지 않는 듯 보였다. 스캇은 "속단하지 말고 그저 관찰하고 기록하라"던 코치의 조언을 떠올렸다. 꼼꼼히 관찰한 결과, 토양에는 다양한 단계의 유기물 분해가 일어나는 가운데 근계(root systems)*가 분명히 드러나는 A 층이 20cm 정도 있었다. 옅은 색에 모래가 가득한 이 지층은 아마도 용탈 과정을 통해 광물이 사라진 듯했다. 붉은 층 군데군데에 있는 흰 부분들은 수분 포화로 만들어진 것으로 보였다. 토양 층위 사이의 뚜렷한 경계와 급격한 질감의 변화는 그녀에게 좋은 정보가 되었다. 다행히 스캇은 미국 신토양분류법과 세계토양자원분류기준을 모두 알고 있었고 토양 층위 간 급격한 질감의 변화가 세계토양자원분류기준의 주요 토양 중 하나인 플라노솔(Planosol)**의 전형적인 특징이라는 사실을 떠올렸다. 날카로운 관찰력과 두 가지 주요 토양분류체계에 대한 지식을 활용하여 스캇은 2018년 국제 토양심사대회에서 개인전 우승자로 선정됐다.

—

 토양의 이름은 단지 꼬리표만은 아니다. 토양의 이름은 이야기를 들려준다. 예를 들어 다량으로 존재하는 토양목인 몰리솔은 토양의 아름다움과 유용성으로 유명하다. 몰리솔은 두껍고 검은색의 비옥한 토양이자 전 세계에서 가장 생산성이 높은 토양 중 하나다. 몰리솔은 도쿠차예프가 가장 먼저 러시아어로 검은 흙을 뜻하는 **체르노젬**(Chernozem)이라 이름 붙인 흙이기도 하다. 이 이름은 지금까지도 사용되고 있다. 몰리솔은 보통 우크라이나와 중서부 아메리카 같은 온난한 환경의 프레리(prairie)와 스텝(steppe) 지역에서 주로 발견할 수 있다. 이런 초원에서는 뿌리가 긴 다년생 식물과 초원을 돌아다니는 거대한 초식동물 무리에 의해 유기물이 쌓이게 된다. 수백 년이 넘는 시간 동안 이러한 식물

---

* 식물을 구성하는 기관 중 지하에서 생장하는 부분
** 습윤한 기후에서 배수가 불량해 주변의 점토가 집적돼 딱딱한 회색층이 발달된 토양

과 동물은 토양 미생물의 도움을 받아 비옥하고 어두운 색의 표토를 만들어 냈다. 이는 이름 하나에 담긴 어마어마한 정보다.

엔티솔은 만들어진 지 얼마 안 된 토양이다. 대부분은 기질이 만들어진 지 얼마 안 됐거나 물과 같이 토양을 풍화시키는 데 필수적인 재료가 부족해 모재와 차별화된 층위를 형성할 시간을 갖지 못했다. 한편 계속되는 수분 포화는 산소가 토양 속으로 들어오는 것을 막아 토양층이 분화되는 과정을 늦추어 계속 초기 상태에 머무르게 할 수도 있다.

사하라, 고비 그리고 모하비 같은 거대한 사막에서는 건조하고 황폐하며 부서지기 쉬운 아리디솔을 발견할 수 있다. 아리디솔은 놀라울 만큼 다양한 식물, 동물 그리고 미생물이 살아갈 수 있도록 한다. 하지만 과도한 가축 방목 같은 혹사에는 굉장히 취약해 생명체를 부양할 수 있는 능력을 빠르게 상실한다. 아리디솔은 보통 광물이 빗물에 씻겨 내려가지 않아 풍부하기에 물이 충분하다면 이처럼 건조한 토양도 꽤 생산적이 될 수 있다. 또, 매년 한 대륙에서 다른 대륙으로 바람을 타고 수십억 톤의 아리디솔이 운반되면서 머나먼 곳의 토양 생산성에 영향을 주기도 한다.

노출된 토양 단면을 살피고 그 기원과 오늘날까지의 과정을 상상하는 일은 매혹적이다. 예를 들어, 나는 위스콘신에서 가장 최근에 일어났던 빙하작용으로 만들어진 경계선 위에 살고 있다. 경계선 동쪽에는 거대한 빙하판이 멈춰 암석, 자갈 그리고 잔해의 퇴적물을 깊게 남긴 종퇴석이 있다. 그리고 서쪽 빙하 작용을 받지 않은 지역에는 부드러운 미사*가 가득하다. 이 두 지역의 경계선은 우리로 하여금 1만 년 전에 일어났던 차

---

* 입자 지름이 0.002~0.2mm인 토양 입자

이가 극명한 사건들을 흐릿하게나마 들여다볼 수 있게 한다.

　빙하로 덮인 지역의 남쪽에서 우리는 울티솔을 포함해 세계 곳곳의 따뜻하고 습한 기후에서 만들어지는 다른 토양들을 발견할 수 있다. 이산화규소, 철 그리고 점토는 보통 이러한 토양들의 상층부에서 용탈되어 토양이 회색이나 흰색으로 보이게 한다. 그리고 아래쪽 토양 단면에 집적된 입자는 산소와 반응해 연한 붉은색이나 노란색을 띤다.

　지구의 모든 토양은 과거의 이야기를 들려준다. 토양의 미래를 기록하는 것은 우리에게 달려 있다.

5
사라지는 흙

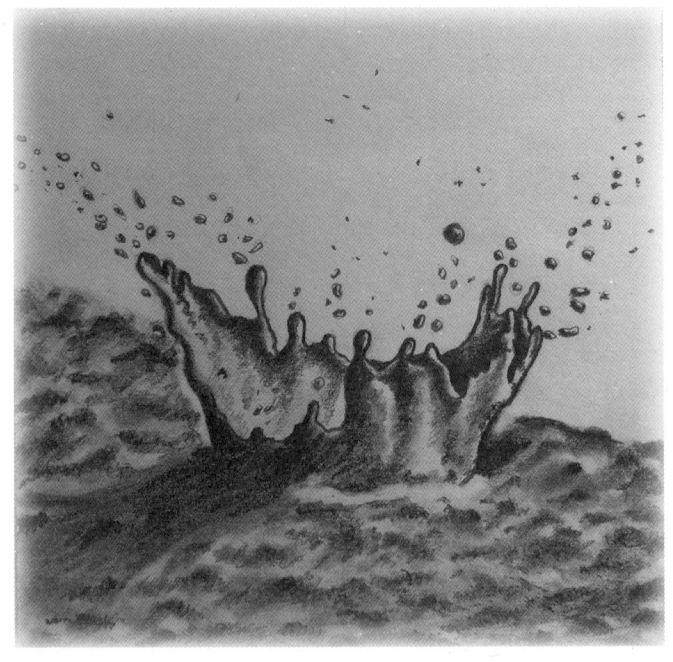

오늘날 전 세계의 농부들은 토양 침식과 씨름하고 있다(도판 2). 풍요로움과 활기가 후하게 깃들어 있는 비옥한 O층, A층 대신 어떤 농부에게는 하층토만, 혹은 더 심각한 경우 암석 모재의 잔해만 남아 있기도 한다. 또 어떤 농부는 표토와 함께 생산성과 이윤을 야금야금 갉아먹는 침식과 이제 막 맞닥뜨리기도 한다.[1] 이 농부들에게 침식은 추상적인 위협이 아니다. 자신의 생계가 달려있는 주요 자원이 사라지는 실재하는 위협이다. 어떤 이들은 토질 저하의 파멸적 악순환에 갇혀 토양 침식으로 불모지가 될 때까지 과도한 비료를 사용해 수확량을 유지한다. 가족들은 고갈된 땅을 버리고 작물을 재배하고 가축을 기를 새로운 땅을 찾아야 하는 상황으로 내몰린다. 하지만 토양 침식은 농경으로 인한 불가피한 결과가 아니다. 수많은 농부는 작물과 가축이 소비한 영양분을 회복시키고 토양이 유실되는 것을 막으며 건강한 토양을 유지한다. 어떤 토착민들은 이 과정을 수백 년 동안 지속해 왔다. 그리고 토양을 보존할 방법을 이제 막 발견한 공동체도 있다. 미래의 식량 안보와 안정된 환경을 위해 토양을 보호하려면 우리는 토양을 잘 관리하는 법을 이해하고 그 방법을 널리 적용할 수 있어야 한다. 하지만 먼저, 침식이 무엇인지 알아볼 필요가 있다. 그 원인부터 시작해보자.

침식은 바람과 물에 의해 일어나는 자연스러운 과정이다. 이는 토양 그 자체만큼이나 오래되어 지표에 오늘날의 장관을 새겨 넣거나 강이 흐르는 구불구불한 물길을 만들고 몇몇 지질학적 흔적으로 암석투성이의 노두를 드러내며 우아한 다른 윤곽선들을 만들어 왔다. 비록 그 영향이 좋을 수도 나쁠 수도 있지만 침식 그 자체는 중립적이다. 토양 입자가 서로 떨어져 새로운 위치로 운반되면 우리는 이를 침식이라 부른다.

종종 토양 '유실'*을 언급하는데 사실 침식은 단지 토양이 원래의 위치에서 사라지는 것을 의미한다. 그리고 보통은 토양이 그것을 필요로 하는 농경지에서 사라지는 것을 의미한다.

한편 토양이 옮겨와 쌓이는 곳에서 토지에 미치는 영향은 파괴적일 수도 또는 풍요로울 수도 있다. 비옥한 토양이 농사에는 쓸모 없는 곳에 쌓일 수도 있다. 배수로, 도로 혹은 덜 비옥한 토양 아래의 닿을 수 없는 곳에 파묻히는 등 말이다. 일부는 저수지 안에 가라앉아 저수지의 담수 용량을 50%까지 줄인다. 일부는 수로를 막고 영양분을 수중으로 방출해 굶주려 있던 미생물의 번식을 과도하게 만든다. 이렇게 번식한 미생물은 주변 생태계를 불안정하게 만들고 수중 생물들의 호흡을 방해한다.[2]

반면에 어떤 퇴적작용은 근처의 경작지나 멀리 떨어진 대륙에 몹시 필요한 광물들을 전달하여 토양을 보충하고 비옥하게 만들기 때문에 지역 환경에 이로운 영향을 끼친다. 이러한 홍수는 강둑을 넘어 범람하는 강 주변에서 연례적으로 일어난다. 이 과정에서 상류의 토양은 강에 인접한 곳으로 운반된다. 나일강이나 미시시피강 같은 강 주변의 거대한 삼각주는 강의 수위가 낮아지면서 만들어져 지구상에서 가장 생산성이 높은 농경지 중 일부가 됐다.

만약 항상 이런 일만 일어난다면 뭐가 문제란 말인가? 왜 오늘날 침식 속도가 문제가 되는 걸까? 어떤 위치에서든 토양의 깊이는 흙의 생성 및 퇴적 그리고 반대되는 힘인 침식 사이의 균형에 의해 결정된다. 자연적으로 표토가 생성되는 속도는 매년 최대 1헥타르당 0.5~1톤이다. 반면 전 세계적으로 침식되는 속도는 평균적으로 1헥타르당 13.5

---

* 지표면의 토양이 빗물이나 바람에 의해 침식돼 토양의 양이 줄어드는 현상

톤이다. 여기에 문제가 있다. **토양은 만들어지는 속도보다 평균적으로 10~30배 빠르게 그것이 만들어진 곳에서 사라진다.** 이는 지속가능하지 않다! 전 세계 많은 지역에서 농경 활동은 식량 안보를 위협할 만큼 토양 침식 속도를 높였다. 농업이 미치는 영향에 더하여 기후변화에 따른 맹렬한 폭풍우와 온도 상승으로 토양 침식은 더 빨라졌다. 인구가 늘어나면서 농경은 집약적으로 변했고 기후변화는 악화되었으며 토양은 그 희생자가 됐다.[3]

지속가능하지 않은 침식의 영향은 개인부터 전 세계까지 모든 수준에서 느낄 수 있다. 농경지에서 침식은 작물 생산성을 떨어뜨리고 또 다른 침식이 일어나게 만들며 그에 따른 농부의 경제적 어려움을 악화시킨다. 몇몇 토양, 특히 이탄질의 히스토솔이 침식되면서 토양에 저장되어 있던 탄소는 지구의 기온을 상승시키는 온실가스로 변한다. 전 세계의 탄소 저장고에서 토양 침식의 역할은 제대로 설명되지 않았고 논쟁의 여지도 있다. 하지만 때에 따라서는 토양 침식이 온실가스를 발생시켜 매년 20억 톤이나 되는 탄소를 대기 중으로 내뿜는 데 기여할 수도 있다.[4] 이는 매년 전 세계적으로 화석 연료를 태워 배출하는 이산화탄소 양의 약 20%에 해당한다. 침식된 흙에서 배출되는 온실가스는 흙이 퇴적되어 땅속으로 묻히는 과정 속에서 온실가스 배출 가능성을 줄여 어느 정도 상쇄할 수 있다.

―

토양 침식의 자연적인 원인은 무엇일까? 바람에 의한 침식은 아마 물에 의한 것보다 더 잘 알려져 있을 것이다. 모래 폭풍은 시야를 완전히 흐리게 하고 인공위성에서 관찰할 수 있는 지구의 영상 형태를 만들어 낸다. 메마른 흙은 특히 바람에 예민하다. 메마른 토양 입자는 수막으로 붙잡아둔 입자보다 훨씬 더 쉽게 자리를 이탈할 수 있기 때문이다. 풍식風蝕이라 알려진 바람이 일으키는 침식은 흙이 원래 있었던 지역에서 사라지고 세계 곳곳에 걸쳐 새롭게 토양을 만들거나 기존 토양을 비옥하게 한다. 침식에 가장 취약한 곳은 지구 지표의 약 30%인 43억 헥타르를 덮고 있는 아리디솔과 일부 엔티솔 같이 매우 건조하거나 반건조성 기후에 있는 토양이다. 매년 사막을 포함한 전 세계 건조 지역에서 배출되는 흙먼지는 10억~40억 톤 사이이며 절반 이상은 북아프리카에서 발생한다. 바람은 토양 입자를 휘저어 사하라 사막 지표에서 떼어내 높이 들어 올려 지구 먼 곳까지 운반한다. 사막의 모래는 남아메리카 아마존의 열대우림에 떨어져 인이 풍부해지게 한다. 비슷하게 아시아에서 오는 흙먼지는 하와이뿐만 아니라 북아메리카 서해안까지도 닿을 수 있다. 이렇게 퇴적된 광물은 아메리카의 토양을 비옥하게 만든다. 아프리카와 중국의 사막을 갉아먹는 대가로 말이다. 이렇게 다른 대륙에서 토양을 선물로 받는 지역 중에는 마찬가지로 침식으로 고통받는 곳도 있다. 미국에서만 풍식으로 매년 약 6.3억 톤이 사라지고 이는 대부분 건조한 농지에서 일어난다.[5]

풍식은 간간이 역사에 기록으로 남기도 한다. 미국 역사상 가장 최악이었던 흙먼지는 1935년 4월 14일에 발생했다. 이날을 '검은 일요일(Black Sunday)'이라 부르는데 시속 100km 속도의 바람이 대평원(Great Plain)을 훑고 지나가며 약 100만 톤의 건조한 표토를 대기 중으로 쓸어 내 오클라호마의 하늘을 완전히 가렸다. '검은 일요일'은 1930년대 전반에 걸쳐 일어난 가뭄인 더스트 볼(Dust Bowl) 10년의 중간 즈음이었다. 이 가뭄은 미국 농업 생산성의 기반이 되는 어마어마한 양의 비옥한 몰리솔을 날려버린 먼지 폭풍으로 점철되어 있다. 과도한 밭갈이에 더해 토양을 고갈시키는 작물을 연이어 재배하는 등 다년간에 걸쳐 토지를 제대로 관리하지 못하면서 대평원의 토양은 풍식에 취약해졌다.[6]

풍식은 중국 북부지역에서 비옥한 토양을 건조한 토양으로 바꾸는 사막화의 주된 원인이다. 비록 풍식이 수백 년 동안 중국 곳곳을 조각하고 기원전 205년부터 문서에 모래 폭풍이 기록되었으나, 지난 70년 동안 토양 침식이 가파르게 증가하면서 고비 사막은 전 세계에서 가장 빠르게 커지는 사막이 됐다. 7,000만 헥타르가 넘는 지역이 황폐화되어 대부분은 이제 불모지가 되었다. 중국에서 사막화가 일어나는 토지의 30% 정도는 가축을 기르거나 작물을 생산하는 데 사용된다. 그리고 이는 토지를 침식에 더 취약하게 만든다.[7] 이 영향을 받은 농부는 때로 작물 생산성을 유지하기 위해 비료를 과도하게 사용하기도 하지만 이는 일시적인 해결책일 뿐이다. 오히려 과도한 비료 사용은 수질 오염과 강력한 온실가스인 아산화질소 발생 같은 환경 문제로까지 번져나간다. 게다가 농부들이 과도하게 비료를 사용해 생산량을 높이며 침식의 영향을 덮어 버리면 토양 유실 문제를 해결할 가능성이 작아지며 결국 장기적으로 토양에는 재앙이 닥쳐올 수도 있다.

인도에도 주기적으로 모래 폭풍이 찾아온다. 하지만 2018년 유난히 강력한 모래 폭풍이 북부에 있는 우타르프라데시(Uttar Pradesh)주와 라자스탄(Rajasthan)주를 황폐화시켰다. 굉장히 빠른 속도의 바람이 우기(monsoon)가 시작하기 전에 찾아왔는데 이 시기에 토양은 건조해 침식되기 쉬웠다. 나무와 전신주가 뽑히고 건물이 쓰러지며 100명 이상의 사망자가 발생했다. 토양 침식, 대기 오염, 폐 질환, 시력 손상 그리고 인명 손실을 일으키는 인도의 반복적인 모래 폭풍은 가뭄과 맹렬한 바람뿐

그림 8. 모래 폭풍. 헬렌 존스(Helen Jones) 그림

만 아니라 농경지 토양 관리를 제대로 하지 못하는 데서 기인한다(그림 8). 비록 모래 폭풍이 토양을 침식시키고는 있지만 바람은 인도의 1억 8,000만 헥타르에 달하는 어마어마한 농경지 전체에서 일어나는 토양 침식 중 단 18%에만 책임이 있다. 나머지 침식은 물에 의해 일어난다.[8]

—

바람의 극적인 영향과 비교하면 물에 의한 침식은 대개 눈에 잘 띄지 않지만 파급력은 훨씬 더 크다. 사실, 물은 지구상에서 가장 흔한 땅 고르는 기계다. 물은 흙무더기에서 입자를 골라내 개울, 도랑 그리고 시내로 옮긴다(도판 3, 4). 물은 홍수, 관개 그리고 비로 토양과 만나는데, 그중 비는 빗물이 땅에 떨어질 때 땅을 때리는 힘 때문에 특히 중요하

다. 빗물 하나하나는 온건해 보일 수도 있지만 그 힘을 모두 합치면 말 그대로 경천동지할 정도다. 10헥타르의 지표에 1,000mm의 비가 계속해서 쏟아지며 전달하는 운동에너지는 TNT 1톤을 터트리는 것과 맞먹는다. 흙덩어리에게 비는 천재지변이 될 수 있다. 전 세계적으로 물은 매년 200~500억 톤의 토양을 원래 위치에서 옮기는 듯하다.[9] 이는 기후변화가 심각해지고 전 세계 곳곳에 더 맹렬한 폭풍우를 유발함에 따라 더 증가할 것이라 예상된다.[10]

물로 인한 침식은 중력으로 낮은 고도까지 물을 끌어당기는 경사진 지역에서 가장 파괴적이다. 물은 토양을 쓸고 내려간다. 경사면이 더 가파르거나 길수록 물로 인한 침식은 더 많이 일어난다. 그 결과 경관 변화는 감지할 수 없을 만큼 작은 것부터 완전히 새롭게 바뀌는 것까지 다양하다. 작은 실개천이나 거대한 도랑은 경사면, 장애물 그리고 수심에 따라 토양이 빠르게 혹은 천천히 경관을 가로지르는 고속도로 역할을 한다(그림 9). 토양은 결과적으로 고도가 낮은 곳에 안착하거나 배수로, 저수지, 개울, 강 그리고 바다로의 여정을 지속하며 그곳의 생태계에 도움이 되거나 또는 위협이 될 것이다.[11]

비는 전 세계에 걸쳐 고르게 내리지는 않지만 토양을 침식시키는 힘은 거의 차이가 없다. 물은 나이지리아의 80%를 포함해 사하라 사막 이남 아프리카의 46%를 침식시킨 것으로 추정된다. 남태평양의 화산섬은 가파른 지형과 극심한 폭풍우로 연평균 침식량이 1헥타르당 50톤에 달한다. 여기에 산림 벌채로 토양이 취약해진 파푸아뉴기니와 솔로몬 제도는 토양 침식이 더 심각해졌다. 인도에서 물은 다양한 일을 한다. 좋은 일도, 나쁜 일도 말이다. 비록 인도는 만성적으로 물 부족에 시달리지만 인도 전 국토의 3분의 1인 9,000만 헥타르 이상에서 물로 인한 침

그림 9. 집약적으로 농사를 지은 농경지에 생긴 침식곡. 카타리나 헬밍(Katharina Helming) 사진을 기반으로 리즈 에드워즈 그림

식이 일어났다. 1950년에서 2008년 사이, 인도는 관개지를 3배 이상 늘려 식량 생산을 전례 없는 수준까지 끌어올렸지만 이는 토양에 염류 집적을 일으켰다. 염류 집적은 지하수에 녹아있는 염분이 지하수와 함께 지표로 올라왔다가 지하수가 증발한 후 토양에 남아 축적되는 현상

이다. 높은 농도의 염분은 식물의 발육을 방해하고 식물에 의한 토양 생성을 어렵게 하며 궁극적으로 토양이 침식에 취약하도록 만든다.[12] 물로 인한 문제는 인도에서 2050년 예상 인구 16억 2,000만 명을 먹이기 위해 식량 생산량을 2006년의 두 배로 늘려야 하는 식량 자급을 어렵게 만들었다. 비옥한 토양이 줄어들면 늘어나는 인구는 쉽게 유지할 수 없을 것이다.

―

토양 침식을 판단하는 데 있어 가장 중요한 것은 정확하게 추정, 평가하는 능력이다. 토양이 유실된 곳부터 도달하는 곳까지의 여정을 추적하는 일은 결코 쉽지 않다. 농사가 시작된 이래로 농부들이 그들의 농경지에서 토양이 사라지거나 다른 곳에 쌓이는 모습을 목격했을 것이라는 점에는 의심의 여지가 없다. 공식적으로 연구되기 전부터 토양 침식에 관한 일상적 관찰이 기록되었다. 예를 들어 1897년 러시아의 스비리(Svir)강을 관측한 결과, 강바닥의 퇴적물에서 100년 전 동전이 묻혀 있던 깊이를 바탕으로 지난 100년 동안 약 1m의 흙이 퇴적되었다고 추정한 바 있다. 하지만 20세기가 될 때까지 토양 침식은 체계적으로 측정된 적이 거의 없었다. 1915년, 미주리 대학교의 대학생이었던 레이 매클루어(Ray McClure)는 경작지에서 흘러 나가는 물에 의해 사라지는 영양분을 연구하기로 계획했다. 실험을 진행하는 동안 매클루어는 고지대에서 저지대로 흐르는 물과 함께 운반된 퇴적물을 어떻게 측정해야 할지 자문을 구했다. 지도 교수는 하류의 퇴적물과 그 안의 영양분을 측정하라는 조언을 해주었고 매클루어는 지표로 흘러 나간 물과 하류에 퇴적된 흙 속 영양분이 경작지에 뿌려진 비료의 양보다 많다는 사실을 발견했다. 이는 경작지의 영양분이 실질적으로는 감소하고 있다는 사실을 의미했다. 또한 그는 경작지에서 사라진 토양의 양도 정량화하며 미국에서 토양 침식에 대한 연구의 포문을 열었다.[13] 매클루어의 연구는 토양이 생성된 장소로부터 운반된다는 토양 침식의 중요한 특징도 분명히 보여준다. 매클루어의 경우, 토양이 침식된 언덕의 바로 아래에서 퇴적된 흙의 양을 측정할 수 있었다. 많은 경우, 다른 장소로 옮겨간 흙은 토지 주인에게 있어 손실이나 마찬가지다. 왜냐하면 침식된 흙은 다른 경작지에 파묻히거나 도로에 흩뿌려지거나 아니면 다른 대륙으로 날아가거나 혹은 수로에 쓸려 내려가기 때문이다.

매클루어의 실험 이래로 토양 침식을 둘러싼 연구는 점점 더 정교해졌다. 수십 년 동안 토양학자들은 농지의 토양 침식 속도를 다섯 가지 방법으로 추정했다. 다섯 가지 중 어떤 것도 완벽하진 않기에 각 방법은 충분한 표본 추출과 적절한 비교를 고려하여 사용되어야 했다. 다섯 가지 방법은 아래와 같다.

첫번째는 **토양의 깊이를 활용한 방법**이다. 우리는 토양의 지표층 두께를 측정할 수 있다. 어떤 연구자들은 지표부터 모재까지의 깊이를 측정한다. 또 다른 연구자들은 유기물이 풍부한 지점에 초점을 맞춰 하층토를 제외하고 지표부터 A층의 바닥까지를 측정한 깊이를 사용한다. 모재와 하층토의 위치는 시간이 지나도 변하지 않는다. 그러므로 지표에서부터 모재나 하층토까지의 깊이는 무기물 기질 위를 덮고 있는 토양의 양을 의미한다. 농경을 시작한 이후로 얼마나 사라졌는지를 추정하기 위해서는 농경지의 토양 깊이와 근방에 경작하지 않은 곳, 즉 농경을 막 시작했을 때의 상태와 가장 비슷한 곳을 비교하면 된다. 더 나은 방법으로는 같은 장소에서 반복적으로 측정함으로써 시간 흐름에 따른 토양 침식을 추정할 수 있다. 토양의 깊이를 비교하는 매우 효과적인 방법으로 아이오와 주립대학교의 제시카 빈스트라(Jessica Veenstra)와 리 버라스(Lee Burras)는 50년 이상 꾸준히 열을 맞춰 작물을 재배한 경작지에서 농사의 영향을 측정했다. 빈스트라와 버라스는 1959년 아이오와 주의 21개 카운티를 대표하는 82개 지역의 토양 단면을 조사한 자료와 2007년 같은 지역의 토양 단면을 조사한 자료를 비교했다. 토양 상층부의 두께는 82개 지역에 걸쳐 평균적으로 1~15cm 정도 사라졌으며 언덕 아래에 퇴적되어 있었다. 침식된 토양은 운반되는 동안 입단 구조를 상실했고 원래 있었던 곳에서보다 상태가 훨씬 더 나빠졌다. 이 연구 결과는 48년 동안 토양 상층부의 90%가 줄었다는 사실을 시사했다. 식물 뿌리는 1959년 처음으로 시료를 채취했을 때와는 확연히 다르게 비옥도가 떨어진 2007년의 토양 환경을 경험하고 있었다.[14]

두번째는 유거수流去水 혹은 퇴적물을 활용한 방법이다. 토양은 한 지역에서 다른 지역으로 운반되기 때문에 한 지역에서 쓸려나가는 양이나 다른 지역에 퇴적되는 양을 토대로 침식되는 양을 추정할 수 있다. 연구자들은 무게를 측정한 흙을 망사로 된 자루 안에 담아 놓고 정해진 시간마다 그 무게를 측정하며 한 장소에서 쓸려나가는 흙의 양을 추산한다. 경작지 곳곳에 필요한 만큼의 이 자루들을 놓아두고 그 결과를 이용하여 다른 방법(예를 들면 유거수 측정 방법)에서 도출한 결과를 실증함으로써 과학자들은 토양 침식의 합리적인 추정치를 얻을 수 있다. 퇴적되는 지점에서 유거수를 측정하기 위해 관찰하고자 하는 지역에서 내리막에 관을 설치해 경작지에서 쓸려 내려가는 흙을 모을 수 있다. 물받이나 다른 용기를 이용하면 저지대 곳곳에서 일정한 간격을 두고 토양을 모을 수 있다. 용기에 퇴적된 토양의 무게는 시간 경과에 따라 측정되며 채집 용기의 평균적인 퇴적량을 이용해 일정한 기간 동안 헥타르당 침식되는 토양의 양을 추정할 수 있다. 한 연구에서 토양 침식 추정치는 해당 농경지의 비탈에 퇴적된 토양의 양과 거의 같았다. 이 결과는 이런 방법이 동일한 과정을 측정하는 데 적당하고 그 추정치가 어느 정도 신뢰할 만하다는 점을 보여줬다. 장기적인 경향은 저수지와 다른 수역에 쌓이는 퇴적물을 통해 측정된다. 하지만 이는 침식을 너무 보수적으로 추산한 것이다. 침식되는 토양 중 물에 퇴적되는 양은 일반적으로 절반 이하이기 때문이다. 수로에서 퇴적물을 모으는 것은 바로 그 퇴적물을 만들어 내는 현재의 토지 관리법이 토지에 미치는 영향을 비교할 때 특히 유용하다. 호주 뉴사우스웨일스(New South Wales)주에서 웨인 어스킨(Wayne Erskine) 연구진은 비탈의 윗부분에서 침식되는 토양을 채집하기 위해 일련의 작은 댐들을 이용했다. 연구진은 경작지 아래에 있는 댐에서 삼림지 아래에 있는 곳보다 세 배 정도 많은 흙을 모을 수 있었다. 이는 경작 행위가 토양 침식에 미치는 영향을 보여준다. 비록 채집한 퇴적물의 절대적인 양이 침식된 토양의 일부에 불과할지라도 서로 다른 토지 이용 체계에 따른 상대적인 침식의 양을 비교하는 일은 의미가 있다.[15]

세번째는 **방사성 동위원소를 활용하는 방법**이다. 핵 실험이 금지된 1996년 이전, 미국과 구소련을 비롯해 여러 나라들은 핵무기 개발을 위해 2,000번이 넘는 핵 실험을 진행했다. 그중 500번은 지상에서 핵폭탄이 터지며 방사성 부산물을 대기 중으로 방출했다. 이 중 일부는 전 세계 곳곳의 토양에 퇴적되었다. 마찬가지로 1986년 우크라이나 체르노빌 핵발전소 폭발사고를 비롯해 여러 핵 사고로 방사성 낙진이 전 세계 곳곳의 토양에 떨어졌다. 토양 입자는 빠르게 방사성 원소와 결합하고 그 자리에 고정시켜 지표가 토양층 내부보다 더 강한 방사능을 띄도록 만들었다. 토양은 지표에서부터 침식이 일어나므로 원래의 장소에서 방사능이 줄어드는 것을 보면 토양 유실이 일어난다고 추정할 수 있다. 연구진은 침적된 퇴적물과 재분배된 토양을 직접 측정해 방사성 핵종을 이용하는 방법이 유효함을 확인했다. 이 측정법은 시작 시점의 기본값을 비교하거나 경작하지 않는 토지 지표의 방사능 양상과 비교할 때 가장 유용하다. 방사능 축적은 침식 경로와 토양이 퇴적되는 지점을 결정하는 데도 사용할 수 있다. 두번째 방식은 방사성 베릴륨을 사용하는 방법으로 주로 지질 시대, 즉 인류가 개입하기 전 일어났던 토양 침식을 추정하는 것이다. 베릴륨의 방사성 형태는 지구의 지각에는 상대적으로 드물다. 대부분 지구의 지표에 충돌한 우주선宇宙線에 의해 생성되기 때문에 방사성 베릴륨을 이용하면 한때 표토였다가 퇴적암층이 된 물질을 추적할 수 있다.[16]

네번째는 **원격탐사를 활용한 방법**이다. 1957년 처음 우주로 인공위성을 쏘아 올린 덕에 우리는 지구를 완전히 다른 시선으로 바라볼 수 있게 됐다. 위성 영상 혹은 원격 탐사는 토양의 수분, 거친 정도, 식생 그리고 지형을 측정하는 데 유용하다는 사실을 입증해 보였다. 지구의 표면에서 반사된 가시광선 혹은 적외선이 만들어 내는 이미지는 토양의 특성을 가늠하는 데 사용된다. 토양 피막(soil crust)의 유무, 다공성, 수분 그리고 식물의 잔해 혹은 수관樹冠처럼 토양으로 수분이 침투하는 데 영향을 미칠 수 있는 특성을 위성 영상으로 감지할 수 있다. 사막화 과정을 모니터링해 왔고, 토양의 거친 정도에 영향을 주는 논밭갈이 그리고 맨땅이 드러나는 데 영향을 주는 지피 작물 재배처럼 토양을 관리하는 방법도 관측할 수 있다. 물속에 부유 토양의 양이 늘어날수록 물에

5 사라지는 흙 • 99

서 반사되는 가시광선과 적외선도 증가하기 때문에 수로에 있는 토양처럼 거대한 배수로를 직접 관측할 수도 있다. 위성 영상의 힘은 관측할 수 있는 토지의 크기와 측정 빈도에 있다. 1972년 미국은 첫번째 지구자원탐사 인공위성인 랜드샛을 발사했고 2013년 랜드샛 8호가 발사됐다. 랜드샛 8호는 고도 705km에서 99분마다 지구 주위를 한 바퀴씩 돌며 16일 안에 지구의 표면을 모두 촬영한다. 인공위성은 토양 침식의 역사 기록도 제공한다. 2020년, 연구진은 1949년부터 2011년까지 촬영했던 원격탐사 사진을 통해 슬로바키아에서 일어난 토양 침식을 가늠했다.[17] 인공위성 자료는 과학을 대중화시켰다. 랜드샛으로 수집한 정보는 미국지질조사국의 웹 사이트 세 군데에서 찾아볼 수 있어 누구나 토양의 변화를 추적할 수 있다.

다섯번째는 **모델링을 활용한 방법**이다. 토지 경사면과 토양 침식 사이의 정량적인 관계가 처음으로 규명된 1940년, 토양학자들은 침식된 토양의 양과 환경 요인을 직접적으로 연관 짓기 시작했다. 그다음 연관성은 강우와 토양 침식 사이의 관계로 대략 8,000지점의 측정값에 의해 입증되었다. 1965년, 하나의 수학적 모델이 토양 침식을 여러 매개 변수와 연관지었다. 범용토양유실예측공식(Universal Soil Loss Equation, USLE)은 강우, 토양의 침식 가능성, 경사면의 길이와 기울기 그리고 작물과 토양 관리 관행의 영향을 계산해 면상침식(표층의 흙이 일정하게 사라지는 침식)과 세류침식(표층의 흙을 여러 수로로 운반하는 침식)을 추산한다. USLE는 1만 건의 측정치를 기반으로 처음 개발됐고 지난 60년 동안 수천 지점 이상의 현장 자료를 통해 입증되었다. 미국 농무부는 3년 주기로 발간하는 자연자원목록을 통해 모든 주에서 일어나는 토양 침식을 발표하는데 이때 USLE를 이용한다. 하지만 USLE

에도 분명한 한계가 있는데 폭풍우가 부는 동안 강우에 의해 갑작스럽게 생긴 도랑으로 어마어마한 양의 흙이 쓸려나가는 구상침식溝狀浸蝕을 설명하지 못한다는 것이다. 그러므로 USLE는 집중 호우로 고통받는 지역에서는 토양 침식을 상당히 과소평가하게 된다.[18] 또한 거대한 시공간 규모에서의 평균값을 수식에 대입할 수밖에 없기에 많은 지역에서는 불충분한 정보로 인해 한계가 생긴다.

과정에 기반해 추정치를 모델링하려는 두번째 시도는 강수량, 지형, 토양 특성 그리고 토지 이용이라는 네 가지 인자의 측정값을 토양 침식의 복잡한 컴퓨터 시뮬레이션과 융합하기 위해 수문학, 식물 생장, 수리학 그리고 침식 역학을 활용한 수식예측계획(water erosion prediction project, WEPP)에 의해 실증된다. USLE의 상관관계는 새로운 환경에서의 토양 침식을 예측하기 위해 과거 결과를 이용한 정적인 측정값을 기반으로 하는 데 반해 WEPP는 자연 과학적인 방법을 사용하여 정보를 통합해서 예측한다. 게다가 WEPP는 깨알만 한 공간적 규모에 이르기까지 수시로 수집된 인공위성 등의 원격 탐사 정보를 통합하여 계속해서 변화하는 날씨와 경관을 자세하게 묘사할 수 있다. 시간과 공간을 가로지르는 지형, 날씨. 그리고 농법의 변화를 담아낸 풍부한 자료를 자연 과학적 과정을 거쳐 통합함에 따라 WEPP의 침식 추정을 작은 경작지부터 거대한 유역에 이르기까지 여러 규모에 적용할 수 있게 되었다. 전례 없는 규모와 정확성을 가진 토양 침식 프로젝트에서 릭 크루즈(Rick Cruse) 교수는 연구 책임자인 브라이언 겔더(Brian Gelder), 아이오와 주립대학 연구진과 함께 WEPP을 활용해 아이오와주 전역의 침식을 모델링하는 일간침식예측프로젝트(Daily Erosion Project)를 진행했다. 이 프로젝트는 특별히 높거나 낮은 수준의 침식이 일어나기 쉬운 지점을 찾아내어 침식 과정에 대한 이해와 개입을 가능하게 하는 것이다. 이 프로젝트의 유용성은 이제 널리 알려져 있으며 아이오와주를 넘어서까지 활용되고 있다.[19]

토양 침식을 추정하기 위한 모든 방법은 불완전하다. 시료 채취가 불충분하다면 어떤 방법이라도 오류투성이의 결과를 얻을 수밖에 없다. 어떤 방법은 한 장소에서 운반되는 토양만, 다른 방법은 새로운 장소에 도달하는 토양만 설명한다. 예를 들어 지질학자는 수로에 있는 퇴적물을 측정하는 것에 초점을 맞추는 경향이 있는데 이는 보통 경작지에서 유실되는 토양의 양보다 적다. 유실되는 토양의 측정값과 수로에 축적된 퇴적물 사이의 차이로 인해 몇몇 지질학자들은 토양을 측정하는 방법이 토양 침식을 과대평가한다고 언급해 왔다. 하지만 비판하는 사람들 대부분은 농지에서 토양이 유실돼 내리막 비탈에 파묻히거나 도랑으로 운반되거나 또는 토양 유기물이 온실가스로 변해 줄어드는 것을 설명하지 못한다. 이 모든 것은 더 이상 농업 생산에 쓰일 수도 없고 수로에 퇴적되지도 않은 침식된 흙이 어디에 있는지를 보여준다. 범용토양유실예측공식을 방사능 추적 및 인공위성 사진 자료와 결합함에 따라 각각의 접근 방식에서 얻은 결론을 입증할 수 있었다.[20]

접근할 수 없는 외딴 지역은 전 세계적으로 유실되는 토양을 정확하게 추정하는 데 또 있어 다른 문제를 보여준다. 이런 지역의 토양 침식은 농부나 연구진으로부터 얻은 현장 정보로 예측하기도 하지만 원격탐사와 GIS를 기반으로 하는 측정에만 전적으로 의존하기도 한다. 그리고 종종 가장 접근하기 어려운 산악지대에서 침식이 가장 극심하게 일어난다.[21]

토양 침식을 이해하는 데 있어 크게 문제되는 것은 침식 속도가 거대한 토지 전반에 걸쳐 일어나는 평균 속도로 보고된다는 것이다. 하지만 평균치는 평균보다 훨씬 빠르거나 느릴 수 있는 지역적인 추세를 모호하게 한다. 토양 침식은 규모에 따라, 그리고 지구 전역에 걸쳐 극적으로 달라진다. 예를 들어 매년 1헥타르당 13.5톤의 흙이 전 세계적으로 유실된다는 사실은 당장 사람들에게 경종을 울리지 못하지만, 이 평균치에 기여하는 피지에서는 매년 1헥타르당 50톤의 흙이 빠른 속도로 유실된다. 마찬가지로 미국에서는 매년 경작지에서 평균적으로 1헥타르당 10톤의 흙이 유실되고 아이오와주에서는 전 세계 평균치와 비슷하게 13톤의 흙이 유실된다. 하지만 2007년, 아이오와주의 240만 헥타르에서는 주 평균치보다 2배 더 빠르게 흙이 유실됐다. 그해 5월 6일, 폭풍우 한 번으로 400만 헥타르에서 1년 동안 유실될 양만큼의 토양이 유실됐으며 8만 헥타르에서는 1헥타르당 220톤이 유실됐다. 이는 흙이 만들어지는 속도의 100배 이상의 속도로 유실됐다는 뜻이다. 이런 폭풍우가 20개 정도 지나가게 된다면 1헥타르당 2,200톤의 흙이 있었던 일반적인 아이오와주 농경지에는 흙이 거의 남지 않게 될 것이다. 사실, 아이오와주 토지의 4~17%는 가장 침식이 일어나기 쉬운 곳에 자리잡고 있으며 대부분은 표토가 전혀 없어 모재가 드러나 있다(도판 6). 그러므로 미국의 평균치 혹은 아이오와주의 평균치는 놀랍지 않을 수 있지만 국지적인 침식은 더욱 심각해서 빠르게 토양을 벗겨내고 생산성을 줄일 만큼 우려스러울 수 있다. 2021년, 미국 콘 벨트(Corn Belt)*에 관한 충격적인 연구 결과가 발표됐다. 콘 벨트 전체 농경지의 3분의 1에서 이미 표토가 모두 사라졌다는 소식이었다.[22]

---

* 미국의 중·서부에 걸쳐 형성된 세계 최대의 옥수수 재배지역

농경을 시작한 이래로 인지했든 못했든 간에 사람들은 토양 침식을 앞당겼다. 미국 제3대 대통령인 토머스 제퍼슨(Thomas Jefferson)은 유명한 정치인이자 농부 그리고 건축가였다. 그는 또한 모순덩어리였다. 제퍼슨은 인간의 의지와 개인의 자유 의지에 바치는 놀라운 찬사인 독립 선언문을 작성했지만 그 자신은 평생 노예를 부렸다. 또, 미국 제2대 대통령의 부인인 애비게일 애덤스(Abigail Adams)에게 정치적 자문을 구했으면서도 여성의 역할은 남편을 보필하고 아이를 기르는 것이라 했다. 제퍼슨은 과학적인 농부이기도 해 버지니아주 몬티셀로(Monticello)에 있는 1만 2,500헥타르 크기의 농장을 관리하기 위해 광범위한 실험을 진행했다. 제퍼슨은 토지를 잘 관리하는 것으로 널리 알려져 있었고 심지어 새로운 형태의 발토판쟁기*를 발명하기 위해 5년이나 공을 들였다. 이렇게 탄생한 발토판쟁기는 농경 역사상 그 어떤 도구보다도 토양 유실을 많이 일으켰음에 틀림없다(그림 10). 1813년, 제퍼슨은 편지에 아래와 같이 적었다.

"농부에게 쟁기는 마술사의 마술 지팡이 같은 것이다. 그리고 그 효과도 정말 마법과 같다."

또, 쟁기로 땅을 깊이 가는 일을 '농사를 짓는 데 있어 거의 모든 좋은 일을 일으키는 비결'이라 공언했다.[23] 우리가 이제부터 살펴보겠지만, 제퍼슨은 완전히 틀렸다!

쟁기는 기원전 3500년 이후로 파종하기 위해 땅을 파는 데 사용해 왔다. 경작을 하지 않은 토지는 식생이 빽빽하고 손에 든 농기구로는 파

---

* 넓은 곡면으로 이루어진 발토판으로 흙을 뒤집고 파쇄하는 쟁기의 일종

그림 10. 제퍼슨이 발명한 '저항력을 최소화한 발토판쟁기'를 현대적으로 재현한 모습. 사진은 토머스 제퍼슨 재단의 허가를 받아 사용

고들 수조차 없는 경우가 있었다. 처음에는 나무로 만들어져 가축이 끌어야 했던 쟁기의 발명으로 더 많은 토지에 농경지를 만들 수 있게 되었다. 그 결과 농경 사회가 널리 퍼져나가고 생산성을 향상할 수 있었다. 쟁기에 발토판을 달면 토양을 더 깊이 파서 들어 올리고 180도로 젖힐 수 있다. 제퍼슨은 발토판을 철로 만들고 그전에 사용하던 나무쟁기보다 말이 더 잘 끌 수 있도록 디자인했다.

농경이 서쪽으로 확대되면서 농부들은 철로 만든 쟁기가 동부에서만큼 잘 작동하지 않는다는 사실을 발견했다. 동부 지역의 흙에 맞게 디자인된 쟁기에는 중서부의 무거운 흙이 쉽게 들러붙었고 농부들은 얼마 못 가 쟁기를 깨끗이 하기 위해 멈춰서야 했다. 1837년, 존 디어(John Deere)라는 대장장이가 강철로 만든 쟁기를 처음으로 발명했다. 흙은 강철로 만들어진 날에 달라붙지 않았기에 훨씬 큰 도약을 예고했고 강철은 철보다도 강했기에 이전에는 경작할 수 없었던 땅을 갈아엎을 수 있었다(그림 11).[24] 디어는 1839년에 발토판쟁기 10개를 만들었지만 1842년에는 100개를 만들었고, 오늘날까지도 명맥을 유지하며 다국적 농기구 사업을 운영하는 존 디어 컴퍼니(John Deere Company)를 설립하였다.

제퍼슨이 발토판쟁기의 중요성을 언급함에 있어서 부분적으로는 옳았다. 그 덕에 오늘날 미국은 농업 강국이 됐기 때문이다. 단단한 땅을 갈아엎는 강철쟁기의 성능은 19세기에 미국 중서부와 대평원 전역에 걸쳐 작물 생산량을 늘렸다. 새로운 땅에서도 농작물을 재배할 수 있게 되

그림 11. 오늘날의 발토판쟁기. 드와이트 시플러(Dwight Sipler) 사진

자 미국의 나머지 지역이 개발되고 산업화되기 시작했으며 이민자들과 함께 도착한 여러 가지 문화가 대륙의 서쪽에도 닿을 수 있게 되었다.

쟁기는 비극적인 결과도 불러왔다. 쟁기로 인해 서부를 개척할 수 있게 된 유럽 정착민들은 그 지역에 몇백 년 동안 살았던 수백만 명의 토착민들을 쫓아냈다. 그뿐만 아니라 이후 200년 동안 중서부의 토양 상당량이 유실되고 25% 이상의 토양 탄소가 사라졌다.[25]

쟁기는 새로운 경작지를 개척하는 용도로 사용하는 도구 그 이상이 됐다. 매년 봄이 되면 작물을 재배하기 위해 경작지를 갈아엎고, 줄 맞춰 심은 작물 사이에 잡초가 자라난 토양을 분쇄하고, 수확이 끝나고 난 후 남은 작물 잔해를 땅에 묻는 일까지 하게 되었다. 이처럼 반복적인 밭갈이는 직접적으로 흙을 낮은 지대로 운반하여 경작지에서 벗어나게 했다. 하지만 가장 큰 영향은 토양 구조가 망가져 흙덩어리가 작은 입자로 산산이 조각나 바람이나 물의 움직임에 취약해진 것이다.

그렇다면 어떻게 토양 침식을 막을 수 있을까? 식물은 토양 침식의 강력한 해결책이다. 생울타리와 방풍림은 경작지에서 바람의 속도를 줄인다. 나무의 몸통과 줄기는 물길을 방해해 물이 지표를 흐르기보다 토양 안으로 침투할 기회를 늘린다. 잎으로 이루어진 수관은 빗물을 낚아채 빗물의 속도를 줄여 토양에 천천히 떨어지도록 한다. 땅속에서는 뿌리가 물이 이동할 수 있는 통로를 만들어 물이 아래로 흐를 수 있도록 만든다. 식물과 박테리아가 만드는 접착 성분은 토양 입자를 뭉쳐서 토양 구조와 수분 보유력*을 향상시킨다. 대부분의 식물은 토양이 건강해

---

* 토양이 수분을 보유하는 힘

지도록 한다. 그리고 전 세계에 있는 거대하고 웅장한 숲들은 토양을 보호하는 데 으뜸이다. 숲속 나무 뿌리는 지하에 어마어마한 네트워크를 만들어 토양을 비옥하게 만들고 지층에 단단히 고정시킨다.

아마존이나 인도네시아의 열대우림을 개벌*했을 때의 영향을 상상해 보자. 축구 경기장 하나에 해당하는 면적이 매초마다, 하루 종일 그리고 매일 사라지고 있는 곳 말이다. 인류 역사 전반에 걸쳐 인류 공동체는 식량을 생산하고 거주지를 건설하면서 숲을 농경지로 만들어 왔다. 하지만 경사진 지역에서 농경으로 인해 토지가 침식에 노출된다면 그 결과는 재앙을 초래할 수도 있다. 산림 벌채로 인해 광범위한 토양 유실을 겪으면서 멸망하거나 원래 살고 있던 땅을 버릴 수밖에 없었던 문명이 여럿 있었다.[26] 식생이 제거된 농경지는 초기의 흙 상태, 토지의 경사, 날씨 그리고 농경법에 따라 몇백 년에 걸쳐 서서히, 혹은 수십 년 만에 빠르게 유실되며 표토층이 사라졌을 것이다. 반면 이전에 숲이었던 가파른 지역에서 성공적으로 살아남은 농경 사회는 흙이 제자리에 머무를 수 있게 하는 방법을 찾아 토양을 성공적으로 관리해 왔다.

미국에서 산림 벌채는 수백 년 전부터 시작됐다. 그 냉혹한 결말은 농경을 위해 개벌을 한 피드몬트 대지(Piedmont Region)에서 볼 수 있다. 피드몬트 대지는 뉴욕주로부터 시작해 버지니아주와 노스캐롤라이나주를 거쳐 조지아주와 앨라배마주까지 펼쳐져 있다. 이곳은 토양을 보호하지 않고는 농사를 지을 수 없다. 피드몬트 대지의 가파르게 경사진 언덕은 산성 화성암이 풍화되어 만들어진 모래질 토양이 6~10cm밖에 되지 않는 표토층을 이룬 고대 산지의 유물이다. 취약한 생태계와 토

---

* 일정 지역의 산림을 일시에 혹은 단기간에 모두 베는 일

양이 숲 덕분에 유지되었지만 1700년부터 1970년대까지 유럽인들이 정착하면서 피드몬트 대지의 흙을 유지시키고 있던 숲은 계속해서 경작지로 바뀌었다. 쟁기는 토양을 갈아엎었고 담배 같은 작물들은 토양의 영양분을 빼앗았다. 시간이 흐름에 따라 농경지에서는 경작하지 않은 지역보다 침식이 100배나 빠르게 일어나 결국 대부분의 표토를 벗겨 냈다. 동부 피드몬트 대지는 농업 생산성이 낮아졌고 정착민들은 농사를 짓기 위해 더 많은 숲을 없애며 서쪽으로 이주했다. 첫 이주의 물결은 피드몬트 대지 중부로 밀려왔고 그다음은 비옥한 토양을 찾아 조지아주와 앨라배마주가 있는 서쪽 끝으로 옮겨갔다. 1967년에 이르러 토양이 더 이상 감당할 수 없게 되면서 피드몬트에서의 농경은 완전히 멈췄다. 결국 20세기 말이 되자 피드몬트 대지는 완전히 황폐해졌다.[27]

피드몬트 대지는 미국 전역과 전 세계 다른 지역에서 진행 중인 토양 침식이 어떻게 끝날지에 대한 전조가 될 수 있다. 유럽인들은 피드몬트 대지에 정착하고 한참 후에 미국 중서부 지역에 정착했는데, 유럽 이주민들의 농경법으로 인한 피해는 후에 나타났다. 예를 들어, 1850년 미네소타주의 인구는 6,000명이었는데, 버지니아주의 인구는 그보다 200년 전 이 숫자를 넘어선 바 있었다. 게다가 중서부 지역의 표토층은 버지니아주의 표토층보다 깊이가 깊다. 따라서 피드몬트 대지의 황무지 토양을 중서부에서는 보기 힘들다는 사실은 놀랍지 않다. 하지만 미네소타주의 토양 침식은 유럽인들이 정착하기 시작한 이후로 100배 이상 커졌다고 추정된다. 이는 미네소타주 역시 피드몬트 대지의 전철을 밟을지도 모르며 단지 시기가 늦어졌을 뿐이라는 사실을 암시한다. 농경으로 전 세계에서 유실되는 토양은 매년 750억~1,300억 톤 사이(이는 토양이 만들어지는 속도보다 37~65배 빠르다)라 추정되며 이는 피드몬트 대지의 선례를 따를 곳이 많다는 사실을 보여준다.[28] 전 세계에 걸쳐 재연된 또 다른 양상은 토양이 황폐해지면서 사람들이 토지를 버리고 다른 곳으로 이주한다는 것이다.

또한 피드몬트의 농경 역사는 다년생 식물이 일년생 식물로 바뀌는 것만으로도 토양이 황폐해질 수 있다는 사실을 보여준다. 이 경우 목화와 담배 같은 일년생 작물을 줄지어 심는 일은 원래 있었던 다년생 식물이 장기간에 걸쳐 광범위하게 뻗어나간 뿌리 체계를 희생시킨다. 일년생과 다년생 식물의 생존 전략은 다르다. 일년생 식물은 한 해로 삶을 완성하는 반면 다년생 식물은 겨울이 되면 휴면에 들고 봄이 되면 다시 자란다. 일년생 식물은 씨앗을 통해서만 번식하지만 다년생 식물은 회복력 있는 뿌리가 계속 살아남아 한 장소에서 매년 봄이 되면 새로운 싹을 틔우는 동시에 씨앗을 다른 곳으로 퍼뜨리기도 한다. 자신이 가진 생존 전략의 잠재력을 극대화하기 위해 성장하는 시기가 끝나갈 때쯤 일년생 식물은 자신이 광합성을 한 자원으로 유전적 유산인 씨앗을 만드는 데 반해 다년생 식물은 축적한 에너지를 뿌리에 투자한다. 그리고 이 뿌리는 다음 해 다시 생명이 싹틀 수 있는 기관이 된다. 산림 벌채는 토양 구조를 튼튼하게 만들고 땅속 거주자를 먹여 살리는 다년생 식물의 선물을 땅속으로 들이지 못하도록 빼앗는 방법 중 하나일 뿐이다.

산림 벌채로 인해 그랬던 것처럼 대초원(prairie)이 농경지로 바뀌면서 일년생 식물이 다년생 식물의 자리를 차지했다. 당연하게도 이는 토양 침식을 가속한 또 다른 요인이 됐다. 한때 비옥한 검은색 몰리솔이 덮고 있던 약 25억 헥타르에 이르는 세계 곳곳의 광대한 대초원과 스텝 지대는 수백 종의 다년생 식물에게 집이었으며, 이 식물들은 매년 땅속에서 벌어지는 일을 보여주는 지표로서 땅위에 다양성을 뽐냈다.[29] 이 식물의 뿌리 체계는 봄에서 가을까지 변화무쌍한 꽃을 보여주었다. 초원에 넓게 펼쳐진 분홍색 인디언앵초 무리에 이어 위풍당당한 파란색 루피너스, 불타는 듯한 오렌지색 카스틸레야, 매력적인 노란색 실피움, 그 외에 수백 종의 꽃이 피어났다. 겨울을 대비해 뿌리를 준비시키려고 잎이 갈색과 보라색으로 변하기 전, 다년생 풀에 달린 꽃자루는 여름의 산들바람에 흔들거린다. 땅 위 초원의 아름다움은 혹독한 겨울을 나고 봄이 오면 재빨리 본분으로 돌아가기 위해 영양분을 축적하는 강인한 뿌리 체계에 보내는 색색의 찬사다.

다년생 풀과 콩과 식물의 뿌리는 종종 줄기와 잎 그리고 꽃보다도 더 크다. 지하 저장고는 매년 늘어난다. 예를 들어 큰개기장 같은 다년생 풀의 뿌리는 생장 첫해에 식물 생체량의 50%를 지니고 있지만 3년 차가 되면 토양 단면 아래로 4m까지 뻗으며 식물 생체량의 80%를 축적하여 새싹의 생체량을 앞지르게 된다. 다년생 식물의 뿌리는 빠르게 순환되기도 해 매년 30~86%가 새로운 것으로 대체된다.[30] 이 엄청나면서도 섬세한 세공품인 지하의 뿌리가 분해되면 전 세계에 풍부한 수확량을 제공할 수 있는 방대한 양의 유기물을 지닌 심토가 탄생한다. 오늘날 이런 대초원의 흙은 위험에 처해있다.

식물은 여러 기관들에 분배하기에는 제한된 양의 탄소만을 가지고 있기 때문에 씨앗 생산량이 많아지면 뿌리체계는 작아질 수밖에 없다(그림 12). 사람들이 씨앗 생산에 최적화하기 위해 일년생 식물을 품종 개량하기 시작하면서 뿌리는 확연히 줄어들었다. 오늘날 일반적인 옥수수나 밀의 뿌리는 생장 시기에는 식물 생체량의 40%이지만 수확기에는 3%밖에 되지 않기에 미미한 양의 탄소를 토양에 다시 돌려준다. 미국에서 원래 대초원이었던 곳의 99%는 오늘날 농경지로 사용되고 있으며

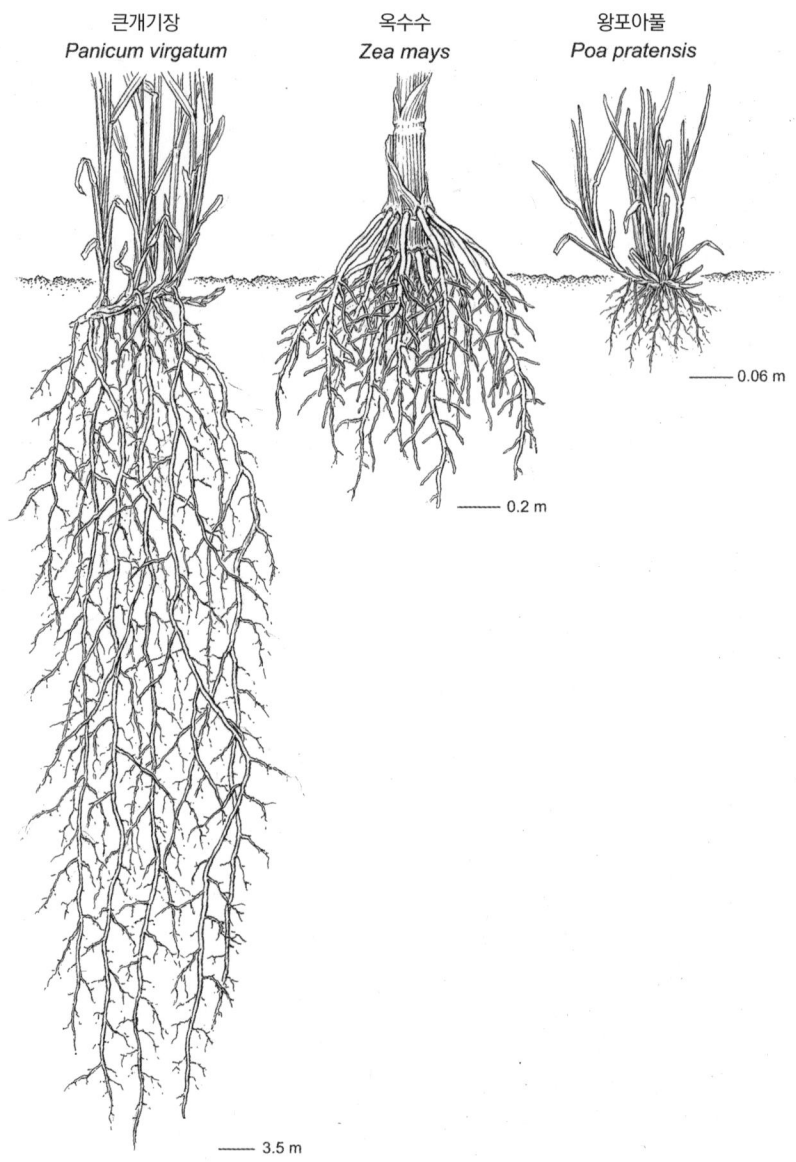

그림 12. 대초원에 자라는 다년생 작물인 큰개기장과 작물화된 옥수수, 왕포아풀의 뿌리. 보비 에인절(Bobbi Angell) 그림

여기에는 옥수수밭 2억 2,500만 헥타르와 밀밭 1억 5,700만 헥타르˙의 많은 부분이 포함된다.³¹ 더스트 볼은 바로 이런 변화로 탄생했다.

피드몬트 대지의 쇠퇴와 오클라호마주와 캔자스주가 더스트 볼 시기 동안 황폐해진 일은 토양 침식을 일으킨 원인에 있어 극명하게 대비된다. 피드몬트에서는 숲을 이루던 얕은 흙이 산림 벌채와 작물을 줄지어 빽빽하게 재배하는 농업 방식으로 인해 사라지기 시작했다. 가파르게 기울어진 땅은 물로 인한 침식에 취약했고 나무가 사라지면서 표토는 빠르게 쓸려 내려갔다. 반대로 오클라호마와 캔자스주의 평원은 평평하다. 하지만 다년생 초원 식물에서 일년생 작물로 변하면서 토양은 1930년대 가뭄 동안 불어온 강한 바람에 예민해졌다. 토양 침식의 비극은 같은 이야기를 들려준다. 촉발 요인이 지형이든 날씨든 두 경우 모두에서 토양이 줄어든 것은 교란되지 않은 토양에 자라고 있던 다년생 야생 식물을 빈약한 뿌리를 지닌 일년생 작물로 바꾸고 깊은 밭갈이로 토양을 황폐화한 때문이라고 볼 수 있다.

제퍼슨이 철로 만든 쟁기를 발명했을 때쯤에는 이미 피드몬트 대지의 버지니아주 지역이 광범위한 토양 침식을 겪었음을 고려하면, 토양 관리를 전공으로 하던 과학자들 중 어느 누구도 밭갈이가 토양 유실에 어떤 영향을 미치는지 알아차리지 못했다는 사실이 놀랍다. 제퍼슨이 쟁기의 미덕을 극찬했던 바로 그 편지에서 그는 언덕 위아래 방향이 아니라 옆을 따라 작물을 재배하면 토양 침식을 줄일 수 있다고도 언급했

˙ 원서에는 위의 번역문과 같이 "225 million hectares of cone and 157 million of wheat"로 씌어 있다. 그러나 미국 농무부 통계(https://ipad.fas.usda.gov/countrysummary/)에 따르면 이 책이 출간된 시점에서 5년간의 통계자료에 옥수수 재배면적 33만 5,000km², 밀 재배면적 15만 8,000km²를 제시하고 있어 원문의 재배면적은 오류로 보인다.

다. 이는 오늘날 등고선을 따라 파종, 경작하는 등고선 경작이라 알려진 토양을 보호하는 농경법이다. 그럼에도 제퍼슨은 고집스럽게 자신이 발명한 쟁기가 토양에 이롭다고 믿었으며 토양이 침식되는 원인으로 '나쁜' 비를 탓하기도 했다.[32] 제퍼슨이 그 연관성을 알았든 몰랐든 간에 밭갈이를 자주 할수록 토양 침식을 앞당긴다는 사실은 확실히 입증되었다. 특히 발토판쟁기로 하는 밭갈이는 말이다. 오늘날 제퍼슨의 유산은 평생 노예를 부렸던 그의 삶으로 인해 더럽혀졌다. 또한 잘 알려지지는 않았지만 그가 만든 철로 된 쟁기로 인해 유럽에서 온 이주민들이 중서부에서 농사를 짓고 정착하게 되었으며 그 결과 많은 토착민들을 학살(정치적, 경제적 그리고 군사적 목표를 지닌 채로 말이다)하고 피드몬트의 토양 구조를 파괴했으며 100년 후 더스트 볼이 탄생하는 상황을 만들었다.

농업이 토양 침식을 일으키는 데에는 작물을 재배하는 것만이 전부가 아니다. 소를 비롯해 굽이 달린 여러 가축들은 토지를 가로지르며 풍경을 완전히 바꾸고 토양을 다방면으로 황폐화할 수 있다. 과하게 방목하도록 내버려 두면 가축은 토양에 맞닿은 곳까지 잎을 모두 뜯어 식물을 제거하고 다시는 자라지 못하게 만든다. 과도하게 많은 가축은 토양을 단단하게 만들고 결국 물은 쉽사리 토양 안으로 침투하지 못한다. 시간이 흐르며 식물 성장은 미미해지고 토양은 더 건조해지며 침식되기 쉬워진다. 물이 부족해지면서 식생은 줄어들고 토양 침식이 일어나는 네거티브 피드백*에 갇혀 생태계는 계속해서 나빠진다.[33]

---

* 각 과정 사이에서 최초의 결과가 다음 과정의 변화를 촉발하고 이 과정이 다시 최초의 과정에 되돌아 영향을 미치는 상호작용을 피드백이라 부르는데, 그중 결과가 감소하는 방향으로 흐르는 것을 네거티브 피드백이라 부른다.

사람들은 오랫동안 건축물들을 건설해왔다. 하지만 건축물이 눈에 띌 정도로 토양에 영향을 미치기 시작한 것은 20세기, 특히 현대식 도시가 확장되기 시작하면서부터다. 도시화가 진행되면서 농사를 지을 수 있는 땅이 매년 160만~330만 헥타르 정도씩 감소했다. 이는 각각 레바논, 벨기에 크기와 맞먹는다.[34] 건축 재료를 선택하는 일도 중요하다. 예를 들어 물이 침투할 수 없는 콘크리트와 아스팔트는 물이 땅속으로 스며들 통로를 막아 홍수와 토양 침식을 일으킨다.

모든 건축물 중 강물을 막아 댐을 세우는 것만큼 눈에 띄게 토양에 영향을 주는 것은 없다. 강과 댐은 토양 침식이 골칫거리가 되기도 하고 이로움이 되기도 하는 역설의 대표적인 사례다. 비록 상류에서 일어나는 토양 침식이 토지를 대폭 줄이지만 강은 종종 미사를 강둑이나 바다로 흘러드는 해변에 퇴적시킨다. 그 결과 비옥한 범람원이 만들어지고 해안선 침식을 막는다. 하지만 오늘날 이 과정은 전 세계에 있는 수천 개의 댐으로 인해 위협받고 있다.

1960년에서 1970년 사이 지구상에서 가장 긴 강의 흐름을 조절하기 위해 아스완 하이(Aswan High) 댐이 건설됐다.[35] 장대한 나일강은 아프리카 대륙 반 이상을 지나 남쪽에서 북쪽으로 흐른다. 부룬디에서 시작하는 백나일강은 우간다, 남수단 그리고 수단을 지나 에티오피아에서 발원한 청나일강과 만난다. 두 강은 하나로 만나 나일강이 되는데 이집트를 가로질러 지중해로 흘러드는 거대한 강어귀가 있는 아프리카 북동 해변에서 그 여정을 마무리한다. 부룬디에서 발원한 물이 바다에 다다르기까지는 3개월 정도 걸리는데 6,695km를 가로지르며 가끔은 잔잔하게, 가끔은 거세게 초당 3m의 속도로 흐른다. 나일강은 흐르는 동안 토지를 침식시키고 미사를 모으는데, 홍수가 일어나면 강가에 있는

200만 헥타르 크기의 나일 삼각주로 나르기도 하고, 지중해로 흘러 들어가며 해안선에 쌓이기도 한다.

아스완 하이 댐의 목적은 두 가지였다. 하나는 나일 삼각주의 농부들을 괴롭히는 홍수와 가뭄을 예방하는 것이고 다른 하나는 수력발전을 통해 이집트인들이 사용할 전기를 공급하기 위해서였다. 영국 공학자들이 설계하고 러시아 인부들이 건축한 아스완 하이 댐은 인류의 독창성을 보여주는 우뚝 솟은 증거였다. 암석과 진흙으로 벽을 만든 댐은 높이 111m, 제방 길이 3,830m를 자랑한다. 이 댐은 1,690억 m^3의 물을 수용해 댐 위에 나세르호(Lake Nasser)라 부르는 저수지를 만드는데, 이는 이집트의 상류 320km까지, 그리고 다시 수단의 상류 160km까지 뻗어 있다.

아스완 하이 댐은 의도된 역할을 효과적으로 수행했다. 정해진 흐름으로 물을 흘려보내며 매년 100억 kWh의 전력을 생산해 이집트 국민들의 반 정도가 사용할 수 있는 만큼의 전기를 공급했다. 하지만 이는 생각하지 못한 결과도 일으켰다. 나일강이 아스완 하이 댐에 이르면 물의 흐름이 멈추며 나세르호를 채운다. 방출되기를 기다리면서 물은 고요하게 멈춰 있다. 미사 입자를 떠 있게 하던 강물의 흐름이 멈춤에 따라 미사 입자도 나세르호 바닥으로 가라앉게 된다. 결과적으로 미사의 98%는 댐을 가로지르지 못하고 저수지에 남아 댐 너머 하류에 있는 강에 퇴적되지 못한다. 한때 나일강은 바다로 향하는 도중 근처에 있는 삼각주에 매년 1,000만 톤의 퇴적물을, 그리고 목적지인 지중해에 도착해서는 1억 2,400만 톤의 퇴적물을 제공했다. 오늘날 이 퇴적물은 강둑이나 해양의 해안선에 도달하지 못하며, 강둑과 해안선은 침식에 대처할 수 있는 미사가 보충되지 못한 채 침식에 방치되고 있다. 강 하류의 퇴적물 부족으로 나일강 강둑은 일부 지역에서 매년 124~175m 정도의 속도로 후퇴하고 있다. 마찬가지로 나일강이 퇴적물을 비워내는 지중해의 해안선도 빠르게 사라지고 있다.[36]

댐은 이집트 식량 생산의 3분의 2를 책임지는 나일 삼각주도 굶주리게 만들고 있다. 오늘날 농경지는 이전에 나일강이 범람하며 전해주었던 7,000~10,000톤의 인, 7,000톤의 질소 그리고 11만 톤의 이산화규소를 화학 비료로 대신하고 있다.[37] 몇몇 전문가들은 미사가 부족하기에 나일강에 진정한 의미에서의 삼각주는 더 이상 없다고 말한다.

댐 건설로 곤란한 상황에 놓인 건 나일강만이 아니다. 아마존강, 황하강, 컬럼비아강, 콜로라도강 그리고 티그리스강 등 전 세계에 있는 거대한 강 대부분에서 물의 흐름을 조절하거나 수력 발전을 위해 댐이 건설됐다. 이 댐들은 주변 토지와 그곳에 사는 사람들에게 복잡한 영향을 끼쳤다. 전 세계에 걸쳐 사람들의 개입은 강으로 흘러드는 퇴적물을 20억 톤까지 증가시키는 동시에 퇴적물 대부분이 댐에 갇히면서 해안에 다다르는 양을 1,000억 톤 가까이 줄였다. 오늘날 미사는 전 세계 저수지 수용력의 5분의 1인 1,100km³를 채우고 있으며, 고장 난 터빈 수리와 수력발전소의 발전량 감소로 20~30억 달러의 손실을 가져온다.[38] 이처럼 댐은 가끔 산사태를 일으키기도 하고, 많은 경우 하류에 있는 농경지에 영구적인 변화를 가져오며, 모든 경우 근방에 서식하는 야생동물에게 위기와 기회를 동시에 제공한다.

인류 역사상 처음으로 건설한 댐(기원전 3,000년경 요르단에 건설된 자와(Jawa) 댐)부터 첫 수력발전 댐(1882년 위스콘신주 애플턴(Appleton)에 건설됐다) 그리고 역사상 가장 거대한 댐(2006년에 완공된 중국 양쯔강의 싼샤 댐)에 이르기까지 댐은 모두 사람들에게 중요한 기능을 제공하고 있으며 또한 주변 경관을 바꾸어 놓았다. 대부분의 기술에 대해 그랬던 것처럼 사회는 이처럼 불가사의로 불리는 거대한 토목 공사의 유용성과 자연을 변화시키는 문제를 저울질해 볼 필요가 있다. 그리고 이 계산에는 반드시 토양도 고려되어야 한다.

기후는 토양 침식을 일으키는 자연적이면서도 인공적인 힘이다. 비록 빠른 속도의 바람과 물을 동반하는 기후 현상은 항상 토양 침식을 일으키지만, 오늘날 기후는 인류의 활동으로 급격하고 비정상적인 방향으로 증폭됐다. 만약 기후가 토양 침식의 자연스러운 원인이라면 인류 활동으로 인한 기후변화는 토양을 황폐화하는 부자연스러운 징후다. 그 영향은 지역에 따라 다양하다. 일부 지역은 이미 극심한 토양 유실을 겪고 있으며 다른 곳은 가까운 미래에 그 영향을 느끼게 될 것이다. 모든 지표는 전 세계적으로 점점 더 흔해질 극심한 비바람으로 물에 의한 침식이 늘어날 것이라는 예측을 내놓고 있다. 빠른 속도로 떨어지는 빗방울은 흙 입자를 떨어뜨리고 운반하는 에너지를 동반하기에 폭풍우가 극심해질수록 토양 상태 역시 더 악화될 것이다. 1964년~2014년 사이에 아시아, 유럽, 호주 북부 그리고 북아메리카에 극심한 폭풍우의 빈도가 늘었다. 이 경향성은 미국에서 눈에 띄게 두드러진다. 20세기 전반 50년 동안은 매년 폭우가 내린 날이 평균치에 머물러 있었지만 1950년대 이후로는 기세가 줄지 않고 꾸준히 늘었다(그림 13).[39] 이러한 폭풍우는 그 시기가 토양 침식에 미치는 영향력을 결정한다. 작물을 재배하는 시기의 초반과 후반, 즉 밭갈이를 했지만 아직 작물을 재배하지 않은 시기에는 토양 운반을 방해하는 요소는 거의 없으며 빗방울을 지연시킬 장애물도 없다. 작물이 물을 가장 필요로 하는 동시에 토양을 보호하는 시기인 작물 재배 중반부에는 극심한 비로 인한 피해도 덜하다. 하지만 만

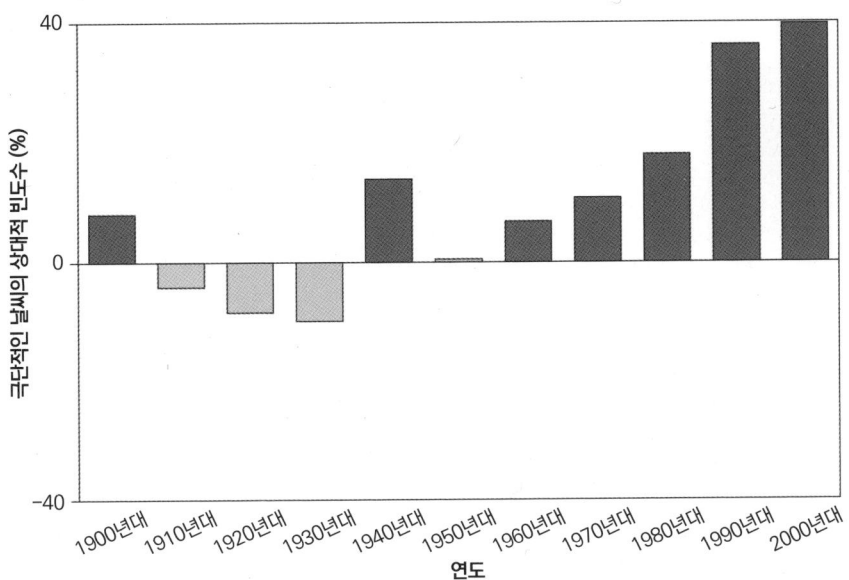

그림 13. 1900년 이후 미국에 폭우가 내린 빈도. 제리 멜릴로(Jerry M. Melillo), 테레스 리치몬드(Terese Richmond)와 게리 요헤(Gary W. Yohe)가 편찬한 「미국에서 기후변화의 영향: 제3차 국가기후평가」(국제 변화 연구 프로그램, 2014) 19~67페이지에 실린 월시(J. D. Walsh) 등이 쓴 '우리의 변화하는 기후'를 수정해 빌 넬슨이 그린 그래프

약 폭풍우가 우박을 일으킨다면 한 번의 파괴적인 사건으로 작물을 전부 잃을 수도 있다. 2018년 아르헨티나에서 측정된 세계 기록을 경신한 지름 22cm 크기의 우박 덩어리가 일으킬 수 있는 영향을 상상해보자! 극심한 폭풍우는 지속적인 기후 파괴로 격렬해지고 그로 인해 쏟아지는 물은, 액체 상태든 고체 상태든, 정기적으로 지표를 두드려 토양이 제 기능을 하기 어렵게 만들 것이다.[40]

기후변화는 극단적인 강수량과 바람 그리고 온도로 대표된다. 지구의 일부 지역에서 물 폭탄을 맞는 동안 다른 지역에서는 몹시 건조해 사

막화가 일어나 다른 형태로 토양 황폐화에 기여하고 있다. 전 세계 사람들 가운데 사막화를 겪는 숫자는 1961년 이후 두 배로 늘었으며 모래폭풍은 그 빈도가 가파르게 늘었다. 더 뜨거운 온도, 일부 지역에서의 강수량 감소에 따른 기후 변동 심화 그리고 도시화를 포함한 토지 이용 변화는 상호 작용하여 사막화를 급격하게 증가시켰으며 이는 결국 토양 침식을 촉진했다. 아마조니아, 브라질 북동부, 지중해 연안, 파타고니아, 아프리카의 대부분 그리고 중국 북동부에서 가뭄은 크게 늘었다.[41] 지구 온난화가 제어할 수 없을 정도로 앞서 나가면 토양 침식과 황폐화는 늘어날 수밖에 없다. 사람들이 기후변화를 가속함에 따라 간접적으로 토양 침식을 일으킨다면, 우리가 토지를 다루는 방법은 토양 침식을 직접적으로 일으키고 있다.

농부들이 밭갈이를 계속하고, 도시가 꾸준히 몸집을 키우고, 토양 침식을 일으키는 바로 그 기상 현상을 지속적으로 강화시키는 기후변화가 계속되면서 더 많은 표토가 사라질 것이다. 20세기에 과학자들은 토양이 사실상 재생 가능한 자원인지에 대해 논쟁을 벌였다. 일부 지역에서 겪고 있는, 농경 시대의 속도를 100배 가까이 뛰어넘는 토양 침식 앞에서 우리는 더 이상 이런 논쟁을 하는 사치를 누릴 수 없다. 세계 토양의 해인 2015년, 유엔은 토양이 유한하다고 강조하며 60년 안에 파멸적인 토양 유실이 일어날 것이라 예견했다.[42]

하지만 표토가 사라지는 일이 왜 위기인 걸까? 단지 토양 일부가 유실되는 것뿐인데 그 과정에서 어떤 일이 일어나게 될까? 그에 답하기 위해 우리는 전 세계에서 일어나는 토양 침식의 영향을 알아보아야 한다.

6

지구에서 흙이 모두 사라진다면?

어떤 냄새도 풍기지 않으며 지표에는 생명체가 살아갈 수 없는 암석만 가득한 행성에 서 있다고 상상해보자. 세찬 돌풍은 모래 알갱이를 공중으로 띄워 밝고 푸른 하늘을 뿌옇게 만들 것이다. 비가 내릴 때면 개울은 모래와 자갈을 고랑으로 그리고 강으로 운반하여 퇴적물로 가득 채울 것이다. 한때 대지에 생명이 움트게 했던 폭신폭신하고 향기로운 융단 대신 미사, 조약돌 그리고 바위가 그 자리를 차지할 것이다. 이것이 바로 흙이 없는 세상이다.

토양에 영양을 공급할 숲과 초원이 있는 한 지구에는 항상 흙이 있을 것이다. 하지만 비탈진 농경지 대부분이 비옥한 표토를 잃어버려 지구가 원래 암석투성이의 행성이었던 것처럼 보이기 시작하면 어떻게 될까? 식량 안보를 잃는 건 엄청난 일일 것이며 사라질 아름다움은 헤아릴 수 없을 것이다. 현재 암석투성이의 행성 단계에 접어들지는 않았지만 토양 침식은 이미 전 세계의 경관과 식량 생산에 영향을 미치고 있다(도판 2). 토양 유실이 늘어나면서 전 세계 식량 안보의 위험이 증가하고 사회적 안전망은 줄어들 것이며 식량 부족에 익숙한 곳뿐만 아니라 식량 부족을 겪어보지 못한 곳에서도 전례 없는 굶주림을 겪게 될 것이다.

토양 침식처럼 긴급한 지구적 문제에 다 같이 맞서기 위해서는 식량과 토양을 통해 우리를 한데 아우르는 복잡한 연결고리를 이해해야만 한다. 식량 시스템*은 복잡하다. 식량 시스템의 어떤 부분은 우리 눈에 보이는 범위를 훨씬 넘어서까지 영향을 미치기 때문이다. 모든 국가, 사실상 모든 사람은 지구와 지구에 서식하고 있는 다른 생물들과 연결돼

---

* 식량이 생산되어 최종 소비 혹은 폐기되기까지 거치는 일련의 과정으로 식량의 생산 및 수확, 저장, 가공, 포장, 운송, 소비, 폐기를 포괄하는 하나의 시스템

있다. 왜냐하면 우리가 세계 시장에 참여하여 같은 음식을 먹고 같은 공기를 들이마시고 있기 때문이다. 게다가 모든 농장은 저마다 특징을 지니고 있으며 모두 제각기 다른 일련의 변수와 씨름한다. 물리적인 환경, 동식물의 생명 활동 그리고 사람의 행동을 유발하는 사회적 압력은 농장 단위에서 교차하게 되는데 이 중 어디에 문제가 있는지 구분하기 어려울 수 있다. 토양 침식으로 인한 광범위한 결말은 작물 경작, 생물다양성, 농경에서 여성의 역할, 변화가 소규모 자작농에게 미치는 영향, 댐과 수력 발전 그리고 토양 관련 정책에 영향을 미치는 각 사회의 수준이 토양과 교차하는 지점에 이르는 여정이다. 토양 문제에 있어 맞이하게 되는 유사한 결말은 여러 나라들의 보편적인 관심사이지만, 각 나라와 토양 사이의 개별적 관계에 있어서는 차이를 보인다. 그러므로 변화하는 상황 속에 다양한 나라에서 토양 침식의 결과를 탐구하는 일은 순전히 과학적 노력인 것만은 아니다.

토양 침식의 영향을 어떻게 측정할 수 있을까? 줄어든 소득으로? 줄어든 작물 생산량으로? 사라진 생물다양성으로? 혹은 재생 불가능한 자원의 두께로? 유엔(UN)은 최고조에 달한 토지 황폐화(80%는 토양 침식이 원인이다)가 전 세계 인구 40%의 안녕을 해치고 지구적, 지역적 분쟁을 일으키며 대규모 이주를 야기한다고 발표했다. 한 경제 모델은 토양 침식의 직간접적 영향으로 식량, 생태계서비스 그리고 2037년까지 전 세계 소득에 23조 달러의 손실이 발생할 것으로 예측했으며, 여기에서 사하라 사막 이남 아프리카 지역이 최대 16%를 차지할 것으로 보았다. 오늘날 토양 침식으로 사라지는 작물 생산, 생물다양성 그리고 생태계서비스는 전 세계 총생산량의 10%에 달한다.[1] 그리고 그중 어떤 손실들은 돌이킬 수 없다.

    토양이 없다면 농업은 서서히 멈출 것이다. 토양이 완전히 사라지기 한참 전부터 토양 침식은 작물 생산량을 줄일 것이다. 이미 토양 침식으로 작물 수확량이 매년 0.3%씩 감소하고 있으며, 90억 명의 인구를 먹여 살려야 하는 부담감으로 지구가 신음하게 될 2050년까지 전 세계의 작물 생산량은 누적해서 10% 이상 줄어들 것으로 추정된다.[2] 전 세계 평균치는 토양 유실로 인해 농부와 그들의 가족이 직접적으로 타격을 받는 지역적인 영향을 가린다. 전 세계적으로 매년 평균 1헥타르당 토양 13.5톤이 유실된다는 통계는 비탈에 있는 경작지에서 매년 1헥타르당 100톤이 유실돼 가족을 부양할 수 있는 유일한 수단을 빼앗긴 농부에게는 의미가 없다. 자녀에게 안정된 농장을 물려주기를 꿈꾸는 농부들은 일시적으로 농경지를 임차하는 기업보다 토양 침식에 더 큰 어려움을 겪을 수 있다.

    토양 침식이 식량 생산에 미치는 영향의 긴박함은 토양 종류에 따라 다양하다. 전 세계적인 토양 침식 평균 속도는 다양한 지역, 토양의 연식, 질감 그리고 깊이에 따라 다르다는 사실을 보여준다. 하지만 토양이 생산되는 속도보다 10~100배 빠른 속도로 유실되는 문제와 마주하고 보면 가장 깊은 토양의 농업 생산성도 오랫동안 지속되지는 못할 것이다. 1헥타르당 2,200톤의 표토를 지닌 비옥한 몰리솔이 매년 전 세계 평균 속도인 13.5톤의 흙을 유실하고 유실되는 속도의 40분의 1 정도로 흙을 만들어 낸다고 상상해보자. 몇십 년 안에 작물 생산성이 영향을 받고, 대략 200년 안에 비옥한 O층과 A층을 포괄하는 표토도 모두 사라질 것이다. 토양 침식이 매년 1헥타르당 55톤 까지 상승한다면 40

년 만에 토지의 표토는 모두 사라질 것이다. 1헥타르당 토양 220톤 정도의 속도라면 몰리솔은 10년 안에 사라질 것이다(그림 14). 지구 대부분의 토지는 1헥타르당 2,200톤에 훨씬 못미치는 토양을 지니기에 토양층이 깊은 몰리솔은 최상의 사례를 보여준다. 하지만 이러한 미국 중서부의 비옥한 몰리솔도 악화되고 있으며 농경지의 3분의 1은 이미 표토를 완전히 잃어버렸다.[3]

대부분 농사를 짓는 아프리카 대륙에서 토양 침식은 식량 생산에 심각한 위협을 가하고 있다. 표토가 20~150cm에 달하는 생산성이 높은

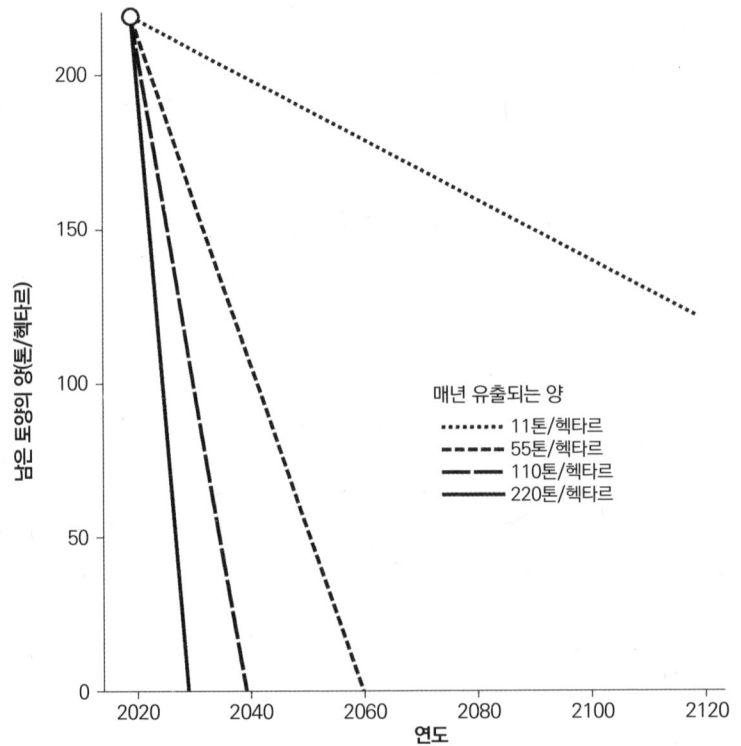

그림 14. 2020년 1헥타르당 토양 2,200톤에서 시작했을 때, 토양 침식 예측 그래프. 빌 넬슨과 마크 G. 세브렛이 그린 그래프

몰리솔과 비교하면 아프리카의 토양은 일반적으로 덜 비옥하며 대부분 표토가 10cm 이하로 깊이가 얕다. 사하라 사막 이남인 나이지리아의 울티솔은 보통 매우 황폐해져 아주 얇은 상층부만 남아 있다. 개별 농부와 그 가족들에게 매년 1헥타르당 50톤이 유실되는 일은 재앙일 것이다. 하지만 이 각본이 눈앞에 다가오고 있다. 나이지리아 남동부에 있는 아남브라(Anambra)주에서는 건기와 우기가 반복되면서 토지가 수축과 팽창을 반복해 만들어진 황량한 도랑이 흉터로 남는다. 이 도랑은 빠르게 흙이 쓸려나갈 수 있는 통로가 되었다. 식생이 거의 없는 지역에서는 도랑이 경관을 새롭게 만들었다. 도랑의 몸집이 거대해지자 한 연구자는 협곡이라고 불러야 한다고까지 제안했다. 실제로 한 도랑은 너비 349m에 길이가 3km에 달했다. 당연하게도 아남브라주 몇몇 지역의 토양 침식은 매년 1헥타르당 2,200톤에 달하기도 한다. 근처에 있는 이모(Imo)주에서 토양 침식 속도는 매년 1헥타르당 6~1,200톤으로 평균적인 침식 속도는 1헥타르당 36톤이다.[4] 이곳 토지의 20%는 적어도 매년 1헥타르당 235톤의 속도로 침식되고 있으며 이는 억수같이 쏟아지는 비, 경사면 그리고 듬성듬성 존재하는 식생으로 인한 결과다. 만약 토양 침식을 막지 않고 그대로 둔다면 이모주 토지의 5분의 1에 해당하는 농장에는 10년 안에 표토가 거의 남지 않아 작물 수확량이 곤두박질치게 될 것이라는 뜻이다.

농장의 생산성은 상호작용하는 다양한 요인에 영향을 받기에 토양 침식이 작물 수확량에 미치는 영향을 분리해 생각하기 어렵다. 이 관계를 분명히 하기 위해 한 연구진은 '표층을 제거하는' 실험을 진행했다. 이 실험은 나이지리아 세 곳의 토양 상층부를 제거하고 다른 조건은 모두 같게 유지한 후 남은 토양의 작물 수확량을 측정하는 방식이었다. 표층을 제거하는 처리를 한 세 지역 모두 수확량이 줄었지만 온(Onne) 지역의 결과가 가장 극적이었다. 그 지역에서 옥수수밭의 토양을 5, 10, 20cm 제거했을 때 수확량은 각각 95%, 95% 그리고 100%까지 줄었다.[5] 이 연구는 토양 유실이 작물 수확량을 줄이며 한 해에 1헥타르당 2,200톤의 토양이 유실되는 나라의 식량 공급에는 문제가 많다는 결론을 통렬히 느끼게 했다. 이런 침식 속도로는 작물을 재배할 수 없게 될 때까지 단 몇 센티미터밖에 남지 않게 될 것이다. 일단 토양이 사라진다면 생산성을 다시 회복하기 어려우며 결과적으로 농부들은 황폐해진 토지를 버릴 것이다.

나이지리아 남부의 농부들은 그들이 재배하던 작물인 카사바, 얌 그리고 코코아가 토양과 함께 홍수에 쓸려 내려가는 모습을 목격하기도 한다. 강에 모래가 쌓이면서 어부들은 큰 물고기를 잡을 때 미끼로 사용할 작은 물고기를 낚지 못하고 그 결과 지역적으로 식량 부족 현상이 악화되었다. 특유의 덥고 건조한 기후를 보이는 나이지리아 북부에서는 비정상적으로 침식된 토양에서 재배된 작물은 가뭄에 더 취약해진다. 토양 침식이 경관을 변화시키면서 그 영향은 사람들의 삶에도 영향을 미치기 시작했고 지역 경제와 생계도 위협하고 있다. 사실, 토양 침식은 북부 나이지리아가 2018년 심각한 식량 위기를 경험한 여덟 국가에 이름을 올린 요인 중 하나로 여겨진다. 당시 나이지리아 국민의 약 28%가 굶주림으로 고통받은 것으로 추정된다.[6] 과거의 식량 불안, 늘어나는 인구 그리고 보코하람(Boko Haram)*과의 격렬한 갈등은 나이지리아가 미래의 식량 수요를 원활하게 충족시키지 못할 징조다. 계속되는 토양 유

---

* 2002년 결성된 나이지리아의 이슬람 극단주의 테러 조직

실은 잠재적 수확량을 줄여 최상의 환경에서 생산될 수 있는 식량의 양을 제한하며 결과적으로 최악의 상황에서 작물의 유실을 피할 수 없게 된다.

모로코는 아프리카 북서부 해안에 위치해 지중해와 맞닿아 있다. 모로코의 문화는 유럽, 아라비아 그리고 12,000년 넘는 동안 이 지역에 거주해온 베르베르(Berber)족*의 다양한 영향으로 특징지어진다. 문화만큼이나 다양한 농업은 곡물, 과일, 견과류 그리고 가축 등 어느 한 가지에 의존하지 않기 때문에 모로코 국민들의 식량과 경제에 완충 역할을 한다. 이런 안정적인 농경 구조에도 불구하고 모로코는 토양 황폐화를 목전에 두고 있다. 모로코 토지의 약 70%는 농경지이며 이중 절반은 토양 침식으로 황폐해졌다. 산악지대에서는 매년 1헥타르당 50~400톤의 토양이 유실되고 있다. 기후변화로 가뭄이 심해지자 작물 유실에 취약한 작은 농장들을 수출용 돈벌이 작물을 재배하는 다국적 기업농이 집어삼켰다. 모로코의 국내총생산(GDP) 중 농경이 차지하는 비율은 12.4%에 머무르고 있으며, 이는 농업을 촉진하려는 정부의 노력에도 불구하고 낮은 작물 수확량에 그 주요 원인이 있다. 하지만 모로코는 그 지리적 위치 때문에 세계 시장에서 강점을 가지고 있기에 아프리카에서 사업을 하고 싶은 기업에게는 전략적 요충지가 될 수 있다.[7] 다국적 기업들의 성공은 지속적인 식량 생산과 이를 위한 토양 침식 감소에 달려 있다. 모로코가 기후변화로 인해 극심해질 것으로 예상되는 가뭄에 취약하기 때문에 유엔식량농업기구(FAO)는 식량 공급 안정화를 목표로 하는 새로운 '지속가능한 식량과 농업 프로그램'의 효과를 시험할 수 있

---

* 아프리카 북부 지중해 연안이나 사하라 사막에 거주하는 함어계(Ham語系)의 인종

는 시범 사업 지역으로 모로코를 선택했다.

　토양 침식은 아프리카 동쪽 해안에 있는 나라에 훨씬 더 큰 위협이 된다. 예를 들어 에티오피아는 매년 10억 톤의 표토가 침식되는데 토지의 25%가 중간 정도에서 심각한 수준까지 황폐화되어 그 손실이 농업 국내총생산의 3%에 달한다. 동아프리카에서 남쪽으로 이동하면 탄자니아가 있다. 탄자니아에서는 60년 이상 토양의 질 저하가 환경 문제의 최우선 순위에 자리하고 있었는데, 토양 침식이 토지의 61%에 크게 영향을 미쳤기 때문이다. 에티오피아와 탄자니아 사이에 있는 케냐는 산림 벌목, 과도한 방목 그리고 농경으로 인해 복잡한 토양 문제를 겪고 있는 나라 중 하나다. 일부 정치 지도자들은 오늘날 전 세계 인구의 70%가 소유하고 있는 휴대 전화가 지속가능한 토양 관리 방법 선택과 농사 짓는 방법에 대한 조언에 빠르게 접근할 수 있도록 도와줄 것이라 기대를 드러냈지만, 문제는 정보가 부족한 것이 아니라 빈곤에 있다.

　케냐에서 대부분의 식량을 재배하는 여성들은 토양에 대해 그리고 그것을 어떻게 관리해야 하는지에 대해서는 폭넓은 지식을 갖추고 있지만 최적의 토양 관리 방법을 적용하기에는 시간이 부족하거나 재정적 자원이 부족한 경우가 많다. 많은 사람이 가족을 부양하기 위해 어쩔 수 없이 다른 직업과 토양 관리를 병행하며, 가족에게 더 많은 시간과 돈을 쏟기 위해 지속가능하지 않은 농경법을 선택한다. 이런 선택이 휴대 전화로 인해 바뀔 것 같지는 않다. 개발 도상국 농부들 대부분은 비슷한 타협과 마주하고 있으며 보통은 토양 침식보다 더 긴급한 문제에 맞닥뜨리는 것을 선택한다. 생존이라는 긴급한 문제는 전 세계에서 가장 빈곤한 성인 농부의 약 3분의 2에게는 너무나도 큰 걱정거리다. 예상하거나 통제할 수 없는 자연과 시장 경제로 인해 홍역을 치르는 불확실한 노

력은 계속해서 재정 위기와 위험을 불러온다.[8]

가장 거대한 대륙인 아시아에서 토양 침식의 영향은 지역의 지형과 기후만큼이나 다양하다. 그 영향은 사막과 열대우림, 해안 평지와 전 세계에서 가장 높은 산까지 아우른다. 토양도 만들어진 지 얼마 안 되는 엔티솔부터 영구적으로 얼어있는 젤리솔, 질척이는 히스토솔 외에도 수많은 종류가 있다. 아시아의 작물 종도 지역에 따라 다양하다. 인도와 중국은 전 세계 쌀 생산에서 앞서가고 있다. 중앙아시아는 밀, 목화 그리고 사탕무가 풍부하고 동남아시아는 옥수수, 커피, 코코아 가루, 차, 코코넛 그리고 고무를 생산한다. 아시아 대륙은 형형색색 과일의 보고로 알려져 있다. 바나나, 파인애플, 감귤, 파파야, 두리안, 리치(lychee) 그리고 망고스틴을 재배하여 신선한 상태로 소비, 수출하거나 캔으로 만든다. 마찬가지로 토양 유실을 일으키는 요인도 다양하지만 토양 유실의 모든 사례에서 공통적으로 그 피해는 농부, 식량 공급 그리고 경제 전반에 미친다.

남아시아 농경지의 거의 절반은 황폐해졌으며 이로 인해 매년 100억 달러, 즉 각국 국내총생산 합계의 2% 또는 농업 생산의 7% 정도 손실이 발생하고 있다. 다시 한번 말하지만, 토양의 종류, 지형 그리고 농경 방법에 따라 토양 황폐화가 일정하지 않게 일어나기에 평균값은 지역적인 영향을 반영하지 못한다. 그 결과 토양 황폐화 정도는 방글라데시(토지의 65~75%), 파키스탄(39~61%) 그리고 부탄(3~10%) 전반에 걸쳐 다양하다. 방글라데시에서 구릉성 지역의 75%는 물로 인한 침식에 매우 민감한데, 곡물 생산에서 1억 4,000만 달러 그리고 전반적인 영양분 손실로 5억 4,400만 달러의 손실이 발생한다. 한편 식량 생산에 미친 이러한 심각한 영향에 더해 토지 이용 전환이라는 또 다른 경향은 상황을 더욱 악화시켰다. 방글라데시는 매년 8만 헥타르의 농지를 주택, 도로, 시장, 학교 그리고 공장 건설 등 농업 생산이 아닌 용도로 전환한다. 그 결과 방글라데시에서 생산되는 식량은 매년 160만 톤씩 줄어들고 있다.[9] 비록 방글라데시는 1980년대 이후로 경제가 꾸준히 성장하고 빈곤은 줄었지만 세계식량계획 발표에 따르면 방글라데시 국민의 4분의 1은 식량이 부족하고 1,100만 명은 극심한 기아에 시달리고 있다. 오늘날의 굶주림과 1974년 방글라데시 기근을 생각해 볼 때 더 이상의 식량 손실은 받아들여질 수 없다.

부탄은 국가 통계자료에 대한 세세한 분석이 필요하다는 사실을 떠올리게 하는 중요한 예다. 이 평화로운 풍경의 작은 녹색 왕국은 중국과 인도 사이의 히말라야 산맥 남쪽 사면에 자리잡고 있다. 종종 전 세계에서 가장 아름다운 나라로 묘사되는 부탄은 그림 같은 산과 히말라야의 얼음이 녹은 물을 저지대로 운반하며 쏜살같이 흐르는 강으로 유명하다. 또한 전 세계에서 유일하게 이산화탄소 배출이 없는 환경 정책으로도 유명하다. 이는 대기 중으로 배출하는 이산화탄소보다 식물들이 고정하는 이산화탄소의 양이 더 많다는 뜻이다. 그 독특한 정체성은 제도적 요구에 따라 토지의 60%를 덮고 있는 푸른 숲이 가져온 것이다.[10]

토지의 3~10% '밖에' 황폐화되지 않았다는 통계는 언뜻 보기에는 부탄 농부들에게 좋은 소식처럼 보인다. 하지만 그렇지 않다. 농경지는 부족하다. 생산성 높은 계단식 논은 산비탈에 교묘하게 배치돼 있고 작은 옥수수밭은 대부분 최저 생활 수준을 유지하는 37,000가구가 경작하고 있다. 비록 농경이 국내 총생산에서 차지하는 비중이 22%밖에 되지 않지만 인구의 69%는 토지에 의지해 생계를 유지하고 있다. 평균적으로 각 가정은 1.4헥타르의 토지를 소유하며 전체 가정의 60%는 그보다 적게 소유한다. 토양 침식이 농경지에 집중됐고 국토의 대부분은 숲으로 뒤덮여 있기 때문에 이러한 전국 평균값은 산비탈에 위치한 빈곤한 농장에 토양 침식이 미치는 영향을 상당히 과소평가 하고 있다. 다행히 정부는 토양을 보호하기 위한 환경 정책을 우선시하고 있다.[11]

부탄 왕국 정부는 다른 곳에서는 볼 수 없는 식물 105종을 포함해 보기 드문 생물다양성을 자랑하는 장엄한 경관과 국민들을 보호하기 위해 현명한 태도를 취했다. 부탄은 다른 나라들과는 달리 정책을 수립하고 평가하기 위해 국내총생산 대신 국민총행복(Gross National Happiness)이라는 다른 계산법을 사용한다. 헌법에는 사람의 행복과 자연 세계와의 공존 관계를 강조하는 대승 불교의 가치가 수놓여 있다. 그 때문에 정책은 부탄 국민을 먹여 살리는 동시에 부탄의 풍부한 자연 자원을 보호하려는 방향으로 세워진다. 식량 생산과 그 자체의 가치를 위해 토양을 보호하는 것뿐만 아니라 토양 침식이 부탄의 가장 큰 수익 사업인 수력발전 사업에 영향을 미치기에 부탄 정부는 이를 우선적으로 해결해야 할 문제로 정했다. 토양 침식은 수력발전소에 퇴적물을 침전시키고 터빈을 망가뜨리며 전체 보수 비용의 60%를 발생시킨다. 현재까지 토양 침식을 억제하려는 정책은 부탄 농부들에게 가파른 경사지에 계단식 논을 만들어 쌀농사를 짓도록 장려하고 토지를 개간한 후 아무것도 심지 않은 상태로 몇 년 동안 내버려 두는 것을 금지했다.[12] 비록 토양 침식이 광범위하게 일어났지만 이 작은 왕국은 토양을 보호하고 재건하기 위해 노력하고 있다.

남아시아에서 적도 근처로 이동하면 취약한 산악 지형과 국가의 높은 농경 수요 사이의 갈등이 두드러지는 자바섬을 볼 수 있다. 자바섬은 2억 7,300만 명으로 전 세계에서 네번째로 인구가 많은 인도네시아 군도에서 농업 생산량의 절반을 차지한다. 자바섬의 절반을 차지하는 산악 지형도 이 산악 화산 지역에 작물을 재배하는 용감무쌍한 농부들을 막을 수 없었다. 가장 가파른 토지에는 유지에 필요한 시간과 비용이 적게 드는 옥수수와 카사바를 주로 재배했는데 특히 농부들이 거주하는 마을에서 농장이 멀수록 더 그랬다. 쌀은 노동 집약적인 경작이 필요함에도 불구하고 많이 경작되고 있다. 중부 자바(Central Java)에 있는 평지에서는 매년 1헥타르당 25톤 정도의 속도로 토양이 침식되지만 가파른 경사지에서는 매년 1헥타르당 토양 200톤이 훌쩍 넘는 양이 침식된다. 최악의 침식으로 고통받는 농경지는 매년 1헥타르당 300톤 이상 침식되고 있다. 생산량의 감소는 국내 총생산과 농업 경제 축소로 이어졌다. 20세기 후반 이후 식량 생산은 거의 늘지 않았음에도 같은 기간 인구는 30%가 늘어난 나라에서 이는 반길 만한 흐름이 아니다. 퇴적물 기록은 토양 침식이 인구 밀도를 바짝 뒤쫓았다는 사실을 보여준다. 20세기 동안 자바섬 인구는 2,800만 명에서 1억 명을 웃돌 정도인 6배로 늘어났다.[13] 비록 인구 성장과 토양 침식 사이의 인과 관계가 정립되지는 않았지만 식량 생산을 늘리려는 압력은 종종 토양을 황폐화하는 농법을 사용하도록 종용한다. 인도네시아의 인구는 2050년까지 22% 정도 늘어날 것으로 예상되는데 이는 분명히 농업 시스템 전반에 압력을 가할 것이다. 수많은 소규모 생산자들을 괴롭히는 빈곤은 인구압이 심화되면서 더 악화될 것이다. 이는 결과적으로 토양을 황폐화하는 농경법이 늘어나게 할 것이다. 특히 작은 농장에서, 토양은 인도네시아에서 예상되는 인구 증가의 희생자가 될 것이다.

작은 규모에서 식량을 생산하거나 수확하는 소규모 자작농들은 토양 침식에 가장 취약하다. 인도네시아 농부의 93%는 소규모 자작농이며 커피, 차, 향신료, 과일 그리고 채소 같은 돈이 되는 작물뿐만 아니라 쌀, 옥수수 그리고 카사바 같은 식량 작물을 대량으로 재배한다. 놀랍게도 이처럼 다양한 종류의 작물이 평균적으로 0.6헥타르 밖에 되지 않는 농장에서 재배된다. 전 세계적으로 15억 명의 소규모 자작농은 10헥타르도 안 되는 토지에서 생계를 이어간다. 이들은 농부이자 목축업자이자 산림 관리자로 일하며 아시아와 사하라 사막 이남 아프리카 농경지의 80%를 관리한다. 소규모 자작농들은 전 세계에서 가장 빈곤한 농부에 속한다. 그다지 크지 않은 이 토지들은 보통 빈곤선* 이하의 수준으로 각 가정을 부양한다. 이들은 종종 작물에 해를 입히는 자연재해, 식량 공급을 차단하는 무력 분쟁 그리고 예측할 수 없는 수요, 공급 그리고 물가의 변동으로 뒤흔들리는 세계 시장의 예상 밖 변화에 가장 취약하다.[14]

여성은 전 세계 농업 노동력의 43%를 차지한다. 여성이 식량의 80%를 생산하는 사하라 사막 이남 아프리카 지역에서 전통과 법은 대개 이들이 토지를 소유하지 못하도록 가로막고 남성을 통해서만 농사를 짓도록 만든다. 또한 여성은 일반적으로 농장 밖에서 직업을 얻을 기회가 훨씬 적기 때문에 날씨, 토양 황폐화 그리고 전쟁으로 인한 경제적 어려움에 더 취약하다.[15] 식량이 더 귀해지면서 여성들은 불평등의 짐을 지게 될 것이다. 모든 사람이 토양 침식으로 인한 식량 위기의 영향을 받겠지만, 어떤 공동체는 몰락하고 수많은 여성들의 삶은 위기에 처할 것이다.

* 육체적 능률을 유지하는 데 필요한 최소한도의 생활 수준

전 세계적으로 소규모 농장이 우세하다는 사실은 소규모 자작농의 안녕이 전 세계적인 식량 안정과 토양 관리에 중요하다는 뜻이다. 이들은 귀중한 작물의 유전적 다양성을 지키는 수호자다. 전 세계 식량의 75%는 식물 12종과 동물 5종에서 얻어진다. 게다가 대규모 농업 시스템은 대개 이러한 종을 근친 교배한 획일적인 개체들을 선택한다. 그리고 이 과정은 유전자 풀*을 좁힌다. 반면에 소규모 자작농들은 작물이 진화해 온 야생종이 지닌 유전적 다양성을 일부 간직하고 있는 교배가 덜 이루어진 지역 계통을 재배하며 식량을 생산하는 경향이 있다. 농업 시스템이 마주치는 문제가 많아지면서 이 유전자 저장고는 전 세계 육종가育種家들이 갈망하는 유전 형질의 원천이 될 가능성이 높다. 기후변화에도 작물과 가축 생산을 공고히 할 내건성**과 질병 저항성을 포함해 말이다.[16] 소규모 자작농이 농경적 노력을 그만둔다면 이들의 유전적 자원은 사라질 것이다. 그들이 재배하는 작물에 있는 귀중한 유전자는 다른 어떤 개체에서도 발견할 수 없는 것이기 때문이다.

지구를 돌려 서쪽으로 이동해보자. 여기서도 경제를 좀먹는 토양 침식을 관찰할 수 있다. 우크라이나의 토양은 유럽에서 두번째로 커다란 나라인 그 규모만큼이나 가치가 있다. 하지만 역설적이게도 전 세계에서 가장 비옥한 토양을 유럽에서 가장 빈곤한 나라에서 찾아볼 수 있다. 우크라이나의 3분의 2, 약 2,800만 헥타르가 전 세계에서 가장 검은 토양인 체르노젬의 3분의 1이 두껍게 덮여 있다. 체르노젬은 러시아어로 '검은 흙'을 뜻한다(도판 5 위쪽 사진).[17] 이 몰리솔은 1.5m 깊이까지 유

---

* 어떤 생물집단 속에 있는 유전 정보의 총량
** 가뭄을 견디어 내는 성질

기름층을 이루어 지구상에서 가장 비옥한 토지의 일부를 형성하고 전설적인 농업 생산성을 자랑하며 우크라이나가 '유럽의 빵 바구니'라는 별명을 얻게 할 만큼 특별하다. 우크라이나 전역에 있는 체르노젬 지역은 유럽에서 가장 많은 곡물과 감자를 생산하고 전 세계에서 가장 많은 해바라기씨를 생산한다. 봄이 되면 흑단 같은 토지에 연두색 싹이 두드러지며 그 후에는 진한 녹색의 옥수수, 푸르스름한 밀 그리고 샛노란 해바라기의 물결이 지평선으로 끝없이 펼쳐진다. 가을이 되면 농부들이 곡식과 다른 주요 산물을 지역 그리고 전 세계 시장에 판매하면서 황갈색과 갈색의 수확물은 황금(화폐)으로 변한다. 지리적 요충지에 위치한 덕분에 우크라이나는 러시아 연방*과 유럽 연합의 핵심적인 식량 공급국이 되었다. 그리고 흑해 연안의 우크라이나 항구들은 중동과 북아프리카 시장으로 접근하기 용이하다.

토양을 신성시하는 사람들에게 우크라이나는 성스러운 장소다. 150cm의 칠흑 같은 표토를 가진 땅을 본 사람은 거의 없을 것이다. 이 표토의 비옥함은 독특한 색과 지오스민의 진한 향에서 드러난다. 오랫동안, 이 위대한 체르노젬은 쉽게 황폐해지지 않으며 어떤 피해에도 어느 정도 회복력이 있다는 믿음이 광범위하게 퍼져 있었다. 이러한 착각은 토양을 보호하기 위한 행동을 늦췄다. 우크라이나의 체르노젬(도판 5 위쪽 사진)은 전 세계 대부분의 지역보다 토양이 훨씬 더 많은 상태에서 출발했다. 그렇기에 잃을 것도 많았다.[18] 체르노젬은 유실되고 있다. 시위가 일어날 정도의 속도로 말이다(도판 5 아래 사진).

1톤의 곡식을 생산할 때마다 우크라이나는 체르노젬 10톤을 잃어버

---

* 원문에는 'Russian Federation'을 쓰고 있는데 여기서는 러시아와 러시아 연방에서 독립한 동유럽 국가들을 의미하는 것으로 보인다.

리며 농경으로 1달러 수익이 발생할 때마다 3분의 1은 토양 유실로 허비된다. 우크라이나의 농경지는 도합 매년 5억 톤의 검은 흙을 잃어버린다. 이로 인해 작물 수확량은 50%까지 줄어들기 시작했다(도판 5 아래 사진). 위대한 체르노젬과 함께 거대한 식량 생산지를 잃어버릴 위험은 지구촌 공동체에 우려를 불러일으켰다. 2030년까지 우크라이나의 토양 침식을 막고 보존하는 것을 목표로 2019년 설립된 단체인 '우크라이나 토양 연합(Ukrainian Soil Partnership)'을 중심으로 지구촌은 하나로 뭉쳤다. 그들은 농부와 과학자들에게 교육을 제공하고 최선의 토양 보호 방법을 실증할 수 있는 시범 사업의 씨앗을 뿌리기 시작했다.[19] 만약 이 노력이 성공하지 못한다면 체르노젬은 얼마나 더 지속될 수 있으며 우크라이나가 농업에서 유럽의 실세 역할을 얼마나 더 할 수 있을까?

식량, 소득과 함께 휩쓸려 내려가고 있는 몰리솔을 물려받은 나라는 우크라이나만이 아니다. 몰리솔 토양이 2억 헥타르나 되는 몰리솔의 고향 미국에서도 유럽 이주민이 도착한 이래로 꾸준히 토양이 유실되고 있다. 지난 수십 년 동안 연구자들은 토양 침식으로 인한 비용과 그것이 농업에 미치는 영향을 추정하려고 했다. 하지만 수확량과 소득에 영향을 주는 다양한 요인을 모두 배제하고 토양 침식만이 미치는 영향을 추정하는 일은 힘들었다. 1933년에는 매년 30억 달러(오늘날 580억 달러에 해당한다)에 달한다고 추정되었고, 그로부터 60년 후에는 피해와 예방책의 총 비용이 약 440억 달러에 달한 것으로 추정되었다.[20]

토양 문제는 다양한 방면에서 비용을 발생시킨다. 침식된 토지에서 영양분이 유실되고 수확량이 줄어들며 토지가 평가절하되고 생물다양성이 줄어드는 일이 모두 비용 추정에 고려되어야 한다. 침식 지역 밖에서도 퇴적물 침전, 홍수, 정수처리의 필요성, 식품 가격 인상 그리고 기

후변화의 심화를 아우르는 침식 비용이 발생한다.[21]

　미국에서 발생한 최악의 토양 침식 중 일부는 귀중한 몰리솔이 한데 모여 있는 중서부에서 일어났다. 토양 침식이 미국에서 점진적으로 커지고 있는 사실상 국가적 위기라는 사실을 깨닫기 시작한 것은 내가 백악관에서 토양학자 릭 크루즈(Rick Cruse)와 아이오와주의 수식水蝕에 대해 전화 통화를 할 때였다. 아이오와주의 상황은 미국에서 토양 침식의 영향력을 보여준다. 농경지로 바뀌기 전 중서부 대초원에 위치했던 아이오와주의 몰리솔은 집약적 경작 시스템과 많은 수확량을 뒷받침한다. 그로 인해 아이오와주는 옥수수, 대두 그리고 돼지고기 생산으로 미국의 50개 주 중 두번째로 높은 농업 소득을 벌어들인다. 매년 약 110억 달러의 농산물을 수출하는 주로써 아이오와주는 세계적으로도 유망한 지역이다.[22] 만약 아이오와주가 국가였다면 전 세계에서 옥수수와 대두를 네번째로 많이 생산하는 국가였을 것이다.

　하지만 아이오와주는 상대적으로 경사가 완만한 지역임에도 불구하고 토양 유실로 인해 충격적인 수확량 감소를 목격할 수 있으며 암울한 미래가 예상된다. 2007년, 아이오와주는 400만 헥타르의 토지에서 1헥타르당 평균 11톤의 표토가, 240만 헥타르의 토지에서는 그 두 배가 유실됐다고 발표했다. 아이오와주와 우크라이나에서 침식된 토양의 양은 거의 동일하지만 아이오와주 표토는 우크라이나 표토 깊이의 10분의 1에도 못 미치며 하층토에 도달할 시간이 훨씬 가까워지고 있다. 사실 표토가 침식되면서 그대로 드러난 모재는 아이오와주 전역에 걸쳐서 찾아볼 수 있다(도판 6 위쪽 사진). 전반적으로 아이오와주에서 매년 일어나는 토양 침식 속도는 대략 전 세계 평균 속도와 비슷하며 토양이 생겨나는 속도의 10배다. 더 심각한 일은 20만 헥타르에서는 매년 1헥타르당 55톤의 속도로 유실되고 55,000헥타르에서는 1헥타르당 220톤이 유실된다는 사실이다. 이 현상에 개입하지 않는다면 이 지역에서는 40년 안에, 그리고 일부 지역에서는 더 빨리 표토가 사라져 버릴 것이다. 표토가 바닥나기도 전에 토양의 비옥함과 깊이가 줄어들면서 작물 수확량도 줄어들 것이다. 아이오와주 토양 침식의 경제적 비용은 늘어나고 있으며 10년 안에 3억 1,500만 달러에 달할 것이고 15년 후에는 7억 3,500만 달러에 달할 것으로 예측된다. 줄어든 수확량은 토양 침식과 마찬가지로 고르지 않을 것이다. 매년 1헥타르당 50톤씩 토양이 유실되는 농장의 재정적 안정은 무시해도 될 정도의 토양 침식만 겪는 농장보다 훨씬 더 악화될 것이다. 농경은 전 세계 대부분의 지역에서 불안정한 사업이며 이는 아이오와주에서도 예외는 아니다. 수익률 4~13%인 아이오와주 농업에서 작은 수확량 감소도 농장의 재정 안정성을 악화시킬 수 있으며 수확량이 크게 감소한다면 유지할 수 없을 것이다. 중서부를 포함한 많은 지역에서 토양 깊이는 수확량에 영향을 미치는 것으로 보인다. 오하이오주에서 진행된 연구는 토양 상층부가 20cm 제거됐을 때 옥수수 생산량이 50% 줄어든다고 발표했다. 토양에 대한 수확량의 의존성은 토양 침식을 겪고 있는 아이오와주 농장에 우울한 전망을 제시한다(도판 6 위쪽 사진).[23]

안타깝게도 아이오와주에서 토양 침식 속도는 늘어날 일밖에 남지 않았다. 지난 70년 동안의 기후 동향은 격렬한 폭풍우의 빈도가 꾸준히 늘어나고 있음을 보여주고 있으며 앞으로 몇십 년 동안 더 늘어날 것으로 보인다. 극심한 폭풍우는 토양이 더 빠르게 아이오와주 비탈을 따라 떠나게 만들며 아이오와주 침식 평균치를 높일 것이다. 그리고 아이오와주 몰리솔 지대가 돌무더기로 변해 작물 생산을 유지할 수 없게 될 날이 더 빨리 도래하게 될 것이다.[24]

미국 중서부에서 토양 침식은 작물 생산량 뿐만 아니라 다른 것에도 영향을 미친다. 토양 침식으로 더러워진 수로와 오염된 식수 등에 의한 영향은 대가가 크고 환경을 훼손시킨다. 침식된 토양과 수용성 영양분은 중서부 농지에서부터 미시시피강으로 흘러 들어가는 실개천, 도랑 그리고 개울로 한데 모인다. 수원지인 미네소타주부터 북부 농업 지역인 아이오와주, 위스콘신주, 일리노이주, 미주리주를 지나 남쪽으로 아칸소주, 테네시주, 미시시피주, 루이지애나주까지 구불구불한 여정을 따라 바다로 거침없이 이동하는 동안 거대한 강물은 농장에서 흘러나온 물속의 영양분을 모으거나 토양입자와 한데 묶는다. 멕시코만에 도착할 때쯤에 강은 미사로 갈색빛을 띠고 질소와 인으로 가득해진다. 영양분은 조류 개체군을 폭발적으로 늘어나게 해 생태계를 붕괴시킨다. 그 이후의 일은 훨씬 끔찍하다. 조류는 광합성을 하기에 산소를 생산한다. 하지만 조류가 죽고 난 후, 산소를 놀라운 속도로 먹어 치우는 미생물이 조류를 걸신들린 듯 해치우면 다른 호기성 생물체는 굶주리게 된다. 오늘날 미시시피강이 흘러드는 멕시코만은 가장 거대한 무산소 혹은 저산소 해역이다. 이 지역은 대략 이스라엘, 벨리즈(Belize) 혹은 지부티(Djibouti)와 비슷한 크기다.

멕시코만의 저산소 지역은 10억 달러 가치가 있는 지역 어업도 파괴했다. 미국 환경보호청(EPA)이 복원을 위해 사용한 비용은 2017년에만 650만 달러에 달할 정도로 엄청나다. 2008년 이래로 EPA는 미시시피강으로 영양분이 흘러드는 일을 방지하고 흘러든 영양분의 영향을 완화하는 데 초점을 맞췄다. EPA가 지속해서 농부들, 토착민 지도자들 그리고 미네소타부터 멕시코만까지의 대학들과 함께 토양 유출과 침식을 줄이는 것을 목표로 하는 프로그램을 진행했음에도 저산소 지역을 줄이지 못했다. EPA의 원래 목표는 2035년까지 저산소 지역의 크기를 18,000km²에서 5,000km²로 줄이는 것이었지만 2017년에 이 지역은 22,000km²로 늘어났다. 한 연구진은 EPA의 목표를 달성하기 위해서는 매년 27억 달러를 투자해야 한다고 추산했다.[25]

미국에서 가장 눈에 띄는 토양 침식은 해안과 호숫가를 따라 일어난다. 토양을 타격하는 폭풍우와 상승하는 해수면으로 캘리포니아 해변을 따라 늘어선 절벽이 무너져 생명과 재산을 위협했다. 난폭한 파도는 주기적으로 낸터킷섬(Nantucket island), 라커웨이 해변(Rockaway beach) 그리고 미국 동부 연안의 모래사장을 매년 20m까지 깎아 나간다. 내륙에 있는 미시간호는 2018년과 2019년에 수위가 높아져 최고 수위에 도달했다. 그때 중서부 토양을 침식시킨 가혹한 폭풍우에 의해 발생한 기록적인 파도는 미국에서 열 손가락에 들 정도로 생물다양성이 높은 인디애나 던스 국립공원(Indiana Dunes National Park)을 비롯해 미시간호 수변을 따라 위치한 허약한 생태계를 파괴했다.[26] 연안 침식의 시각적 드라마는 주목하지 않을 수 없는 뉴스 기사가 되었고 이 위급한 문제에 대한 지역적 그리고 국가적 우려를 고조시켰다. 그러나 농경지에서 토양 침식은 조용하고 꾸준히 일어난다. 그렇기에 대중의 관심을 끌지는 못하지만 치명적인 것은 마찬가지다.

적도를 넘으면 남아메리카에 도착한다. 남아메리카는 앞으로 수십 년 동안 토양 침식이 크게 증가할 것으로 예상되는 대륙이다. 이미 2억 5,900만 헥타르의 숲이 벌목되었고 7,000만 헥타르에서 과도한 가축 방목이 이뤄졌으며 아르헨티나와 파라과이의 절반이 사막화로 황폐해지는 등 남아메리카 토양의 68%가 영향을 받고 있다. 국민 77%가 황폐해진 토양에서 살아가는 내륙국가인 볼리비아는 특히 곤경에 처한 곳이다. 전통적인 농경 기술은 남아메리카 다른 국가와 마찬가지로 토착민 대부분이 살아왔던 가파른 지역의 토양을 오랫동안 보호해왔다. 하지만 농사가 아닌 다른 직업을 찾으려는 사람들이 늘면서 시골 지역에서는 일손이 모자라게 됐고 토양 침식을 가속화하지만 노동력이 덜 필요한 작물 관리법이 필요해졌다. 비록 볼리비아 육지의 60%에서 매년 1헥타르당 5톤 이하로 침식이 일어나지만 토지의 6.4%는 매년 1헥타르당 50~500톤 사이의 토양이 유실되고 있다. 이 엄청난 규모의 토양 유실을 감당할 수 있는 공동체는 거의 없다. 그 말은 토양 침식을 저지하지 못한 채로 내버려 둔다면 이 토지는 몇 년 안에 농사를 전혀 지을 수 없는 땅이 될 것이라는 뜻이다.[27]

브라질에서 바이오 에너지를 얻기 위해 재배하는 작물은 간접적으로 토양을 위태롭게 만든다. 브라질에는 토양 침식 위험지역으로 지정된 토지가 3,200만 헥타르 정도 있는데 매년 1헥타르당 20톤 이상의 토양이 유실되기 때문이다. 숲과 가금류 및 돼지고기 생산 지역이 섞여있는 남부 지역은 기온이 상승하면서 침식성 강우가 발생하여 토양 침식도 증가할 것으로 보인다. 브라질 경제는 GDP의 22% 그리고 고용의 3분의 1을 농업 관련 산업에 의존하고 있다. 브라질의 수확물 대부분을 차지하는 소고기, 대두, 커피 그리고 오렌지주스를 비롯한 다양한 농작물은 중국, 미국 그리고 유럽연합으로 수출된다. 비록 농업이 확대되면서 국가 경제가 활성화됐지만 이는 토양에는 부정적인 영향을 미쳤다. 브라질 위성 영상은 2000년~2014년 사이에 어마어마한 넓이의 초원이 대두, 사탕수수 그리고 옥수수밭으로 바뀌었다는 사실과 작물을 줄지어 집약적으로 재배한 토지가 거의 두 배로 늘었다는 사실을 보여준다. 이 세 작물은 농경 활동으로 인한 브라질 토양 침식 원인의 28%를 차지하는 것으로 추정된다. 토양을 벌거벗은 채로 방치한 후, 토지를 단단하게 만들고 표면 유출과 토양 침식을 증가시키는 무거운 장비를 이용해 경작하기에 바이오 에너지 산업을 위한 사탕수수 생산은 특히 문제가 된다. 만약 브라질이 화석 연료를 대체하기 위한 전 세계적인 바이오 에너지 수요 증가에 발맞추려 한다면 농부들은 토양을 되살려야 한다. 이미 사탕수수 농부들은 영양분을 보충하기 위한 비용으로 매년 1헥타르당 6달러를 지출하고 있으며 몇몇 브라질 주들은 토양 유실 문제를 해결하기 위해 매년 2억 달러 이상을 지불하고 있다.[28] 비료를 과하게 많이 사용하면 일시적으로 수확량이 늘어날 수 있지만 오래 지나지 않아 토양 훼손으로 작물 생산량이 줄어들 것이다.

   토양 침식이 전 세계적으로 심각해짐에 따라 여러 나라에서 작물 수확량 감소를 겪고 있으며 이는 전에 겪어보지 못했던 식량 부족을 일으킨다. 역사적으로 흉작, 자연재해 혹은 무력 분쟁 이후 식량 부족을 겪는 동안 국가들은 국제 식량 원조라는 안전망에 기대어 왔다. 하지만 식량 원조 프로그램은 어떤 국가는 항상 상당한 양의 식량을 쌓아둘 것이라는 가정에 근거를 두고 있다. 이런 가정은 더 이상 유효하지 않을지도 모른다.

   토양 유실은 더 많은 사람들을 식량 위기의 벼랑 끝으로 내몰 것이다. 전 세계적으로 매년 약 1,000만 헥타르 정도의 침식된 경작지를 농부들이 포기함에 따라 전 세계 식량 체계에는 경고등이 들어와 있다.

60년 안에 전 세계 토양이 사라질 것으로 예측한 유엔식량농업기구(FAO) 고위 관계자의 2014년 연설은 역사적 경향과 예측을 기반으로 했다. 이 연설에는 지난 40년 동안 전 세계 농경지의 3분의 1이 사라졌고, 계속되는 밭갈이로 대부분의 나라에서 토양 침식 속도가 꾸준히 증가하고 있으며, 극단적인 날씨의 빈도가 늘어났다는 내용도 포함돼 있다. 향후 30년 안에 90억 명을 먹여 살리기 위해 우리는 농업 생산량을 두 배로 늘릴 수 있을까?[29]

20세기 동안 작물 생산량은 꾸준히 늘었다. 비료를 구매할 수 있는 농부들은 하버-보슈법으로 만들어진 질소비료를 손쉽게 사용할 수 있게 되었다. 그리고 1920년대에 과학자들은 같은 종이지만 형질이 다른 식물들 사이에 유전적 교환이 이루어지면 더 많은 생산량을 얻을 수도 있다는 사실을 발견했다. 이런 현상은 자손 식물들이 각각의 부모 식물들보다 높은 수확량을 생산한다는 잡종 강세로 알려져 있다. 또한 수십 년 동안 집약적으로 작물을 재배하면서 높은 수확량, 질병 저항성 그리고 기계화된 영농 장비 사용을 가능케 한 균일한 식물 구조처럼 바람직한 형질을 여럿 가진 식물 품종들을 탄생시켰다. 1960년대부터 1980년대까지 일어난 녹색혁명은 품종 개량, 비료 그리고 관개의 힘을 개발도상국까지 확대시키며 작물 수확량을 300%나 증가시켰다. 20세기 동안 전 세계에서 주요 작물 수확량이 꾸준히 증가한 이후, 농학자와 농부들은 새로운 품종의 씨앗과 농경법이 많이 도입될수록 수확량이 더 증가할 것이라 기대하게 되었다. 만약 지난 30년의 결과가 앞으로 30년의 작물 수확량 증가를 예측하는 데 좋은 기반이 된다면 2050년에는 식량안보를 획득할 수 있게 될까? 지난 30년 동안 육종가와 농학자들은 인도에서는 쌀 생산량을, 그리고 미국에서는 옥수수 생산량을 50% 증가시켰다.[30] 모든 주요 식량 작물 생산량이 이 정도로 증가한다면 전 세계 인구에게 필요한 열량에 가깝게 생산할 수 있을 것이다. 비록 2020년 생산량의 두 배로 예측되는 2050년 수요에는 여전히 부족하겠지만 말이다.

그러나 몇몇 주요 작물 생산량은 이러한 증가 경향을 따르지 않을 수도 있다는 우려스러운 증거가 있다. 전 세계적으로 쌀과 밀을 재배하는 지역의 1/3과 옥수수를 재배하는 지역의 1/4에서 수확량은 정체되어 있다. 최적의 조건에서는 쌀 수확량이 증가했음에도 불구하고 이를 주식으로 섭취하는 바로 그 나라들에서 계속해서 일정하게 증가하지는 않았다. 중국, 인도, 인도네시아의 경작지 중 각각 79%, 37% 그리고 81%에서 쌀 수확량은 정체되어 있고 중국과 인도 일부 지역에서는 심지어 감소하기도 했다. 마찬가지로 밀 수확량은 중국, 인도 그리고 미국(전 세계에서 밀 생산량이 가장 많은 세 나라다)의 경작지 중 1/3 ~ 2/3에서 정체되어 있으며 호주와 유럽연합 전역에 걸쳐서도 마찬가지다. 프랑스 농지의 1/4에서 밀, 보리, 귀리 그리고 해바라기의 수확량은 1990년 이후로 모두 정체되어 있다. 영국의 밀 수확량은 1990년대에 멈추기 시작했고 그 이후로는 꿈쩍도 하지 않았다.[31] 수확량 정체는 고온과 가뭄으로 인한 복합적인 스트레스 때문인데, 이는 토양의 비옥도 감소, 염류화 그리고 가뭄 민감성을 야기시키는 기후변화와 토양 황폐화로 인한 것이다. 토양 침식은 문제의 극히 일부이지만 미래의 세계 식량 수요는 우리로 하여금 작물 생산의 모든 측면을 최적화할 것을 요구한다. 만약 전통적인 식물 육종이나 새로운 유전 공학 기술이 이처럼 정체된 작물 수확량을 증가시키지 못한다면 90억 명의 인구를 먹여 살리려는 목표를 달성하기 위해 토양을 허비하지 말고 보존해야 한다는 압력은 더 강화될 것이다.

토양 침식은 국제 식량 원조를 약화시킬 수도 있다. 역사적으로 사람들은 식량을 나누며 배고픔을 이겨냈다. 이는 20세기에 식량 원조가 조직화되기 전 이미 구축된 독특한 동맹의 전통이었다. 1840년대에 아일랜드에서 전체 감자 수확량은 원생생물인 감자역병균(*Phytophthora infestans*) 감염과 수년 동안의 습하고 온도가 낮은 기후가 시작되며 재앙 같은 흉작을 반복적으로 겪었다. 밀과 다른 곡물은 이 질병에 영향을 받지 않았지만 영국은 이마저도 토지세로 내도록 요구했다. 그 결과 아일랜드 인구 중 백만 명은 기근에 시달리다 사망했다. 호주, 중국, 인도 그리고 미국 퀘이커 교도는 식량과 기금을 지원했다. 아일랜드는 예상치 못하게 미국 촉토 네이션(Choctaw Nation)의 토착민들에게서도 170달러를 지원받았다. 이 지원은 특히 심금을 울렸는데 촉토 부족은 그들이 원래 살던 곳에서 쫓겨나 지속적으로 극심한 가난에 시달렸기 때문이었다. 아마 촉토 네이션은 자신들이 당한 미국 정부의 처분 때문에 영국의 박해를 받은 아일랜드에 유대감을 느꼈을지도 모른다. 촉토 네이션의 따뜻함을 기억하기 위해 아일랜드 사람들은 코크 카운티(Cork County)에 조형물을 세웠다. 이 조형물은 각각 6m가 넘는 길이의 금속 깃털 9개가 전체적으로 음식을 담는 그릇을 형상화하고 있다. 오랜 시간이 흐르고 아일랜드는 원조에 대한 보답으로 여러 토착민 공동체에 엄청난 영향을 미친 2020년 코로나바이러스가 발발했을 때 아메리카 토착민들에게 원조를 보냈다.[32]

현대적 식량 원조의 역사는 1953년 유엔식량농업기구(FAO) 국제회의에서 시작됐다. 이 시기에 몇몇 나라는 식량 부족을 겪고 있었지만 미국은 식량이 남아 쌓아두고 있었다. 1962년 유엔 결의는 세계식량계획

(World Food Programme)을 설립했다. 이는 미국, 일본, 여러 서유럽 국가들의 곡물 기부로 형성된 다자간의 협력 관계였다. 후에 캐나다와 호주까지 참여했다. 1950년대 이후, 식량 부족에 맞닥뜨린 나라에 매년 약 수십억 톤의 식량이 지원되었다. 이 원조는 1960년대에 인도와 비아프라(Biafra), 1970년대에 사헬(Sahel)과 캄보디아, 1980년대에 에티오피아와 모잠비크, 1990년대에 르완다, 온두라스와 소말리아, 2000년대에 에리트레아(Eritrea), 에티오피아, 방글라데시, 아프가니스탄, 조지아와 북한 그리고 2014년 시리아와 남수단 등 수많은 나라에 중요한 역할을 했다.[33] 비록 분배의 어려움, 비효율, 사리사욕, 영양 불균형 그리고 정치적 개입 등의 문제로 식량 원조 프로그램이 완벽하지는 않지만 이는 수많은 목숨을 구했다. 작물을 망가뜨리는 가뭄과 홍수가 일어나는 동안, 작물과 비축 식량 모두를 쓸고 간 허리케인과 쓰나미 같은 자연재해가 일어난 후, 그리고 식량 접근을 막는 무력 충돌을 겪어 먹을 식량이 없을 때에도 수백만 명은 음식을 먹을 수 있었다.

세계식량계획을 조직한 유엔은 자금 고갈과 수요 증가로 인해 어려운 선택을 강요받았다. 2017년 세계식량계획은 68억 달러를 모금했지만 3년 동안의 내전으로 인한 영양분 부족으로 85,000명의 아이들이 목숨을 잃은 예멘을 비롯해 소말리아, 시리아, 남수단, 나이지리아 북동부, 우크라이나가 동시에 식량 부족에 시달리면서 91억 달러가 필요해졌다.[34] 빠르게 늘어나는 전 세계 인구와 점차 압력을 받고 있는 전 세계 식량 시스템으로 인해 가뭄, 내전 그리고 홍수가 한 번에 일어나는 해에는 식량 원조만으로는 기아를 방지할 수 없게 될 것이다. 그리고 토양 침식은 식량 원조 프로그램에 이용할 수 있는 식량을 제한하는 요인 중 하나다.

다른 요인들이 국제 식량 원조의 보루였던 바로 그 국가들의 농업에 문제를 일으키고 있다. 지난 70년 동안 미국은 전체 식량 원조의 50%를 지원했다. 즉, 미국의 농업 생산성은 원조를 받는 나라와 직결돼 있다. 미국의 농업은 이미 2008년처럼 작물 비축량이 매우 낮았던 기간을 경험했다. 수십 년 동안 밀 비축량은 3개월 치를 유지했으나 2008년에는 24일 치까지 떨어졌다. 하루만에 1헥타르당 50톤의 토양을 침식시키는 극심한 폭우의 빈도가 늘어나면서 중서부 지역 농업이 제공하던 안정감이라는 오랫동안 이어져 온 인식을 약화시켰다. 이런 폭우들이 몇 번 찾아오면 평균적인 아이오와주 경작지에서 토양의 10%를 1년 만에 없애버릴 수 있다. 그리고 이런 일이 일반적인 현상으로 굳어진다면 표토는 반으로 대폭 줄어들 것이고 그때가 되면 수확량도 몹시 줄어들 것이다. 또한 극심한 폭우로 인해 잦아진 홍수는 작물 생산성을 더욱 줄일 것이다. 기후변화가 불러온 극단적인 고온은 미국 곳곳에서 스트레스를 유발하여 과일 성장을 감소시키고 여러 가지 과일과 채소 작물들의 수확량을 줄이며 물이 부족한 미국 서부에서 사막화를 앞당길 것이다.[35] 만약 식량 비축량이 곤두박질치고 더 많은 토지가 황폐해진다면 미국이 국제 식량 원조의 절반을 지속적으로 부담할 수 있을까?

다른 곳도 상황은 그리 안정적이지 않다. 국제 식량 원조에 큰 기여를 하는 또 다른 나라인 캐나다도 매년 토양 침식으로 수십억 달러의 손실을 보고 있다. 국제 식량 원조에 기여하는 여러 유럽 국가들도 우려스러운 토양 침식 경향을 보였고 모두 합쳐 국내 총생산에서 10억~200억 달러 손실을 입은 것으로 추산되었다. 기후 온난화가 계속될 것임을 시사하는 최근 경향과 모델들에 따르면 가뭄이 아시아와 아프리카에서 농작물을 말려 죽이는 동안 미국과 유럽은 경작지에 홍수를 일으키는 폭우 세례를 받을 것이다. 이러한 식량 시스템의 불가피한 스트레스 요인은 풍년일 때도 식량 공급이 턱없이 부족하고 가격이 오를 것이라는 사실을 의미한다.[36]

토양 침식은 수확량 정체, 농경지의 용도 변화, 인구 증가와 합쳐져 식량 부족이라는 어두운 미래를 그려내고 있다. 폭풍우에 기후변화가 더해진다면 그 전망은 더 악화될 것이다. 세계 식량 시장, 기후 그리고 분쟁으로 연결되어 있는 세상에서 지구상 모든 시민은 마땅히 우려를 표해야 한다.

7
흙과 기후 위기의 듀엣

기후와 토양은 수천 년 동안 함께 발을 맞춰온 긴밀한 동반자다. 둘 모두 때로는 상대를 이끌기도, 때로는 상대를 따르기도 한다. 동반자로서 서로의 주변을 맴돌면서 기후가 토양을 새로이 만들기도, 토양이 기후를 변화시키기도 한다. 최악의 순간, 이 짝은 파괴적으로 된다. 토양유실은 기후변화를 가속화하고 기후변화는 토양 침식을 심화시킨다. 최고의 순간, 이 짝은 조화를 이뤄 토양이 건강해지고 기후도 안정된다. 오늘날 인류는 이 둘이 조화를 이룰 수 있게 회복시켜야 하는 독특한 위치에 서 있다. 기후와 토양 짝의 중심에 있는 역학 관계는 비관과 함께 넉넉한 가능성을 내비친다. 토양은 기후변화에 기여하기도 하지만 기후변화를 지연시키기 위해 활용될 수도 있다.

—

대부분의 기후 위기 역사에서, 해결책은 탄소 배출을 줄이고 청정 대체에너지를 사용하며 우림(rain forest)을 보호하고 더 많은 나무를 심는 데만 초점이 맞춰져 있었다. 모두 좋은 제안들이지만 이 방법들은 대기 중 탄소의 큰 원천이자 가장 많은 양이 묻혀 있는 육지의 탄소는 무시한다. 바로 흙 말이다. 식물을 이루는 탄소가 대기 중으로 유실되는 일은 종종 논의됐지만 같은 생태계에 있는 토양 속 탄소는 거의 언급되지 않았다. 4년마다 기후의 최종적인 상태를 발표하는 유엔 기후변화에 관한 정부 간 협의체(International Panel on Climate Change, IPCC)는 초기 보고서에서 토양에 대해서는 겨우 한 문단 정도만 언급했다. 하지만 2019년 발표한 보고서인 『기후변화와 토양(Climate Change and Land)』에서는 토지와 흙 사이의 관계, 사막화 그리고 토양 황폐화를 집중적으로 다뤘다.[1] 이제는 기후변화에서 토양의 역할을 살펴보아야 할 때다.

그리고 살펴보아야 할 쟁점은 기후변화의 본질 그 자체, 토양의 온실가스 배출에 대한 기여 그리고 탄소를 격리시킬 수 있는 토양의 잠재력이다(그림 15).

온실효과 덕에 생명체는 지구에서 살아갈 수 있다. 우주로 흩어져 버릴 온기를 포집하는 주변의 기체가 없다면 지구는 얼어붙을 것이다. 하지만 더 많은 온실가스가 더 많은 열을 포집함에 따라 전 세계 기온이 빠르게 상승하며 육지와 물속에 서식하는 생명체를 모두 위협하기 때문에 온실가스 축적이 가속되면서 일어나는 온실효과 증폭은 문제가 된

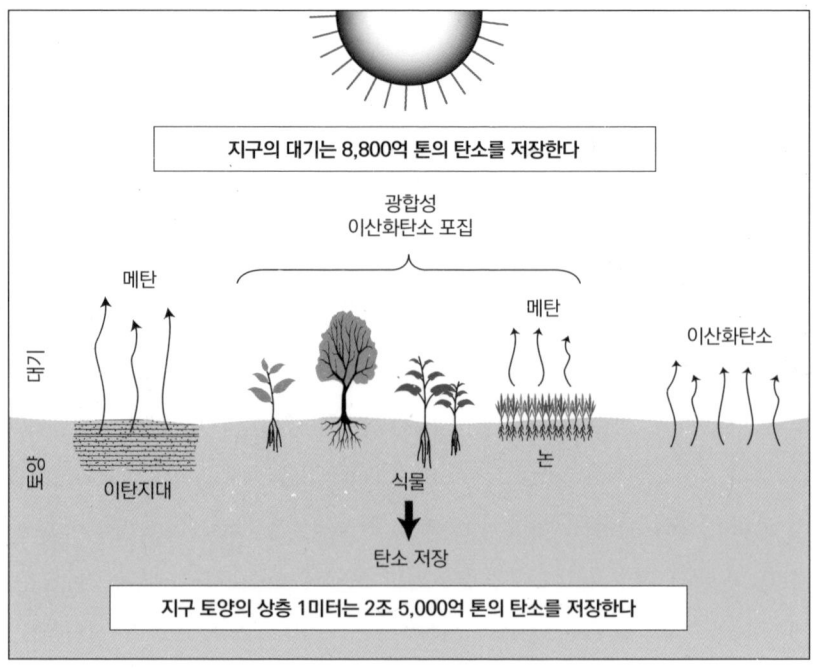

그림 15. 지구적 탄소 순환에서 토양의 역할. 빌 넬슨 그림

다. 온실가스가 대기 중에 축적됨에 따라 지표의 온도는 계속해서 높아질 것이다. 전 세계 기온은 이미 산업화 이전 시기보다 1℃가 상승했고, 과학자들은 1.5℃ 이상 기온이 상승하면 재앙적인 결과가 일어날 것으로 예측한다. 지금 같은 속도로 온실가스가 축적되면 1.5℃라는 한계점은 2030년~2052년 사이에 넘을 것이다. 온난화로 인해 지구의 일부 지역은 이미 황폐화되었다. 북극 지방의 평균 온도가 나머지 지역에서 기온이 상승하는 속도의 두 배로 상승한다는 '북극 증폭(Arctic amplification)' 현상은 극지방 만년설을 녹이고 해수면을 상승시키며 생물 서식지가 사라지게 만든다. 해수면 상승은 육지의 면적을 줄이고 해안을 침식시키며 섬을 잠기게 한다. 해양 온도가 상승하면서 다양한 종이 서식하는 생물다양성 핫 스폿(hotspots)인 산호초와 북극에서의 생물다양성이 감소하고 전 세계적으로 어업이 위기에 처할 것이다. 기후변화는 열대지방에서 낮 온도를 상승시켜 가뭄을 일으키고 그 결과 동식물들은 열 스트레스를 겪어야 한다. 중위도의 온난한 환경에서는 온도가 3℃ 상승할 것으로 예견되며 산불, 사막화 그리고 물 부족이 더 일어날 것이다.

   2019년, 농도가 409.8ppm에 이른 이산화탄소를 포함해 주요 온실가스는 기록적으로 높은 농도에 달했으며 이는 80만 년을 아우르는 빙하 안에 잠들어 있는 코어(ice core) 기록 중 가장 높은 수치다. 그 결과는 확연하다. 2019년 7월은 기록이 남아 있는 1880년대 이후로 가장 더운 달이었으며 2020년과 2016년은 역사상 가장 더운 해였다. 2019년 북반구 호수에 얼음이 덮인 일수가 1981년에서 2010년 사이 평균보다 7일이 짧아졌고, 고산 빙하는 32년 연속으로 계속해서 줄어들고 있으며 해수면 높이는 계속 높아지고 있다.[2]

새로운 기후는 어떻게든 일어날 자연재해는 더 악화시키고 일어나지 않을 자연재해를 일으킬 것이다. 강력한 폭풍우, 폭염, 지진, 가뭄 그리고 쓰나미는 일상적인 현상이 되어가고 있다. 2020년의 날씨를 짤막하게 묘사하자면 파키스탄과 그리스의 홍수, 전례 없는 강풍을 동반했던 것을 포함해 미국 남동부를 강타한 여러 허리케인들, 미국 서부의 극심한 가뭄 그리고 인도네시아에서의 기록적인 가뭄에 이어 24년 만에 최대 강수량을 기록한 자카르타의 폭우를 들 수 있다. 앞으로 100년 동안 극단적인 상황들이 전례 없는 빈도로 발생하게 될 것이다. IPCC는 2100년까지 지구의 지표 온도가 0.3~4.8℃ 상승하게 될 것으로 예측했다. 기온 상승은 20~100cm 정도의 해수면 상승을 동반할 것이다. 이런 변화는 전 세계 많은 지역에서 평균 강수량을 10~30% 증가시키고 다른 지역에서는 비슷한 규모로 감소시킬 것이다.[3]

    기후변화는 다양한 방식으로 홍수를 증가시킨다. 토지의 온도가 상승함에 따라 더 많은 수분이 증발해 폭우의 재료가 된다. 공기가 따뜻해지면 더 많은 수분을 머금을 수 있으며 이는 폭풍우가 더 많은 물을 쏟게 한다. 그 결과 더 극단적인 폭풍우가 흙이 흡수할 수 있는 양보다 훨씬 더 빠르게 물을 쏟아내 홍수를 일으킬 것이다. 대기와 바다가 더 뜨거워질수록 열대성 폭풍*은 속도가 더 빨라질 것이며 때로는 허리케인으로 발달하게 될 것이다. 해수면이 상승하면서 더 많은 지역이 홍수에 취약해진다. 연구자들은 해수면이 0.5m 상승하면(2060년으로 예상된다) 마카오에서의 쓰나미 발생 빈도가 두 배로 늘어날 것이라 예측한다. 2100년까지로 예상되는 해수면의 1m 상승은 그 위험을 4.7배까지 늘

---

* 최대 풍속이 초속 17.2m 이상 24.5m 이하인 열대성 저기압

릴 것이다. 아시아 주요 도시가 위치한 거대한 삼각주에서 홍수의 위험은 향후 50년 동안 급격하게 늘어날 것이다. 여기에 이런 도심지에서 예상되는 인구 증가를 고려하면 2070년에는 그런 홍수에 피해를 입을 것으로 예상되는 사람은 약 10배 이상 늘어날 것이다.[4]

자연재해는 전 세계 농경 시스템에 부담을 주고 식량 생산을 줄이며 인도주의적 지원의 필요성을 늘린다. 2001년~2016년 사이 미국은 정규 식량원조 예산을 반으로 줄이고 긴급 식량원조를 50% 늘렸다. 이 시기에 현대사에서 가장 끔찍한 자연재해 중 몇 가지가 일어났다. 2004년 동남아시아에서 발생한 쓰나미로 20만 명의 사상자가 발생하고 170만 명의 사람들이 이재민이 되었다. 미국이 가장 큰 기여자로 있는 세계식량계획은 1억 8,500만 달러를 들여 16만 9,000톤의 음식을 200만 명의 사람들에게 제공했다. 허리케인 미치(Mitch)가 찾아온 이후 미국은 온두라스에 6,700만 달러 어치의 식량을 제공했다. 2006년~2016년 사이 식량 원조를 위한 미국 예산이 매년 25억 달러였음에도 불구하고 전 세계 긴급 식량원조 기금은 13억 달러나 부족했다고 추정된다. 만약 기후변화 상황에서 예상되는 대로 자연재해 빈도가 2배 내지 4배로 늘어났을 때도 위기 상황 동안 전 세계의 수요를 감당할 수 있을 정도로 충분한 여분의 식량이 미국에 있을까? 최근 기후 패턴의 징조는 그리 좋지 못하다. 2019년에 일어난 10번의 극심한 폭풍우와 열대성 폭풍, 3번의 홍수 그리고 한 번의 산불을 포함하는 재앙 같은 14번의 기상 이변은 모두 합쳐 435억 달러의 손실을 안겼다.[5]

전 세계 사람들 모두 기후변화의 영향을 느끼겠지만 국민간 그리고 국가간 불평등으로 인해 그 부담을 불공평하게 떠안게 될 것이다. 가난한 나라 사람들은 부유한 나라 사람들보다 극심한 기상 이변으로 인해 살던 곳을 떠나야 할 가능성이 4배는 더 높으며, 이주해야 하는 사람의 80%는 여성이다.[6] 기후변화는 토착민이 마주해야 하는 현재 진행형 문제를 악화시킬 것이다. 아프리카 칼라하리 분지의 가뭄은 이미 토착민들로 하여금 물을 얻기 위해 정부가 설치한 우물 근처로 모일 수밖에 없도록 만들고 있다. 방글라데시 농부들은 홍수가 일어났을 때도 채소를 재배하기 위해 물에 뜨는 부유식 채소밭을 만들기 시작했다. 북극에 사는 많은 사람들은 식량으로 이용하는 동물의 숫자가 줄어드는 불안정한 미래를 마주하고 있다. 히말라야에 사는 토착민들은 지표를 덮고 있는 만년설이 줄어들고 높은 고도에 있는 빙하가 녹아내린 후 말라붙으면서 수원지를 잃게 될 것이다.[7] 기후변화가 진행됨에 따라 많은 사회는 지구의 변화하는 지표면에 순응할 수 있도록 개편될 것이다.

기후변화는 다른 생명체에 영향을 미침으로써 사람에게도 영향을 미친다. 수많은 식물 해충과 병원체의 행동 그리고 서식지를 변화시킴으로써 작물 생산에 새로운 문제를 일으킨다. 커피 녹병(coffee leaf rust)의 확산은 기후와 식물 질병 간의 상호 연결을 보여준다. 녹병은 1880년대 스리랑카의 커피 생산을 붕괴시키고 그 대신 농부들이 차를 재배하게 만든 곰팡이성 질병이다. 표면적으로는 이 질병이 영국 식민지의 커피 농장을 망가뜨려 영국에서 차를 선호하게 된 것처럼 보인다. 거의 20세기 내내, 커피 녹병은 전 세계로 번졌지만 남아메리카부터 중앙아메리카까지는 강력한 격리 정책으로 인해 피해지역에서 제외됐다. 1970년대에 녹병균은 브라질의 저지선을 뚫고 라틴아메리카 전반에 퍼졌다. 수년 동안 커피나무를 위한 피난처는 차가운 밤 온도로 곰팡이가 살아남지 못하는 해발고도 1,000m 이상인 지역이었다. 하지만 기후변화로 대기 온도가 상승하면서 커피 녹병이 원래 존재하지 않았던 곳에서도 발병하게 되었고 커피 농장은 더 높은 고도로 이동할 수밖에 없었다.[8]

기후변화는 게걸스러운 남방소나무좀(Dendroctonus frontalis) 같은 곤충도 번성하게 했다. 남방소나무좀은 북쪽으로 이동하며 나무껍질을 벗겨내 미국과 캐나다의 무성한 숲을 파괴하여 소나무 뼈대만이 죽음을 기리듯 우뚝 서 있는 광활한 묘지로 바꾸어 놓았다. 2020년 동아프리카의 메뚜기 대발생도 해충 개체군의 숫자를 억제하거나 완화하는 기후의 힘을 다시 한번 떠올리게 한다. 이 국지적 대발생은 아프리카, 중동, 남아메리카 그리고 남아시아 전역으로 번져나갔다.[9]

기후변화로 토양이 유실되고 질병, 해충 피해 그리고 극단적인 기상이변이 극심해지면서 커다란 문제가 몰려오고 있다는 사실은 분명해지고 있다. 전 세계 작물 수확량이 급증하는 인구의 수요에 발맞추는 것을 상상하기는 힘들다. 지구의 모든 사람들이 자연 세계에 대한 인류의 지배적 영향력을 느끼겠지만 해안지역에 거주하는 사람들과 토착민 그리고 해발고도가 낮은 섬에 살고 있는 사람들은 특히 더 심각한 영향을 받을 것이다.

토양은 2조 5,000억 톤의 탄소를 지니고 있다. 이는 에베레스트산 무게의 3배이며 지구 육지에서 가장 거대한 탄소 저장고다. 비록 기후변화에 대한 공적인 담화는 대기 중의 탄소에 집중하고 있지만 토양은 지구 대기보다 3배, 식생에 저장된 양보다 4배 더 많은 탄소를 저장한다. 토양과 기후 사이의 미묘한 균형은 이처럼 귀중한 탄소 저장고 덕분이지만, 만약 이 균형이 깨진다면 통제 불능 상태가 되어 엄청난 영향을 미칠 수 있다. 가끔 토양 침식은 토양을 묻어 탄소를 지하에 안전하게 저장하기도 한다. 하지만 그 외의 경우에는 토양 탄소를 유출시켜 일부를 온실가스로 변하게 할 것이다. 동시에 침식된 토양은 광합성을 돕는 능력이 감소되어 대기 중 이산화탄소 축적을 상쇄하는 가장 중요한 균형추를 위태롭게 한다. 그 결과 기후변화는 토양 침식을 가속하고 토양 침식은 기후변화를 가속하는 악순환이 계속된다.[10]

토양 침식은 농업으로 인해 온실가스가 배출되는 수많은 방법 중 하나에 불과하다. 식량 생산은 인류가 발생시키는 온실가스의 24%를 차지한다. 나머지 76%는 산업, 교통 그리고 거주지에서 발생한다. 농업을 시작한 이래로 사람들은 자연 생태계를 경작지로 바꾸었고 토지에서 대기로 1,330억 톤의 탄소를 뿜어냈다. 자그마치 1,330억 톤을 말이다.[11] 숲을 벌목하여 태우고 토양을 흘려보내고 농지를 확대하는 등의 모든 활동은 꾸준히 이산화탄소, 메탄 그리고 아산화질소를 대기 중으로 방출한다. 메탄과 아산화질소는 특히 성가신데 논에서의 벼 재배, 소 사육 그리고 질소 비료의 사용으로 방출되는 온실 효과가 큰 온실가스이기 때문이다. 그럼에도 사람들의 식량 수요와 선호도를 충족시키기 위해 앞으로 수십 년 동안 이런 오염원은 늘어날 것으로 보인다.

토양을 이루는 요소는 토양 침식뿐만 아니라 유기물이 메탄과 이산화탄소로 휘발되는 과정을 통해 사라진다. 이는 사실 물질이 토양에서 대기 중으로 순환하는 정상적이고 필수적인 과정이다. 하지만 이 과정이 가속화된다면 토양 탄소가 대폭 줄어들고 대기 중에 온실가스가 늘어난다. 특유의 침식곡과 소용돌이치는 모래 폭풍을 통해 존재감을 드러내는 토양 침식, 후각을 괴롭히고 하늘을 어둡게 만들거나 강물의 색을 바꾸는 다양한 형태의 오염과 대조적으로 휘발은 은밀한 과정이다.

2020년 6월, 모래 폭풍은 사하라 사막의 어마어마한 모래를 대기로 띄우고 결과적으로 서반구로 이동시켰다. 비록 사하라 사막에서 매년 8억 톤의 모래가 사라지고 대부분은 아메리카 대륙에 흩뿌려졌지만 2020년의 광물 이동은 밀도와 크기 면에서 역사에 기록될 정도였다. 며칠 동안 건강에 해로운 대기와 불타는 듯한 노을은 서구권 뉴스를 뒤덮었다. 이와는 대조적으로 매년 600억 톤의 토양 구성 물질이 이산화탄소 등의 기체로 변해 눈에 띄지 않게 대기 중에 떠돌아다닌다.[12]

미생물은 토양 휘발 뒤에 숨어있는 장본인이다. 이들은 유기물을 분해해 토양 물질을 눈에 보이지 않는 온실가스인 이산화탄소(CO_2)와 메탄(CH_4)으로, 그리고 과도한 비료를 산소와 결합시켜 아산화질소(N_2O)로 변하게 한다. 2007년에서 2016년 사이 농업과 임업은 인간 활동을 포함해 여러 원인으로 지구에서 방출되는 이산화탄소의 13%, 메탄의 44% 그리고 아산화질소의 81%를 만들어 냈다.[13]

가장 흔한 온실가스는 이산화탄소다. 토양에서 이산화탄소는 음식에서 에너지를 추출하기 위해 사용되는 과정인 동물과 미생물의 호흡으로 발생한다. 비록 호흡과 숨쉬기가 일상적인 단어로 서로 바꿔서 사용되기도 하지만 사실 호흡은 음식을 에너지로 바꾸는 일련의 생화학 반응을 의미한다. '호흡하는 생명체'는 활발하게 공기를 들이마시고 내뱉는 생명체 외에도 실질적으로 숨쉬기를 하지는 않지만 연료로 산소를 사용하는 생명체를 모두 포함한다. 토양 속 동물과 미생물은 마주치는 수많은 탄소화합물을 먹어 치우고 활동하면서 이산화탄소를 뿜어낸다. 호흡에 관한 놀라운 비밀은 식물도 호흡을 한다는 사실이다! 비록 식물의 가장 많이 알려진 대사 활동은 지상에서 광합성으로 탄소를 '고정'하고 산소를 '생산'하는 것이지만 지하에서는 다른 이야기가 흐르고 있다. 식물의 뿌리로 운반된 탄수화물은 에너지를 생산하기 위해 산소와 대사 작용을 하여 광합성 화학식을 거슬러 올라가며 뿌리와 토양을 비옥하게 만들고 노폐물로 이산화탄소를 배출한다.

산소가 없다면 특정한 토양 미생물은 에너지를 만들기 위해 다른 방법을 선택할 수 있다. 이를 혐기성 탄소 대사라 부른다. 혐기성 생물은 탄소를 포함하는 여러 다른 물질들을 소비하고 그것으로부터 메탄과 소량이기는 하지만 이산화탄소를 생성하여 노폐물로 방출한다. 이는 반추동물 소화 과정의 초입부인 반추위에서 어마어마한 양의 메탄을 만들어 내는 박테리아의 대사와 같은 방식이다. 호기성 대사의 빠른 속도와 비교하면 혐기성 대사는 느리다. 그러므로 혐기성 환경에서 유기물은 축적된다. 습지는 혐기성 환경과 탄소 축적으로 잘 알려져 있으며 전 세계 토지의 7%에 불과하지만 전 세계 토양 탄소의 25%를 저장하고 있다. 이는 대기 중 탄소의 양과 맞먹는다. 대부분의 습지 탄소는 토양 속에 수천 년 동안 남아 있지만 일부는 메탄을 생산하는 메탄 생성 세균으로 알려진 혐기성 미생물이 소비한다. 비록 습지 메탄 생성 세균이 탄소의 극히 일부만을 전환하지만 이들은 지구에서 생산되는 전체 메탄 양의 4분의 1에 기여한다. 이는 매년 1억~2억 5,000만 톤에 해당한다.[14] 이 변환은 대부분 히스토솔 토탄 늪과 소택지에서 일어난다.

히스토솔은 전 세계에서 얼음이 덮여 있지 않은 지역의 약 1%를 차지하는 독특한 습지 토양이다. 이들은 매우 깊은 유기물층을 만드는 축축한 혐기성 환경으로 유명하다. 수백 년에 걸쳐 내린 많은 강수량은 토양을 공기 대신 물로 가득 채우며 혐기성 환경을 만들어 유럽, 북아메리카 그리고 동남아시아 일부 지역을 토탄 늪으로 만든다. 뿌리가 습지 환경에 적응한 식물은 활동적이지 않은 혐기성 생물이 소비하는 속도보다 훨씬 빠르게 토양에 탄소를 침전시켜 빽빽한 유기물 조직과 심층 비축 탄소를 축적하는데, 그 결과 토탄은 특징적인 어두운 색을 띠게 된다.

느리지만 꾸준한 메탄 방출은 늪지 생물에게는 일반적이지만 만약 산소가 이 시스템에 더해진다면 탄소와 질소 화합물은 엄청나게 빠른 속도로 기화되어 늪지를 탄소 저장고가 아니라 이산화탄소의 원천으로 변하게 만든다. 이 과정은 수천 년 동안 계속된 탄소 축적의 결과물인 토탄이 10m나 쌓여 있는 영국의 깊은 토탄 늪에서 일어나고 있다. 오늘날 토양 침식, 산불, 오염 그리고 배수 설비는 식물의 광합성과 미생물 활동의 균형을 망가뜨리고 탄소 저장량을 줄이며 저장된 유기물을 이산화탄소로 바꾸는 호기성 대사 작용을 활성화한다. 토탄은 시골 가정에서 난방 연료 혹은 원예 산업에서 정원의 흙을 기름지게 만들기 위한 상업적인 목적으로 채취되기도 한다. 건축을 위해 늪지를 건조한 환경으로 조성하거나 또는 연료나 퇴비로 사용하기 위해 토탄을 채굴하려고 사람들은 늪지의 물을 빼낸다. 이 과정에서 늪지는 침식이 잘 일어나고 호기성인 환경으로 변하게 된다. 일단 늪지에 식물과 물이 사라지면 침식이 상황을 주도하며 경관에 도랑으로 생채기를 낸다. 비록 늪지 면적의 10% 미만이지만 도랑은 영국의 토탄 늪에서 분출하는 이산화탄소 대부분을 만들어 낸다. 이곳은 어마어마한 탄소를 보관하는 저장고였지만 지금은 매년 370만 톤의 이산화탄소를 배출하고 있으며 이는 대략 영국의 70만 가구가 연간 배출하는 양과 맞먹는다. 이탄지는 거의 대부분 아시아와 북아메리카에서 발견되는데 여기에서는 영국에서 배출되는 양의 천 배나 되는 이산화탄소가 배출된다.[15]

아시아에는 전 세계 이탄지泥炭地의 3분의 1이 있으며 일부는 빠르게 기화되고 있다. 말레이시아에서 기름야자 산업은 이탄지를 보호하려는 노력과 첨예하게 맞서고 있다. 1헥타르당 3.3톤의 기름을 내는 기름야자는 전 세계에서 가장 생산적인 유지 작물*이며 기름을 코코넛, 해바라기 혹은 카놀라보다 5배, 대두보다 8배 많이 생산한다. 기름야자 산업은 지역에 일자리를 제공하고 시골의 빈곤을 해결하는 동시에 식품 가공, 화장품, 동물 사료, 바이오 연료에 쓰이는 기름의 전 세계 수요를 충족시키기 위해 말레이시아 사라왁(Sarawak)주의 이탄지에 광범위하게 확산되었다. 농장에서는 기름 생산을 최대로 늘리기 위해서 이탄지에 배수로를 설치하였다. 물이 배수로로 흘러 나가면서 공기는 토양 속 새로운 공극을 빠르게 채우고 호기성 미생물 활동은 급증한다. 그리고 빠른 속도의 호기성 대사는 유기물 분해를 촉진시킨다. 이탄은 믿기 힘든 속도로 사라지는데 7년 만에 당초 깊이의 20%인 1m가 유실되었다. 배수로가 설치된 후 첫해에는 1헥타르당 15톤의 탄소가 방출됐고 7년째에는 연간 18톤으로 늘었다. 동남아시아 전체 이탄지의 배수로는 매년 대기 중에 약 10억 톤의 탄소를 방출하는데 이는 지구에 거주하는 모든 인류 무게의 두 배와 맞먹는다.[16] 온전한 습지는 지구상에서 가장 많은 메탄을 자연적으로 배출하는 지역이지만 농업과 임업도 탄소 배출을 늘리고 있다.

쌀을 생산하는 논은 물에 잠겨있는 경작 습지로 메탄 생성 세균이 매년 대기 중으로 1,800~3,900만 톤의 메탄을 뿜어내며 이는 인류로 인해 배출되는 메탄의 20%를 차지한다. 반수생 식물인 벼는 전 세계 인구 반 이상을 먹여 살리며 그 수요는 2035년까지 20% 증가할 것이기에 이를 완화할 방법이 없는 이상 메탄 생성은 급격하게 늘어날 것이다. 그

---

* 유지를 채취할 목적으로 재배되는 작물

러나 연구 결과에 의하면 메탄 생성을 완화할 방법이 있다고 한다. 무산소 상태인 논의 토양 속 유기물은 메탄으로 변하고 산소가 풍부한 토양에서는 이산화탄소가 발생한다. 하지만 산소 농도가 중간 정도인 경우에는 메탄도 이산화탄소도 거의 발생하지 않는다. 과학자들은 이 이상적인 상태를 달성하기 위해 논의 산소 가용성을 관리하는 방법을 찾고 있다. 만약 이 연구가 성공한다면 기후에 심각한 위협이 되는 벼농사가 환경에 미치는 영향을 줄일 수 있을 것이다.[17]

또한 논에서 메탄 방출을 완화하는 일은 쌀 생산량을 늘리려는 과학자들의 노력에 의해 해결될지도 모른다. 다행스럽게도 쌀 수확량을 높이는 벼 품종과 연계된 미생물이 더 적은 메탄을 방출한다는 것이 생물학적으로 밝혀졌기 때문이다. 이는 생산량이 높은 벼 품종이 더 많은 산소를 뿌리로 이동시켜 근권根圈에 방출하는데, 이 산소가 미생물로 하여금 메탄을 먹이로 사용하도록 자극하기 때문이다. 메탄을 섭취하는 메탄 영양 세균(metanotroph)은 메탄 생성 세균과 반대되는 화학 반응을 일으켜 강력한 온실가스를 해롭지 않은 생물량으로 바꾼다. 비슷하게 지푸라기를 논바닥에 더해 주면 메탄 영양 세균의 성장을 가속해 단기간에 생산량을 늘리고 장기간에 걸쳐 메탄 방출량을 줄일 수 있다. 이밖에도 경작지에 배수로를 설치하면 산소가 유입되는데 그 결과 메탄의 생성을 억제하고 메탄 소비자를 활성화할 수 있다. 하지만 이산화탄소 생산자를 선호하는 호기성 환경으로의 역치閾値를 넘지 않도록 주의를 기울여야 한다.[18] 논에서의 메탄 생성을 이해하는 일은 기후변화에 미치는 영향을 줄이면서 우리가 가장 많이 섭취하는 식량 작물 생산을 늘릴 수 있을 거라는 희미한 희망을 선사한다.

영구동토층 토양인 젤리솔에서 메탄 생성 세균은 대사 활동을 늦추는데, 이는 추위로 인해 미생물이 살아있으면서도 에너지를 생산할 수 있는 화학반응을 늦추기 때문이다. 젤리솔의 온도가 상승하면 휴면하고 있던 미생물의 활동이 활발해지고 메탄을 내뿜기 시작한다. 이 반응은 수천 년 만에 처음으로 융해된 북반구 고산 지역에서 발견되었고, 그중 몇몇 지역은 겨울이 되어도 다시 얼지 않았다.[19] 지구의 동결된 토양이 녹으면서 더 많은 메탄 생성 세균이 잠에서 깨어나 지구 대기를 따뜻하게 감싸 안을 기체를 배출할 것이다. 그 결과 또 다른 악순환이 뒤따를 것이다. 즉 지구 온난화는 토양 속 메탄 생성을 촉진하여 온실효과를 증폭하는데 이는 또 다른 융해를 일으키고 토양 침식을 유발한다.

메탄이 기후변화의 악명 높은 악당으로 수많은 관심을 받았지만 더한 악역을 맡고 있는 것은 아산화질소다. 이 속을 알 수 없는 기체의 온실효과는 메탄의 10배, 이산화탄소의 300배이며 깜짝 놀랄 정도로 오랫동안 대기에 머무른다. 온실가스로서의 악역과 더불어 아산화질소는 지구의 자외선 차단층인 오존층을 파괴하며 그 영향력은 현재 지구에서 방출되는 오존층 파괴 기체 중 최고라 알려진 염화불화탄소를 제쳤다. 인류 활동의 결과로 생성되는 아산화질소의 절반 정도는 토양 미생물에 의해 생성되며 나머지는 거름 속 미생물에서 방출된다.[20]

아산화질소 배출량은 1961년에서 2016년 사이 두 배로 늘었다. 대부분은 질소 비료 사용이 8배나 늘었기 때문이다. 작물이 땅에 뿌려진 질소 비료의 50%밖에 흡수하지 못하고 땅속에 어마어마한 양의 질소가 축적됨에 따라 아산화질소를 생성하는 박테리아는 토양을 아산화질소 펌프장으로 변모시킨다.[21] 요행히 논바닥에서 이산화탄소와 메탄 생산을 최소화하는 정도의 적당한 수준으로 산소가 존재한다면 아산화질소는 거의 생성되지 않는다. 그 결과 적어도 쌀 생산에 있어서는 아산화질소 발생을 관리할 수 있는 좋은 전략이 있을지도 모른다. 비료의 효율을 극대화하고 대기 중으로의 손실을 줄이기 위해 많은 농부들이 질소 비료를 조심스럽게 배합하고 시간에 맞춰 적절한 위치에 뿌려 굶주린 미생물이 아니라 식물이 질소 비료를 최대한 많이 흡수하도록 한다. 하지만 대기 중에 만연한 아산화질소 그리고 호수와 강으로 흘러 들어가는 질소 비료는 질소가 농경지에서 과도하게 사용되고 제대로 관리되지 못했다는 피할 수 없는 결론을 보여준다. 우리는 더 나은 선택을 할 수 있다.

토양 침식이 기후변화를 가속하는 것이 사실이라면 토양과 그곳에서 자라는 광합성 생명체가 기후변화의 속도를 늦출 수도 있지 않을까? 간단히 말하자면 탄소가 토양 속에 머물러 있다면 대기 중에는 없다는 뜻이다. 그러므로 토양 탄소가 온실가스로 변하는 속도를 늦추면 온실효과를 줄일 수 있을 것이다. 대기 중에 에너지를 흡수하는 분자들이 줄어들수록 지구를 둘러싸고 열을 흡수하는 장막이 얇아질 것이다. 그 결과 더 많은 복사 에너지가 지구 표면을 덥히기보다는 대기를 떠나 우주 밖으로 흩어져 사라진다.

만약 생명을 유지하는 생화학 반응이 시작과 끝이 분명한 선형이라면 모든 생물 분자들은 막다른 끝에 쌓여 있을 것이다. 그랬다면 지구에서 생명의 진화 역시 그다지 멀리 나아가지 못했을 것이다. 지구에는 원자 개수가 유한하기 때문이다. 하지만 에너지를 생산하는 대사 과정은 선형이 아니라 순환의 일부이며 순환은 양방향성을 띤다. 만약 토양에 서식하는 생명체의 총체적인 대사 과정이 토양 속 탄소를 대기로 끌어낸다면 토양에 탄소를 격리하는 반대의 순환을 가속하는 방법도 있을 것이다. 틀림없이 그럴 것이다.

기후변화가 그 자체로 어떻게 광합성을 증가시켜 대기 중의 이산화탄소를 줄일 수 있는지에 대한 이론들은 오래 전부터 있었다. 지난 20년 동안 이 이론들은 많은 연구로 입증됐다. 북쪽으로는 사하라 사막, 남쪽으로는 습도 높은 사바나와 맞닿아 전이대 역할을 하는 아프리카의 반건조성 기후 지대인 사헬(Sahel)을 조사하는 연구를 포함해서 말이다.[22] 사헬 지대는 서쪽 해안에 있는 세네갈부터 동쪽 해안에 있는 수단까지 10개국에 걸쳐 있다. 700만 km^2 넓이의 사헬 지대는 가혹한 환경에서도 수백 년 동안 작물 재배와 가축 사육으로 삶을 영위해 온 약 1억 3,500만 명의 근거지다. 식량 생산과 사하라 사막을 가로지르는 무역로 관리는 1,000년도 더 전에 사헬을 아프리카 북부 중앙의 생기 넘치는 상업 중심지로 만들었다. 하지만 1980년이 되어서는 19세기에 이곳을 횡단했던 사람들은 알아볼 수 없을 정도로 사헬 구역이 변모되었는데 사헬의 북부 지역은 더 이상 사막 가장자리가 아니었다. 그냥 '사막'이었다. 사하라 사막은 남쪽으로 확장되어 사헬 일부 지역을 집어삼켰다.

　이는 비정상적인 날씨 패턴 그리고 식생과 토양을 사라지게 만든 과도한 방목이 맞물린 결과였다. 지표를 덮고 있는 식생이 줄어들수록 알베도(albedo)* 즉 지표 반사도가 상승한다. 지표 반사도는 지표의 온도를 떨어뜨리는 지구의 특성이다. 사헬에서 온도 저하는 강우량을 감소시켰다. 게다가 장기적 기후 동향의 영향이 더해져 오랜 가뭄이 이어졌고 1973년, 정점을 찍었다. 사헬은 이전에도 가뭄으로 시달린 적이 있었지만 이 시기만큼 장기간이거나 극심하지 않았다. 1969년부터 1978년 사이의 물 부족은 어마어마하게 많은 소를 죽이고 인구밀도가 높은 나

---

* 표면이나 물체에 입사된 일사에 대한 반사된 일사의 비율을 퍼센트로 표현한다.

라에서는 약 10만 명의 목숨을 앗아갔다.[23]

기막힌 반전으로 사헬의 많은 지역이 이제 다시 녹지가 됐다. 예상치 못한 기후변화 덕분에 말이다. 1980년대 이후 이 지역에서 강우량은 증가했으며 사하라 남쪽의 경계는 다시 북쪽으로 서서히 이동하고 있다. 위성 영상에는 가뭄 기간 동안 버려질 수밖에 없었던 지역에 다시 농사를 짓게 된 지상의 사람들이 늘어났다. 녹화는 부분적으로는 강우량 증가 덕분이었는데, 모델링에 따르면 1980년~2080년 사이 3개월의 우기(monsoon)에는 강우량이 하루에 1~2mm씩 늘어날 것으로 예측하고 있다. 이는 확실히 수확량을 상승시키는 요인이다. 최악의 가뭄 이후의 30년 동안 수수 수확량은 부르키나파소(Burkina Faso)에서 55% 그리고 말리(Mali)에서 35% 증가했다. 이는 단지 강우량 상승만으로 설명할 수 있는 것 이상의 무언가가 있다는 사실을 시사한다.[24] 그리고 그 수확량 증가는 대기 중의 이산화탄소 농도 상승 때문이라고 여겨진다.

대기 중 이산화탄소 농도 증가는 지난 30년 동안 중국, 인도, 북아메리카, 브라질 남동부, 호주 남동부 그리고 유럽 일부 지역에서 광합성을 33%까지 늘린 것으로 보이고, 2007년에서 2016년 사이에 추가적으로 60억 톤의 탄소를 땅에 묻었다. 기후변화로 몇몇 지역에서는 식물이 성장하는 시기가 늘어나며 생산량도 늘었다. 하지만 현실을 직시해보자. 광합성 가속화는 증가하는 탄소 배출량을 단지 부분적으로만 상쇄할 뿐이다.[25] 그에 비해 토양은 더 많은 도움을 줄 수 있다.

전 세계적으로 토양에 추가로 탄소를 격리할 수 있는 잠재력은 매년 10억~30억 톤이다. 앞으로 수십 년 동안 전 세계 토양 속 유기물이 10% 상승하면 대기 중 이산화탄소 농도의 25%, 즉 110ppm이 줄어들어 거의 산업화 이전 농도로 돌아갈 수 있다.[26] 그리고 이는 일석이조의 효과를 얻을 수 있는데 토양 속 탄소 양을 늘리는 동시에 토양 건강을 재생할 수 있다는 것이다. 분명한 이점이 있고 그에 따르는 위험은 거의 없음에도 과학적, 정치적 논의는 다른 곳에 초점을 맞춰 왔다.

토양 속 탄소 농도를 상승시키는 일은 토양 생태계를 비옥하게 하는 단순한 요소가 필요하다. 대안적인 재배 방식과 함께 더 많은 탄소를 토양으로 배출하는 식물 개량이 토양 탄소를 늘릴 것이다. 하지만 이는 탄소가 토양에 장기간 머무를 때만 유용할 것이다. 일 년이 지난 후 토양에 작물 잔해물이 3분의 1만 남아 있고 2년이 지난 후에는 5~10%만 남아 있는 상황에서 토양 탄소의 양을 늘리는 혁신적인 방법이 충분한 효과를 거두기 위해서는 탄소를 안정화할 수 있는 전략이 동반되어야 한다.

탄소를 안정적으로 저장할 수 있는 유망한 기술은 바이오차(biochar)* 에 탄소를 농축하는 것이다. 바이오차는 무산소 환경에서 높은 온도로 가열한 유기물로 최근 토양 탄소 저장을 늘리고 식물 성장을 촉진하기 위한 수단으로 시험되고 있다. 그러나 바이오차가 토양 유기물보다 훨씬 안정적이기는 하지만 토양 탄소가 대기 중 이산화탄소로 변하는 속도를 늦추는지를 평가하기엔 아직 이르다. 그럼에도 토양을 개량할 만능 물질로 떠오르고 있기 때문에 농업에서의 장래는 매우 밝다. 즉 아산화질소 방출을 줄이고 비료 수요를 감소시키며 토양의 수분 보유력을 늘린다.[27]

습지는 탄소 저장을 늘릴 수 있는 가장 유력한 방법이다. 습지를 다

---

* 바이오매스와 차콜의 합성어로, 300℃ 정도의 온도로 산소가 결핍된 환경에서 목재를 태워 숯가루 형태로 만든 토양 개량제

시 혐기성 환경으로 복원해 더 이상의 산화를 막고 탄소 저장고를 확충하기 위한 계획을 실행한 나라도 여럿 있다. 인도네시아에는 전 세계 이탄지의 36%가 있으며 280억 톤의 탄소가 저장돼 있다. 이탄은 상업적 개발 대상이 된 인도네시아의 공유림에서 찾을 수 있다. 과거에는 기업이 정부로부터 숲 지대에 대한 권리를 얻어 불태운 후 고무 농장을 개발해 어마어마한 양의 탄소를 대기로 방출했다. 문제는 기업농들이 습지에 배수로를 설치함에 따라 토양이 화재에 더욱 취약해지면서 악화되었다. 건조한 시기에는 엄청나게 큰 화재가 이탄지를 휩쓸고 지나가 인도네시아와 말레이시아 전역에 있는 학교가 문을 닫고 하늘에 연기가 가득해 비행기가 뜨지 못했다. 1997년과 1998년에 말레이시아는 화재로 인해 대기 중에 약 10억 톤의 탄소를 방출했으며 사망률이 20%까지 증가했다.[28] 연례적으로 찾아오는 우기에 의해 진화되지 않았다면 이탄의 깊이가 매우 깊기에 화재는 몇 년 동안이나 지속될 수도 있었다.

이탄지의 화재는 예방될 수 있다. 2015년에 있었던 최악의 계절성 화재가 끝난 후 인도네시아 정부는 이탄지복원청(Peatland Restoration Agency)을 설립해 260만 헥타르의 황폐해진 이탄지를 복원하고 이탄지의 화재를 막는 임무를 맡겼다. 이탄지복원청은 이후 숲을 벌목하고 불을 지르는 행위를 금지했다. 또 다른 건조한 해였던 2019년을 2015년과 비교하면 화재로 소실된 지역이 87% 감소했기에 이 규제는 효과가 있는 듯 보인다.[29]

―

농업이 대기 중으로 방출하는 온실가스를 줄이면 기후를 더 나아지게 만들 수 있다. 하지만 이를 위해서는 사람들의 헌신이 필요하다. 인류가 온실가스를 배출하는 대부분의 원천은 교통, 난방 그리고 산업 활동에서 화석 연료를 태우는 데 있다. 기후변화를 완화하기 위해서는 이런 온실가스 배출을 줄이는 데 집중해야 한다. 온실가스 배출의 24%를 담당하는 농업 역시 이를 해결하는 데 중요한 역할을 한다. 그러므로 토양과 가축이 생산하는 이산화탄소, 메탄, 아산화질소 배출을 줄이는 것은 어느 정도 영향을 미칠 것이다. 하지만 토양에 더 많은 탄소를 축적하고 안정화시켜 온실가스를 줄인다면 큰 효과를 거둘 수 있다. 대부분의 나라들이 온실가스 배출량을 줄이는 데 어려움을 겪고 있지만 토양 중 탄소를 늘리게 되면 대체 에너지를 찾고 적용하는 동안 화석 연료 사용에 따른 온실가스 배출을 어느 정도 해결할 수 있다.

 2015년 파리에서 열린 '제21차 유엔기후변화협약 당사국 총회(Conference of the Parties to the United Nations Framework Convention on Climate Change, COP21)'에서 각국 정상들은 지구 온난화를 늦추기 위한 청사진을 제시한 역사적인 파리협정에 동의했다. 125개국의 비준을 받은 이 협약은 산업화 이전 대비 기온 상승이 1.5℃를 넘지 않도록 하는 것을 목표로 하고 있다. 이 야심 찬 계획은 당연히 기후를 책임감 있게 관리하려는 노력에 있어서 획기적 사건으로 여겨지고 있다. 한편 제21차 당사국 총회 정상 회담에서 도입되었지만 훨씬 덜 알려진 협약으로 '식량 안보와 기후를 위한 0.4%의 토양 탄소(4p1000)'*가 있다. 이 협약은 모든 국가가 토양 상층부 2m의 탄소 함량을 매년 0.4%씩 증가시켜야 한다는 내용이다. 이 계산은 매년 전 세계 토양 속 탄소의 0.4%에 해당하는 양으로 예상되는 미래의 탄소 배출량 증가를 상쇄

---

* 국제 포퍼밀(4 per 1000) 이니셔티브: 식량안보와 기후를 위한 토양(https://4p1000.org) 참조.

한다는 목표에 근거를 두고 있다. 많은 과학자들이 이 목표를 달성할 수 있을지, 특히 농경지가 아닌 토양에 얼마나 많은 탄소를 격리할 수 있는지를 궁금해했다. 제21차 당사국 총회가 끝나고 몇 달 후 한 국제 토양학자 단체는 훨씬 더 실현 가능한 목표를 제안했다. 농경지 상층부 토양 1m에 토양 탄소의 양을 0.4% 늘리는 것이었다. 이 목표가 성공한다면 매년 4억~30억 톤의 탄소를 토양에 격리할 수 있다.[30] 비록 이것이 모든 배출량을 상쇄하지는 못하지만 농경지에서 4p1000을 달성한다면 탄소 배출량의 최대 3분의 1을 줄일 수 있다. 미국 대통령이 기후에 관한 논의를 눈에 띄는 수준으로 복원하기 위해 최선을 다한다면 4p1000을 되살리고 비준하며 시행해 전 세계 기후변화를 완화하고 토양을 개선할 수 있을 것이다.

실질적인 탄소 함량과 잠재적 탄소 함량 사이의 차이를 토양 건강 간극(soil health gap)이라 한다. 이 간극을 메우기 위해서는 전 세계 토양에 약 1,330억 톤 이상의 탄소를 격리해야 한다. 매년 5억 톤의 탄소를 격리한다고 하더라도 2100년까지 대기에서는 400억 톤의 탄소가 줄어든다. 이는 1750년부터 2015년까지 인류가 배출한 이산화탄소의 15%에 해당한다.[31] 4p1000의 열망을 담은 목표를 향한 활동은 아마 수십 년의 시간이 필요하겠지만 토양의 탄소 격리 잠재력이 다할 때까지 전 세계를 탐험할 가치가 있어 보인다. 그때가 되면 화석 연료를 대신할 대체 에너지를 널리 사용할 수 있을 것이고 새로운 완화 전략을 사용하게 될지도 모른다. 한편 그동안 늘어난 탄소는 토양 건강을 더 이롭게 할 것이다. 그리고 결과적으로 농부들이 수확량을 늘리고 투입되는 비용을 줄일 수 있도록 할 것이다.

오늘날 우리는 토양과 기후 사이의 파멸적인 움직임에 개입할 수 있다. 만약 기후가 악화되고 토양 유실이 지속되면 파멸을 향해 소용돌이치는 악순환이 형성될 것이다. 그러나 기후변화의 위협 앞에서 흙은 우리에게 최고의 동맹이 될 수도 있다. 토양을 건강하게 할 방법은 잘 알려져 있으며 수백 년 동안 실천되어 왔다. 그리고 이미 전 세계에 있는 현명한 식량 생산자들은 탄소 순환을 되돌림으로써 조화를 되찾기 위해 열중하고 있다. 우리는 90억 명의 사람들에게 식량을 제공해야 하는 상황을 맞이하게 되더라도 토양을 잘 관리할 수 있다. 이는 할 수 있다기보다 반드시 해야 한다.

8

토착민에게 배우는 농사

도시, 마을, 농장, 숲 그리고 고속도로의 번잡함 아래에는 과거와 미래를 하나로 잇는 생명체, 암석 그리고 물로 이루어진 과묵하고 짙은 띠가 있다. 현재를 살고 있는 사람들은 이 관계를 끊거나 강화할 수 있는 결정권을 쥐고 있다. 이 띠는 우리의 행동을 기록하고 미래를 보여준다. 토양 관리자로서 잠시 머무는 동안 토양을 풍요롭게 한다면 우리가 물려받은 것보다 더 나은 유산을 물려줄 수도 있다. 그렇지 않고 토양을 방치하거나 남용한다면 이 띠는 닳아 없어지고 미래 세대와 지구에 불확실한 미래가 닥치게 될 것이다.

토양 유산은 종종 그 기원을 문화적 가치와 믿음에서 찾을 수 있다. 어떤 문화권에서 토양은 그저 생산성과 수익성이라는 목적을 위한 수단을 의미할 뿐이다. 다른 문화권에서는 토양을 모든 생명체를 탄생시킨 신성한 원천으로 예우한다. 어떤 이들은 사라질 수 있기에 보호해야 하는 자원으로 여기지만 많은 이들은 재생 가능하며 무제한인 것처럼 여긴다. 어떤 믿음을 지녔든 간에 역사 전반에 걸친 전 세계 문화권의 사람들은 다양한 이야기를 들려주는 토양의 유산을 남겼다. 그리고 건강한 유산을 탄생시킨 방법을 살펴보면 오늘날 토양을 어떻게 보살펴야 미래에도 지속될 수 있는지를 알 수 있다. 여기에서 '우리는 어떻게 해야 하는지 알고 있다!'는 강력한 주제가 모습을 드러낸다. 수천 년 동안 농부들은 토양 침식을 최소화하기 위해 바람, 물 그리고 토양을 관리했다. 지난 세기 동안 정제되고 기계화되고 정량화되긴 했지만 현대 농업에서 새로 등장한 방법은 아니다.

여러 문화권 전반에 걸친 토양 관리를 비교하면 두번째 주제가 분명해진다. 즉, 토양을 잘 관리하는 방법은 북반구에 살든 남반구에 살든,

옥수수를 재배하든 테프(tef)*를 재배하든, 삽을 사용하든 파종 막대를 사용하든 같은 방법으로 수렴된다. 오래된 농경 사회에서 오늘날까지 지속되는 농경법은 그들이 토양을 잘 관리하고 있다는 것을 보여준다. 간단히 말해서 토양을 함부로 하는 농경법은 살아남을 수 없다.[1]

토양학을 처음 배울 때 나는 흙의 다양성과 수많은 토양 관리법에 감명받았다. 다양한 흙과 수많은 토양 관리법이 보고 싶어 나는 전 세계 상공을 날아다니거나 토양 건강에 영향을 줄 수 있는 지하 활동을 들여다볼 수 있는 초능력을 갖기를 꿈꿨다. 오늘날 나의 젊은 시절 상상은 레이저 센서를 장착한 드론이나 인공위성으로 거의 비슷하게 구현됐다. 비록 드론은 승객을 태우지 않지만 말이다! 하지만 만약 우리가 이 드론 중 하나에 올라탈 수 있다면 인류가 땅을 일궈서 원래의 토양보다 훨씬 비옥해진 지역을 통해 토양 관리의 놀라운 몇 가지 사례를 볼 수 있을 것이다. 그 결과로 등장한 토양이 인류의 활동으로 형성된 앤트로솔(Anthrosols)이다. 예를 들어 스코틀랜드 앞바다의 파파스투어(Papa Stour)섬 상공을 지난다면 우리는 셰틀랜드(Shetland) 제도 여러 곳에서 오랫동안 행해졌던 플라겐(plaggen) 농법의 결과를 볼 수 있을 것이다. 서기 800년경 노르웨이 정착민이 처음으로 사용하고 이후 스코틀랜드 사람들까지 활용했던 방법이다. 이 섬에서 농경은 섬의 인구가 줄어들어 식량 생산에 대한 수요가 줄어든 1960년대까지 지속됐다. 이후 플라겐 농법을 시행한 농경지는 지난 60년 동안 경작되지 않은 채로 남겨져 있어 궁금증 많은 과학자와 인류학자들이 이 농법의 특징인 앤트

---

* 벼과의 한해살이풀로 열대 기장의 하나이며 에티오피아와 에리트레아에서는 전통적인 납작한 빵인 인제라를 만드는 데 사용한다.

로솔을 만들어 낸 방법을 복원할 수 있었다. 1,000년이 넘는 기간 동안 농부들은 엄청난 양의 거름, 뗏장, 해초 그리고 외양간의 가축 분뇨(외양간에 깔아두는 지푸라기)로 토지를 비옥하게 만들고 쟁기 대신 삽으로 토지를 경작했다. 농부들이 농사를 그만두었을 때 주변에 경작하지 않은 토지의 표토가 16cm밖에 되지 않는 것에 비해 농경지는 75cm의 표토를 유산으로 남겼다. 서유럽의 대부분 농부들은 하버-보슈법으로 질소 비료를 손쉽게 사용할 수 있게 되면서 플라겐 농법을 그만뒀다. 그리고 오늘날 그들의 표토는 상당히 줄었다. 하지만 파파스투어섬의 앤트로솔은 고대 농경법의 증거로 여전히 남아 있다.[2]

지하의 기념물은 오래도록 도움이 되는 또 다른 과거의 농경법을 기념한다. 예를 들어 남아메리카의 빽빽한 숲 밑에서 과학자들은 테라 프레타(terra preta, Amazonian dark earth)라는 흙을 발견했다. 사실, 그들은 우리가 가진 드론에 있는 것과 거의 같은 레이저를 이용해 아마존 우림의 산골짜기에 있는 앤트로솔을 발견했다.[3] 이 검은 흙은 숲속에서 식량으로 이용할 작물을 재배한 작은 토착민 공동체의 거주지였던 곳에서 발견됐다. 테라 프레타는 화전으로 만들어 낸 바이오차가 깊이 쌓인 유기물을 포함하고 있다. 사람들은 마을에서 버린 작물 쓰레기로 훌륭한 퇴비를 만들어 토양을 더욱 비옥하게 했다. 바이오차와 퇴비의 잔재는 아직도 숲 경관에 주근깨처럼 박혀 있다. 그 비옥함은 주변을 둘러싼 얕은 열대 토양과 아주 대조적이어서 경작지가 정글에 버려진 지 수백 년이 지났음에도 레이저로 쉽게 발견할 수 있을 정도다.

만약 드론이 아마존에서 북쪽으로 이동해 멕시코시티 남쪽에 있는 소치밀코(Xochimilco) 상공으로 우리를 데려간다면 우리는 인공 수상 경작지인 치남파(chinampa)를 볼 수 있을 것이다. 몇몇 역사학자들은 치남파 덕에 아즈텍 문명이 거대한 제국을 세울 수 있었다고 생각한다. 이 농경 기술은 아즈텍 이전인 서기 800~1000년 무렵의 중앙아메리카까지 거슬러 올라간다. 후에 아즈텍 문명은 500~600만 명의 식량 수요를 감당할 수 있을 만큼 치남파에서의 식량 생산을 늘리기 위해 거대한 수로를 건설하는 프로젝트를 진행했다. 치남파 기술은 천 년이 넘도록 그리 변하지 않았다. 호수와 수로 바닥에서 얻은 진흙을 토지에서 얻은 이탄과 섞어 새까만 혼합물 덩어리를 만들어 수로 바닥부터 수면까지 쌓는 것이다. 비록 여전히 치남파가 물 위에 떠 있는 것처럼 보이지만 이 섬들은 사실 수로 바닥에 고정돼 있다. 치남파의 표면에는 어두운 색의 앤트로솔이 있다. 섬 경계를 이루며 자라난 식생이 앤트로솔을 단단히 고정해 수로로 침식되는 것을 막는다. 너비는 10m밖에 안 되지만 길이는 수 km까지 늘어나며 이 길쭉한 섬은 수로를 나눠서 좁은 수로로 만든다. 이 인공 섬은 인류 독창성의 놀라운 사례다. 치남파의 토양은 농업 생산성을 계속해서 유지시킨다. 농부들은 406km의 수로를 따라 과일, 채소 그리고 꽃을 재배한다. 치남파는 멕시코에 2,000헥타르의 농경지를 더하고 멕시코시티 주민 12,000명에게 농산물을 공급하며 멕시코 생물다양성의 11%를 지탱한다.[4]

동쪽으로 이동해 필리핀 루손(Luzon)섬의 중앙 산맥(Cordillera Central) 지역에 이르면 우리는 17,000헥타르가 넘는 토지를 볼 수 있을 것이다. 대부분은 이푸가오(Ifugao)족이 2,000년 동안 농사를 지어온 곳이다. 이들은 토지를 숲, 농장, 계단식 논 그리고 거주지로 고도로 체계화하고 전통적 시스템으로 관리해 왔다. 이곳의 토지는 등고선을 다시 그리지 않고는 농사짓기에 너무 가파른 산지를 둘러싼 푸릇푸릇한 계단식 논이 장관을 이루고 있다(계단식 논은 도판 7 참고). 이푸가오족의 농경법은 기복이 심한 지형을 다듬어 연간 3,200mm씩 퍼붓는 강수량을 견딜 수 있게 했다. 또한 물의 속도를 줄이고 퇴적물을 붙잡아 두기 위해 오랫동안 검증된 방법을 고수하는 것만으로도 연간 토양 침식을 1헥타르당 0.068톤으로 유지할 수 있다. 근처 계단식 논이 아닌 토지에서 일어나는 토양 침식 속도가 평균적으로 매년 1헥타르당 24톤 이상이라는 사실을 고려한다면 이는 놀라운 업적이다.[5] 수천 년 동안의 성공적인 농경은 조심스럽게 보살핀 토양에 안정적인 농업 생태계를 만들어 낸 이푸가오족 시스템의 유효성을 입증했다.

농경의 결과물들은 지표 아래 눈에 띄지 않는 곳에 있기에 일반적으로는 보이지 않는다. 하지만 원격탐사는 때로는 깊은 곳의 영향을 드러내는 지표의 색이나 고도의 차이를 감지한다. 이러한 고대 토양 유적들은 토양을 개량하고 토양 침식을 방지하는 획기적인 매장물을 드러낸다. 이제 상상의 드론 비행을 끝내고 훌륭한 토양 관리에 내재된 과학적 요소를 발견하는 임무로 돌아가 보자.

토양 침식을 예방하는 보편적인 원리에는 두 가지가 있다. 첫째, 토양을 운반하는 힘을 관리한다. 둘째, 토양 구조를 개량한다. 바람과 물이 토양 침식을 일으키기에 그 속도를 줄일 수 있는 모든 활동은 토양 침식을 감소시킨다. 이푸가오족의 계단식 논이 그랬던 것처럼 말이다. 토양을 운반하는 힘을 관리하는 것만큼 중요한 일은 토양의 내부 구조부터 구축해나가는 것이다. 토양 구조를 개량하여 서로 떨어진 입자들을 한데 뭉치게 하면 운반이 어려워진다. 토양 입단화土壤粒團化는 뿌리가 깊은 다년생 식물, 지피 작물 그리고 돌려짓기로 촉진된다. 이들은 모두 토양 미생물 군집과 유기물을 늘리는 방법이기도 하다.[6] 아마존 숲과 파파스투어에서 묘사한 것처럼 농부들은 결과적으로 토양 입단화를 촉진하고 침식성을 줄이는 작물 잔해물, 거름, 바이오차, 퇴비 그리고 토양 유기물을 늘릴 수 있는 다른 토양 개량제로 생산성이 높은 앤트로솔을 만들어 낼 수 있다. 그리고 좋은 토양 관리인들은 밭갈이를 최소화함으로써 토양 구조를 보호한다.

이 방법들은 어디에서 기원했고 이를 통해 우리는 무엇을 배울 수 있을까? 농경 생활을 시작한 이래로 토양 침식을 극복하기 위해 해왔던 방법들을 살펴보면 토양을 보호하는 농경법의 다양성, 단순함 그리고 영향력에 감탄하게 된다. 토착민의 지식은 세상의 냉혹한 선택압을 겪어왔다. 키질하고 체로 거르는 과정을 통해 효과가 있는 방법은 지속하고 그렇지 않은 방법은 버리면서 말이다. 전 세계 3억 5,000만 명의 토착민들이 고수하고 있는 지식의 양은 그 인구보다 훨씬 더 많다.[7] 토착민들의 농경법에 깃든 세부사항들은 모든 농업 전문가들에게 복잡하면서도 미묘하게 다른 교훈을 들려준다.

그들이 얻은 여러 성취를 고려하면 고대 마야 문명이 토양을 관리하는 정교한 방법들을 발전시킨 것은 그리 놀랍지 않다. 마야 문명은 거의 4,000년 동안 오늘날의 멕시코, 과테말라, 벨리즈, 엘살바도르, 온두라스 일부를 포함하는 유카탄반도 전역으로 뻗어 나갔다. 인구는 서기 900년 이후로 감소했을 것으로 생각되며, 1502년 스페인인들이 도착한 후 몇 년 동안 제국주의 침략자들에 맞서 싸우기도 했지만, 고집스런 마야 농부들은 전통적인 농경법을 오늘날까지도 지속하고 있다. 그들은 영감을 주는 동시에 큰 깨우침을 준다.

과학자들은 고대 마야 문명의 지식을 고고학과 토양 그 자체에서 수

집했다. 고대 건물의 벽과 천장을 장식한 벽화는 마야의 통치 체계, 종교 그리고 기념 행사를 매우 자세하게 묘사한 여전히 선명한 붉은색, 청록색, 주황색, 갈색 그리고 녹색 안료를 뽐내고 있는데, 여기에서 당시의 농경에 대해 알 수 있다. 마야 문명은 아직도 완전히 해독되지 않은 복잡한 상형문자 기록 뒤에 가려져 있다. 그들은 익히 잘 알려진 수학적 역량과 자연계의 주기 연구를 적용해 건기와 우기에 농경 활동을 맞춘 달력 시스템을 개발했다. 또, 적도 근처에서는 매우 어려운 일인 태양 고도를 측정하는 기술로 태양 활동 주기를 추적했다.[8]

마야 문명의 풍요로웠던 농경은 비축물과 잉여 작물을 분배하는 사회적 시스템을 통해 확인할 수 있다. 이들의 작물 재배 시스템은 기원전 7000년경 멕시코 서부 저지대에서 자라던 야생식물 종자를 개량한 옥수수를 중심으로 한다.[9] 옥수수의 경우, 농경 시스템에 순응하고 식량으로써 유용성을 보인 식물을 선택하는 과정을 포함해 야생식물을 작물로 재배하는 과정을 거쳤다는 확고한 유전적 증거가 있다. 생산량이 많은 옥수수는 식량으로 비축되면서 정착지, 마을 그리고 도시를 발전시켰다. 마야인들은 작물을 재배할 때 7종이나 되는 다른 식물도 함께 재배했는데 이는 작물들의 생산성을 유지하고 토양을 보호할 수 있는 비법의 일부였다. 마야 문명의 농경은 인구를 빠르게 증가시켜 복잡하고 정교한 사회가 등장하게 했다.

서기 900년부터 시작해서 인구가 600만 명에서 50만 명으로 줄었다고 알려진 마야 문명의 붕괴에는 여러 가지가 원인으로 거론된다. 인구가 줄어든 이유는 분명하게 알려지지 않았고 여러 번의 거대한 역사적 전환처럼 마야 문명의 붕괴는 의심할 여지 없이 시공간에 따라 다른 여러 요인으로 일어났을 것이다. 나이테와 방사성 동위원소 분석 결과는 마야인들이 900년경 장기간의 가뭄과 마주했다고 말한다. 몇몇 역사학자들은 식량 비축량이 줄어드는 동시에 물 이용도가 감소해 농업 생산량이 줄어들었을 것이라 주장했다. 어떤 역사학자들은 이 의견에 이의를 제기하며 식량이 부족했다는 증거는 어디에도 없다고 말한다. 2020년의 한 연구는 한때 마야의 거대 도시였던 티칼(Tikal)의 궁궐과 사원 주변 저수지에서 수은이 높은 농도로 검출됐다고 발표했다. 저수지에서는 수은뿐만 아니라 남세균만이 가진 특징적인 DNA도 발견됐다. 남세균은 강력한 독소를 만들어 내 오늘날에도 하천에 골칫거리가 되고 있다. 인구가 줄어드는 데 오염된 물이 영향을 미쳤을지도 모른다. 어떤 학자들은 인구가 가파르게 감소한 것이 아니라 기후, 통치 방식 그리고 사회 조직의 변화에 따라 수백 년이 넘는 기간 동안 천천히 줄었다고 말한다. 영향을 미칠 가능성이 있는 이러한 모든 요인에도 불구하고, 식량과 인구가 줄어드는 것은 토양 침식 탓으로 여겨졌다. 그렇기에 지속가능한 농경법을 설명하기 위해 마야인들을 선택한 것은 적절하지 않은 것으로 보일 수도 있다.[10] 하지만 심도 있는 연구는 수천 년 동안 풍요로운 마야 문명과 마야인들을 지속시킨 놀라운 토양 관리 방법을 들려준다. 그들의 정교한 농경 시스템은 전 세계 농부들에게 들려줄 이야기가 많다.

　몇몇 역사학자들은 마야의 농업이 숲에 불을 질러 나무를 제거한 후 몇 년 동안 작물을 재배하면서 재와 숯이 퇴적된 제한된 양분을 고갈시킨 후 땅을 버리는 전형적인 화전 농법이었다고 비난하기도 한다. 하지만 이 역사학자들은 마야 농업을 크게 오해했다. 농경 시스템 연구자들은 마야 문화의 농경을 소규모 화전농법(swidden agriculture)이라고 새롭게 명명했는데 테라 프레타가 만들어졌던 것과 유사하게 바이오차를 만들어 내는 온도가 낮은 불(cool fire)*을 사용하기 때문이다. 화전은 일반적으로 온도가 더 높은 불을 사용해 유기물을 땅속에 저장하기보다 기화시켜버리는 데 반해 마야에서 숲을 불태워 만들어진 바이오차는 토양을 비옥하게 만든다. 마야인들은 10~25년 주기를 따르는 밀파 시스템(milpa system) 혹은 밀파 숲 경작지(milpa forest garden)**라 부르는 복잡한 농경 시스템을 발전시켰는데, 사실 이처럼 장기적인 관점에서 토양 활력을 관리한 문화권은 많지 않다. 마야인들은 일반적인 밀파 경작지에 옥수수, 호박, 콩 또는 다른 70종의 작물들 중 몇 가지를 사이사이에 배치해 돌려짓기했다. 작물 다양성은 토양을 비옥하게 만들고 사람들에게도 풍성한 식단을 제공했다. 경작 후 4년이 지나 토양의 비옥도가 줄어들고 다년생 식물이 우점하기 시작하면 마야인들은 견과류, 과일, 카카오를 생산하거나, 약용식물 그리고 건축재료로 활용할 수 있는 교목과 관목을 혼합해 재배했다. 이 지역에 다시 돌아와 또 한 번의 순환을 반복할 때까지 약 20년 동안 이 작은 땅은 다시 숲이 된다. 교목과 관목은 어우러져 균형 잡힌 생태계를 이룬다. 교목들은 광합성을 통해 어마어마한 양의 탄소를 포집해 토양 유기물을 보충하고, 깊은 땅속으로 스며들어 작은 식물이 이용할 수 없는 영양분을 회수한다. 그리고 나무가 불타면 다음 작물 재배 순서에 사용될 수 있도록 영양분은 숯과 재로 다시 한번 토양층 상부에 퇴적된다.[11] 여러 밀파 경작지는 동시에든 그렇지 않든 항상 어느 정도는 옥수수 같은 주요 작물을 생산하고 있으며 다른 곳에서는 회복하는 과정을 거치며 다른 필수적인 임산물을 생산한다.

---

* https://www.watarrkafoundation.org.au/blog/aboriginal-fire-management-what-is-cool-burning
** https://redandhoney.com/milpa-plant-one/

역사학자들이 마야인들의 농경법이 토양을 파괴하는 방식이라고 일축한 것은 정말 아이러니한 일이다. 실제로는 밀파 경작지에서의 엄격한 작물 재배 순서는 토양 건강을 '유지'하기 위한 매우 효과적인 방식의 한 사례였는데 말이다. 많은 역사학자들은 토양 침식으로 마야 문명이 쇠퇴의 길을 걸었다는 이야기를 고수한다. 그리고는 심지어 당대의 마야인들이 살고 있는 지역의 산림 벌목을 보여주는 랜드샛(Landsat) 4호의 영상을 근거로 1,000년 전 마야 문명의 전철을 밟고 있다고 주장한다. 하지만 이 사진은 숲이 소들의 방목지로 변했다고 알려진 장소와 같은 장소다. 이 논쟁의 허점은 1,000년 전 마야인들은 가축을 방목하지 않았다는 사실이다! 그 대신 마야인들은 숲속에서 야생 동물과 새를 사냥했다. 오늘날의 산림 벌목은 마야 문명의 붕괴 주장에 대한 적절한 증거를 보여주지 못한다.[12]

마야인들이 재배한 나무 종 대부분이 오늘날까지도 숲에 남아 계속 자라고 있으며 이는 사원과 기념물 못지않은 마야 문명의 유산이다.[13] 마야인들은 유용성과 빠른 성장 속도를 고려해 상층 식생을 위한 나무와 하층 식생을 위한 식물을 선택했는데, 이들은 잡초를 밀어내는 데도 도움이 되었다. 시스템은 훌륭하게 작동했지만 노동 집약적이었다. 종자를 수집하고 손으로 잡초를 관리하고 화재를 일으키는 등 말이다. 성공적인 밀파 경작지는 지식과 기술, 노동에 의지한다. 오늘날 많은 농부들은 손으로 잡초를 뽑고 경작지를 다시 숲으로 만들 수 있는 노동력과 시간이 부족하다. 그래서 그들은 노동력을 아낄 수 있는 제초제 사용 같은 방법에 의존했고 그 결과는 단 4년 만에 거의 20cm의 토양 유실을 일으켜 표토 대부분을 벗겨냈다. 숲이 성장하는 20년 동안 영양분이 보충되지 않으면 이곳은 황폐해진다.[14]

토양학자들은 과테말라의 살페텐(Salpetén) 호수에 있는 점토 퇴적물이 중앙아메리카에서 마야 문명이 번성했던 기간 세 번의 토양 침식 급증을 시사한다고 해석했다. 처음 두 번은 새로운 밀파 경작지를 조성하기 위한 개간 증가로 일어났다. 한 번도 경작되지 않은 땅에서 숲이 불타며 그 직후에는 토양이 유실됐을지도 모르지만 꼼꼼히 관리된 밀파 경작지에 토양층이 두껍게 재건되면서 토지는 천천히 회복됐다.[15] 거의 3,000년 동안 전통적인 밀파 경작지는 비옥한 토양으로 늘어나는 인구를 먹여 살렸다. 오늘날 마야인들은 세심하게 토양을 관리하며 식량 재배가 토양 및 광범위한 생태계와 조화를 이루는 아름다운 밀파 경작지를 증거로 보여주고 있다. 그러니 마야인들이 토양에 쏟은 관심과 배려의 결과로 농경지 토양이 7m 깊이의 호수 퇴적물을 탄생시켰다는 사실은 받아들이기 어렵다.

초기 마야 문명의 정교한 토양 관리는 토양 침식을 예방할 수 있는 두 가지 방침을 고수했다. 토양 그 자체뿐만 아니라 바람과 물을 관리하는 것이다. 대부분의 토양 관리법은 밀파 경작지 계획에 구현되어 있다. 식물 다양성, 좋은 토양 덮개, 쟁기 대신 파종 막대를 사용한 토양 구조 보호, 농경지 순환 과정에 내재된 돌려짓기 등 말이다. 저지대 습지가 산재한 제한된 토지에 운하를 건설하고 홍수로부터 토지를 보호하기 위해 지대를 높였다. 그리고 토양을 쓸려 내려가게 만드는 중력과 물의 영향을 줄이기 위해 경사면에 계단식 밭을 조성했다. 그동안 탐사에 장애가 되었던 울창한 지피 식생을 투과하는 현대의 원격 탐사 기술은 마야 문명의 혁신적인 유물인 계단식 밭과 배수 시스템의 복잡한 네트워크를 밝혀냈다.[16] 심지어 오늘날에도 1,000년 전 건설된 계단식 밭은 근처에 계단식으로 만들어지지 않은 토지보다 3~4배 더 많은 토양을 지니고 있다. 토양 침식을 방지하는 두번째 원칙을 지키기 위해 마야 농부들은 뿌리를 깊이 내리는 다년생 작물, 퇴비, 어마어마한 양의 바이오차를 효율적으로 활용해 탄소 양을 늘리고 토양을 풍요롭게 한다. 이 방법들은 밭갈이를 하지 않는 경작법과 결합되어 침식에 저항하는 탄탄한 토양 구조를 만들고 유지했다.

오늘날 멕시코와 과테말라 국경 근처에 있는 라칸돈 우림(Lacandon rain forest)에서는 2,000명이 채 되지 않는 라칸돈족(Lacandon Maya)이 언어와 문화를 보존하고 있다. 이들은 대부분 마야인 혈통인 토착민 50만 명에 둘러싸여 살고 있으며, 전통적인 밀파 경작지에서 매우 다양한 작물 종을 재배하고 장기간 토양을 재생하며 계속해서 식량을 생산한다. 마야인의 인구가 줄고 뒤이어 유럽 침략자들로 인해 잔혹한 식민지가 건설되는 과정에도 살아남은 라칸돈족은 마야인들의 전통적인 농경법이 지속가능하다는 사실을 보여준다. 하지만 라칸돈족은 자신들의 공동체를 지키기 위해 계속 싸우고 있다. 침략자들은 숲을 벌목하고 단일재배를 하며 가축을 방목해 토지를 남용하고 우림과 토양을 모두 파괴했다. 멕시코 정부는 모든 화전이 파괴적이라는 잘못된 추측 아래 밀파 주기에 따라 숲에 불을 지르는 라칸돈족을 막기 위해 금전적 보상을 하며 설득하기도 했다. 얄궂게도 이렇게 관리되던 화전이 사라지니 숲은 탄소를 토양에 격리하는 대신 대기 중으로 방출하는 자연발화에 취약해졌다.[17]

이 성공적인 아메리카 농부들은 수천 년 동안 작물 생산을 가능케 한 토양 관리를 통해 교훈을 제공한다. 철두철미한 경관 관리 계획을 통해 이들은 빈번한 재생으로 숲을 건강하게 유지하고 토양 건강과 토양 입단 형성을 촉진하며 동시에 매우 다양한 식량을 생산했다. 여기서 질문이 하나 떠오른다. 소규모 화전을 더 광범위하게 사용할 수 있지 않을까? 오늘날의 관행적인 그리고 기업형인 농장들에 철두철미한 경작지 관리를 융합하여 토양 건전성과 만족스러운 수확량을 모두 유지하는 농경 전략이 가능할까? 이런 개입은 광범위한 규모로 확장하여 채택하기에는 너무 급진적이거나 까다롭다. 하지만 만약 지속해서 늘어나는 전 세계 인구가 필요로 하는 정도의 식량을 계속해서 생산하기를 원한다면 토양을 개량할 수 있다고 증명된 모든 방법을 고려해야 한다.

―

사막화로 불모지가 확대됨에 따라 토착민들이 어떻게 수백 년 동안 건조한 지역에서 농사를 지었는지를 배우는 건 매우 중요하다. 미국 남서부의 주니 푸에블로(Zuni Pueblo) 토착민들은 수천 년 동안 토양 침식과 맞서 싸우며 농사를 지어온 북아메리카에서 가장 오래된 농경 시스템 중 하나를 지키고 있다.[18] 언어학자들은 토착민들의 언어들 가운데 독특하게도 주니족의 언어가 7,000년 동안 같은 지역에서 사용됐을 것이라 짐작한다. 하지만 문서 기록이 없다면 언어는 실재하는 유산을 남길 수 없다. 다행히 농경은 실재하는 유산을 남긴다. 고고학자들은 주니족이 한 장소에서 3,000~4,000년 동안 농사를 지어왔다는 증거를 발견했다. 이는 토양을 보호하는 사회였다는 것을 시사한다.

주니족의 조상(*awu:wu:na:awe:kwi:kowa*)*은 아직까지도 이들이 주식으로 섭취하는 식량인 옥수수, 콩 그리고 호박을 가지고 오늘날의 중앙아메리카와 멕시코에서 약 4,000년 전에 이주했다. 이 작물들은 수백

---

* https://cleveland.faculty.es.ucsb.edu/CV/1995ZuniAg.pdf

년 동안 기본적인 영양분을 제공했다. 서기 1200년경 인구가 대폭 늘었던 시기에도 말이다. 언뜻 보기에 주니족 땅에 무엇이든 자라는 식물이 있다는 사실은 놀랍다. 하지만 황폐해 보이는 겉모습과 달리 이 사막은 북아메리카에서 생물다양성으로 다섯 손가락에 꼽힐 정도인데, 주니족이 그랬던 것처럼 사막에서의 어려움을 헤쳐 나온 생물들을 먹여 살린다.[19] 주니족의 농경법은 현명하게 물을 사용하고 극한의 기후에서 토양 침식을 관리하는 것이다.

유럽 정착민과 미국 정부가 토지를 빼앗으면서 주니족의 영역을 600만 헥타르(아일랜드 정도의 크기)에서 지금의 20만 헥타르(남아프리카 요하네스버그보다도 작은 크기) 이하로 축소시켰다. 혹독한 환경 그리고 자신들의 유산이 잠들어 있는 땅을 빼앗은 침략자에 직면했음에도 불구하고 주니족은 자신들의 혁신적인 농법을 활용해 식량 생산을 유지하고 치명적인 토양 침식으로부터 토양을 보호했다.[20]

주니족 토지는 대부분 반건조성 아리디솔이었고 동쪽 끝의 습한 고지대는 몰리솔과 알피솔로 이루어져 있었다. 이 토지는 오랜 기간 가뭄에 시달리는 가운데 이따금 폭우가 내려 취약한 흙을 쓸어 간다. 토양 침식은 비로 토지가 깊게 침식되면서 탄생한 아로요(arroyo)*에서 두드러진다. 현존하는 아로요는 알 수 없는 이유로 1880~1919년 사이에 처음 등장했고 계속해서 그 크기를 키워 몇몇은 깊이 30m, 너비 50m에 달한다. 이 깊은 협곡을 집어삼킬 정도로 빠르게 흐르는 물은 대개 7월~9월에 내리는 몇번의 억수 같은 뇌우 가운데 찾아온다.

물을 일시적으로밖에 이용하지 못한다는 것은 토양과 작물 관리에

---

* '마른 내'를 뜻하는 스페인어다.

문제가 된다. 그래서 주니족은 대개 숲으로 덮인 고지대 경사면에서 유거수를 모으는 일을 포함해, 전 세계 건조 지역에서 활용하는 방법인, 유거수流去水 농경으로 대처해 왔다. 이들은 반비례하는 변수인 기온과 강수의 균형을 맞추기 위해 고도를 활용해야 한다. 그래서 전략적으로 유역 바닥보다는 높은 산비탈 아래에 경작지를 만들어 억수 같은 비가 내릴 때 물을 흘려보낼 수 있도록 했다. 이렇게 만들어진 농지는 높은 고도에서 흘러드는 퇴적물과 영양분을 포획하는 동시에 유역의 가장 낮은 지점에서 주로 발생하는 홍수와 서리를 피한다. 물을 천천히 흐르게 하기 위해, 주니족은 돌이나 나뭇가지로 작은 투과성 댐인 바자골막이를 만들어 물과 퇴적물이 고르게 분산되도록 한다. 이러한 댐은 물이 지표 위로 흘러가기보다 토양 속으로 스며들게 한다. 바자골막이는 헤링본 모양*의 구조망으로 물의 흐름을 조정한다. 바자골막이가 특히 효과적인 이유는 수리학적 특성과 반투과성 성질 때문이다. 퇴적물과 영양분은 오랫동안 경작지에 축적돼 주변 지역보다 훨씬 더 깊고 비옥한 토양을 탄생시킨다. 제한된 수분을 더 잘 이용하기 위해 주니족은 뜨거운 지표 아래 수분이 있는 30cm 깊이에서도 발아할 수 있는 식물 품종을 재배했다. 씨앗에서 발아한 혈기 왕성한 어린 묘목이 햇빛을 보기 위해서는 긴 여정을 통과해야 한다. 또한 주니족은 남서부에서 일반적으로 재배하던 품종과 비교해 뿌리 표면적을 늘리는 뿌리 감염 곰팡이인 균근균을 더 많이 가진 옥수수 재배종을 탄생시켰다. 이 작물들은 결과적으로 물과 영양분을 흡수하는 데 더 효과적이다.[21]

농경과 토지 관리에 있어서는 주니족에게서 배울 점이 많다. 많은 유

---

* 청어 등뼈 모양을 만든 V자 사선 무늬

럽 정착민들이 사막을 황무지라 생각했던 것과 달리 이들은 오래전에 사막이 다양성의 땅이라는 사실을 알아차렸다. 백인 정착민들과 미국 정부는 주니족에게 농사짓는 방법을 가르쳐야 한다고 생각했다. 하지만 1930년대가 되어서야 이들이 물을 관리하는 정교한 방법이 토양 침식을 조절하기 위해 외부에서 도입된 그 어떤 방법보다도 훨씬 성공적이라는 사실을 깨닫기 시작했다.[22] 주니족은 토지에 귀를 기울이고 그 주기를 배우며 토양 침식을 예방하고 그 회복력을 북돋울 수 있는 관리 방법을 고안하여 사막에서 풍족한 식량을 얻어냈고, 스스로를 풍요롭게 하는 동시에 토양을 잘 보살폈다. 앞으로 수백 년 동안 지속될 토양 유산을 만들어 내기 위해 많은 농부들은 주니족의 현명한 관리법과 이를 뒷받침하는 철학에서 배움을 얻을 수 있다.

아오테아로아(Aotearoa)*, 다른 말로 뉴질랜드의 마오리(Māori)족 사람들은 토지와 깊은 영적, 문화적 관계에 의해 형성된 방법으로 토양을 보호했다. 토양을 보호하기 위해 수백 년 동안 고군분투하느라 마오리족은 전 세계 수많은 토착민들처럼 유럽에서 온 식민지 개척자들과 갈등을 일으켰다. 그들은 자신들이 살던 토지가 광범위하게 벌목되고 파괴되며 소유권을 빼앗기고 식민지 관리 체제 안으로 흡수되는 상황을 보고 있어야 했다. 이에 마오리족은 자신들의 것이 아닌 체제에 적응하기 위해 영성靈性에 과학을 융합하여 그들에게 강요된 법률 제도에 적응함으로써 전통적, 관행적 관리 방법을 모두 이용하고 토지를 보호하고 회복하려고 했다. 이들은 토지 유산을 구축하고 재건하는 데 있어 인류

---

* 마오리족의 언어로 뉴질랜드를 칭하는 말. https://ko.wikipedia.org/wiki/아오테아로아

회복력의 힘에 대한 교훈들을 가르쳐 준다.

거대한 대륙으로 뻗어나간 수백 개 부족에 걸쳐 수많은 언어를 사용했던 아메리카 대륙 토착민들과 달리 마오리족은 공용어를 사용했고 상대적으로 크기가 작은 뉴질랜드의 두 본섬에서 주로 거주했다. 서기 1350년 폴리네시아에서 뉴질랜드로 건너온 후 곡물과 채소, 과일로 둘러싸인 정착지를 형성하기 전까지 수렵채집 생활을 했다. 이들은 토지와 광범위한 환경을 연결하는 풍부한 영성과 폴리네시아에서 유래한 지식과 기술을 기반으로 토지를 관리했다. 사실, 마오리족 사람들은 땅의 사람이란 뜻의 탕아타 훼누아(tangata whenua)라고도 불린다. 이 이름은 사람이 땅을 소유하는 것이 아니라 땅에 소속되어 있을 뿐이며 땅에서 가져온 것을 되돌려줘야 한다는 이들의 믿음을 잘 보여준다.[23] 서로에게 베푸는 관계는 각 아이들과 어머니 대지인 파파투아누쿠(Papatūānuku) 사이의 관계를 돈독하게 하기 위해 태반을 묻는 공통적인 관습과 '태반'과 '토지' 둘 다를 의미하는 단어인 훼누아(whenua)에 언어적으로 표현되어 있다.*

오늘날 마오리족의 권리와 토지 수호자적인 위치는 불안정하다. 수백 건의 토지 권리 청구와 불만 사항을 제기했음에도 많은 지역은 다수의 식민지법 아래 19세기에 빼앗겨 버렸고 오늘날 마오리족은 원래 전통적으로 거주했던 구역의 6%밖에 유지하지 못하고 있다. 마오리족의 토지는 수천 조각으로 쪼개졌으며 1993년 통과된 마오리 토지 법률(Māori land legislation)에 근거해 각 토지는 복수의 토지 소유자와 독립

---

* https://teara.govt.nz/en/papatuanuku-the-land

적인 정부 기관에 돌아갔다. 마오리족 사람 중 약 85%는 부족의 고향을 지키기 위해 작은 시골 공동체를 떠나 도시에 살고 있다. 이를 마오리족의 말로 표현하면 '아히 카(ahi kaa)'*, 즉 '집에 불이 꺼지지 않도록 한다.'를 의미한다. 하지만 도시에 사는 마오리족이든 시골에 사는 마오리족이든 모든 마오리족은 그들과 마오리족 토지 및 부족의 영역 사이의 유대를 키우는 새로운 토양 관리법을 개발하기 위해 전통적인 지식에 의지한다. 살아있는 모든 것들 사이의 영적 그리고 문화적 연관성은 마오리족으로 하여금 스스로의 토양 용어와 분류를 개발하는 토양학 전공생이 되게 만들었다. 이들은 토양 건강을 크게 자기 감각인 색, 냄새, 느낌 그리고 질감을 통해 가늠하고, 토양의 활력과 다양한 생명체를 부양하고 안녕을 보장하는 능력을 논하기 위해 마우리(mauri)라는 용어를 사용한다.

    토양을 소유하고 황폐하게 만드는 경제적, 사회적 그리고 정치적 힘에 맞서기 위해 마오리족은 흙에 대한 자신들의 전통과 믿음을 보호하기 위한 방법을 찾으려 했다. 특히 토양이 사람들에게 정체성과 일체감을 느끼게 해주는 살아있는 시스템이라는 그들의 관점에서 말이다.[24] 마오리족 환경 연구가인 제시카 허칭스(Jessica Hutchings)와 가스 함스워스(Garth Harmsworth)를 비롯한 여러 연구진은 조상의 혈통, 상호 연결 그리고 신성함이라는 마오리족의 가치를 기반으로 해 토양 건강에 대해 새로운 체계를 고안해 냈다. 이 체계는 마오리족의 자주권을 강화하고 그들의 마나(mana, 힘, 특권, 명망, 풍요로움 그리고 건강을 포함해 다양한 층위의 뜻을 담고 있다)를 향상하기 위한 토양 후견인으로서의 책

---

* 이는 시각적으로 두드러지는 점유로 토지의 권리를 얻는 것을 의미한다. https://en.wikipedia.org/wiki/Ahi_kā

무를 이행하도록 인도한다. 마오리족의 농경법은 토양의 마나를 향상하기 위해 비옥도를 높이고 질소고정 식물과 함께 미생물 다양성을 높이며 퇴비와 다른 토양 개량제를 더하고 화학 첨가물과 기계적 붕괴를 피한다.

19세기에 영국 정착민들은 뉴질랜드의 천연자원으로 돈벌이를 하려고 했는데 이는 뉴질랜드의 토양, 토지 그리고 소유에 대한 정반대의, 그리고 영적인 부분을 고려하지 않은 관점이었다. 1840년, 마오리족의 엄청난 반대에도 영국인들은 수백 명의 족장들에게 와이탕기 조약(Treaty of Waitangi)에 서명하게 했다. 이 조약은 마오리족과 영국인 사이에서 매우 다르게 해석됐으며 꾸준히 논쟁의 여지가 있는 주제로 남아 있다. 이 조약은 산림 벌목과 무질서한 목축업 확장, 도로, 배수 시스템, 영국인 정착지 등 마오리족 경관에 생채기를 내는 사회기반시설 건설과 100만 헥타르 이상의 마오리족 토지의 식민지화를 갑작스레 불러왔다.

마오리족은 토착민들의 권리와 참정권을 높은 수준까지 제공하는 마오리족 버전 조약과 함께 아오테아로아 뉴질랜드의 제도적 기반으로 이 조약을 이제는 대부분 받아들였다. 새로운 조약의 법제화는 토착민 거주 지역과 뉴질랜드 전역에 걸쳐 마오리족 주민들의 권리를 향상하는 데도 도움이 됐다. 특히 천연자원에 대한 의사 결정에 마오리족이 보다 두드러진 역할을 할 수 있도록 지원했다. 보호 구역의 토지와 강에 인격을 부여한다는 마오리족의 사고방식이 역사적 법률 제정과 함께 주류 법률 및 정책에 스며들었던 2014년과 2017년, 이 공동 관리, 공동 통치 모델은 전 세계적으로 관심을 끌었다.[25] 수많은 마오리족 사람들은 흙에게도 그 인격을 인정받을 차례가 돌아가기를 바란다.

뉴질랜드 북섬 동부에 있는 와이아푸(Waiapu) 집수역은 취약한 토양으로 뒤덮인 가파른 언덕 지역이다. 이곳은 나티 포로(Ngāti Porou) 부족의 정신적, 문화적 고향이다. 천연림 아래에서 수천 년 동안 안정적이었던 집수역은 오늘날 강과 개울에 많은 양의 퇴적물이 쌓이는 최악의 침식지 중 하나다. 천연림의 우거진 수관과 낙엽 아래에 있는 동안 토양은 이 지역을 빈번하게 찾아오는 강력한 폭풍우와 열대 저기압으로부터 보호받을 수 있었다. 마오리족이 전통적으로 농경지와 천연림을 관리하던 방법은 조개껍데기, 해초 그리고 버려진 식물체 등으로 이루어진 퇴비를 이용해 토양을 비옥하게 만드는 것이었다. 식민지 건설, 산림 벌목 그리고 목축업이 시작된 후 집수역은 황폐해지고 수천 톤의 토양이 유실됐다. 토양을 보호할 수 있는 덮개가 없는 경사진 토지에는 깊은 도랑이 곰보 모양을 남기고 토사는 마오리족에게 심오한 정신적 의미를 지닌 강인 와이아푸로 흘러들었다. 오늘날 이곳은 매년 1헥타르당 180톤 정도라는 충격적인 수준의 토양 침식이 일어난다. 그 결과 신성한 강은 진흙투성이가 되고 강바닥은 매년 2.4m씩 상승하고 있으며 근방의 범람원과 마오리족의 농장은 피해를 입고 있다(도판 3 참고).[26]

세계 여러 나라에서처럼 오늘날 뉴질랜드는 기후변화의 영향으로 억수 같은 비바람이 더 빈번하게 몰아치는 현상을 겪고 있다. 이 비바람은 매우 빠른 속도의 빗방울로 토양을 두드리면서 놀라울 정도의 속도로 경사면에서 토양을 쓸어내린다. 게다가 뉴질랜드의 약 60%는 산지 침식에 취약한 특성을 보이는 산악 지형과 구릉 지대로 분류되어 있다. 따라서 재식림(reforestation) 활동은 뉴질랜드 전역에 걸쳐 토양을 보호하고 재건하며 제자리에 안착할 수 있게 원래의 다양한 숲을 만드는 데 집중했다. 그리고 마오리족은 토양 보존과 토지 개발 계획의 최전선에 있었다. 마오리족에게 있어 문화적, 경제적 가치로 특별한 관심을 받은 나무로 마누카(mānuka, *Leptospermum scoparium*)가 있다. 뉴질랜드 자생종인 마누카는 꽃가루받이를 해주는 양봉꿀벌에게 꿀을 제공한다. 또한 마누카는 와이아푸 집수역을 포함해 동부 해안 지역의 토양 보존에 매우 중요하다. 벌들도 놀라운 역사를 지니고 있다. 이 벌은 19세기 후반 메리 번비(Mary Bunby)라는 영국 양봉업자에 의해 도입되었다. 번비는 영국에서 뉴질랜드까지 6개월의 항해를 거쳐 벌들을 산채로 데려와 섬에서 첫 꿀을 얻었는데 오늘날까지도 널리 사용하는 방법처럼 아마도 마누카 꿀로 꿀벌을 키웠던 것 같다. 마오리족은 치료를 위해 약(*rongoā*)으로 꿀을 사용한다. 21세기가 되자 마누카 꿀은 서구권 국가의 관심을 받게 되었다. 그리고 생화학자, 건강 논평자, 관계자들에 의해 살균력과 상처 치료 능력이 탁월하다는 특성이 홍보가 되면서 확고하게 자리를 잡았다.[27] 오늘날 벌들은 숲을 재생하고 마오리족 지역을 보호하며 토양 침식을 줄이고 토착민 공동체의 수입을 증가시키는 데 도움을 준다. 아마도 마누카가 가장 유명하고 수익성이 좋은 사례이겠지만, 농부와 산림 관리자들은 토양을 보호하고 한때 무성했던 생태계를 복원하기 위해 와이아푸 집수역에 다른 종들을 도입했다.

경관을 복원하기 위해 나무를 심는 일은 토양을 보호하고 재건하는 데 효과적인 전략이며 많은 지역에서 이런 방법은 최선의 전략이다. 나무 뿌리는 훌륭한 토양 관리자로 토양 입단을 만들고 미생물을 먹이며 토양 단면 깊은 곳에 있는 영양분을 상층부까지 끌어올린다. 뉴질랜드 정부는 침식된 지역 전역에 걸쳐 나무를 심으려는 목표를 지니고 있지만 잘못된 정책으로 수많은 마오리족을 소외시켰다. 예를 들어 정부의 배출권 거래제(Emissions Trading Scheme)는 소나무 같은 외래종 나무를 심어 대기 중 탄소를 줄이면 혜택을 주는 제도이지만 마오리족은 토양을 되살리고 생태계를 부양하는 다양한 종으로 자신들의 와카파파(whakapapa)*로부터 물려받은 토종 숲을 회복하기를 열망했다. 19세기 유럽인들은 숲을 목초지로 만들며 마오리족의 땅을 더럽혔다. 오늘날에도 정부는 마오리족의 영성, 전통적 방법 그리고 토지에 대한 지식을 묵살한 채 해법을 찾겠다며 역사를 반복하고 있다. 비록 개개인들이 그 간극을 메우기 위해 노력하고 있다는 데는 의심할 여지가 없지만, 정부는 전반적으로 마오리족의 철학과 토지 관리 방법의 대척점에 서 있다.

마오리족은 현명한 토지 관리를 위한 지식을 적용하면서 뉴질랜드 토지 재건 정책을 발전시키는 데 있어 더 중요한 역할을 맡기 시작했다. 그리고 자신들의 권리와 문화적 유산이 잠들어있는 토지를 되찾기 위해 중앙 정부, 지역의 정부 기관, 산업체 그리고 일정 범위의 다른 이해관계자와 함께하기를 바란다. 다른 나라들도 땅에 대한 마오리족의 정신적 그리고 문화적 태도에서 영감을 얻을 수 있을 것이다. 마오리족이 땅과 맺는 관계는 이들이 타고난 토지 관리인이라는 사실을 알려준다. 사실, 마오리족은 자신들을 땅의 일부라 생각한다. 토양과의 이러한 정신적인 연계가 부족한 문화권에서도 이 영성의 결과로 교훈을 얻을 수 있다.

과거와 미래를 연결해주는 지하의 띠에 대해 살펴본 것처럼 토착민의 토양 유산에서 우리는 무엇을 배울 수 있을까? 첫째로 식물 다양성은 마야 밀파 경작지, 주니족의 유거수 농법 그리고 마오리족의 숲처럼 다양한 곳에서 공통적으로 드러나는 놀라운 특징이다. 각 시스템은 토양을 비옥하게 하고 흙이 유실되지 않게 하며 원기 왕성한 생태계를 유

---

* '조상의 혈통'을 뜻하는 마오리족 단어

지하기 위해 다양한 자생종을 활용한다. 이러한 식물 다양성은 경작지를 단일 작물이 점령하고 잡초는 뿌리 뽑히며 상품 가격과 바이오 연료 시장에 의존해 같은 작물을 여러 해 동안 계속해서 재배하는 현대의 관행 농업과 대척점에 서 있다. 두번째 공통점은 물 관리다. 마야인들과 이푸가오족은 계단식 농법을 사용하고 주니족은 물의 속도를 줄이고 방향을 바꾸기 위해 댐을 건설한다. 마오리족은 빗물을 가로막아 땅에 떨어질 때 토양 입단에 미치는 영향을 줄이기 위해 나무에 의지했다. 세번째는 토양에 유기질 토양 개량제를 사용하는 것이다. 파파스투어섬에서 농부들은 거름, 떗장 그리고 해초로 플라겐 토양을 만들어 토양을 비옥하게 했다. 마야인과 아마존 부족민들은 잡초와 다른 식물 잔해물을, 마오리족은 조개껍데기, 재 그리고 해초를 사용했고, 치남파는 이탄으로 가득 채워졌다. 이 모든 방법들은 주변에 농사를 짓지 않은 지역의 흙보다 훨씬 비옥한 검은 흙을 만들어 냈다. 그리고 마지막으로 이러한 어떤 토지 관리법에도 토지를 깊이 쟁기질하는 것은 포함돼 있지 않다. 막대 파종기 또는 삽을 사용하거나 손으로 직접 파종하면 토양에 미미한 영향을 주고 토양을 더 생기 넘치는 구조로 만들 수 있다. 교훈은 실패에 의해 강화된다. 마야인들이 20년 주기의 토양 재생 순환을 그만뒀을 때 이들의 밀파 시스템은 곤란을 겪었다. 유럽 이민자들이 마오리족의 토지를 벌목했을 때 뉴질랜드 토지는 전 세계에서 가장 심각한 토양 침식 지역 중 하나로 변했다.

생계 유지를 위한 농경법에 의지하느라 공동체와 함께 실패한 역사의 뒤안길로 사라진 농경법도 가득하다. 어떤 방법들은 과거와 미래를 연결하는 띠를 이어 붙이며 수백 혹은 수천 년 동안 꾸준히 행해온 방법을 지속한다. 잘 관리 받고 보호된 토양은 비옥하고 어두운 색을 띠면서 흙 자신뿐만 아니라 더 많은 흙을 만들 수 있는 청사진을 유산으로 남긴다. 하지만 지금 대부분의 농경법은 수십 년의 짧은 기간 동안 지구의 토양 대부분을 고갈시키고 있다. 농경 역사의 대부분 기간 동안 토양을 지속가능하게 유지해 온 문화권을 들여다보면 지금의 관행 농업이 나아가고 있는 경로에 간담이 서늘해질 것이다. 물론 우리는 더 나은 방향으로 향할 수 있다. 원칙은 잘 알려져 있으며 방법은 조정할 수 있다. 토양 보호라는 짐을 토착민들과 환경운동가들에게만 떠넘길 수는 없다. 주류 농업 생산에 의지하고 있는 우리 모두가 토양 관리 측면에서의 대대적인 변화를 요구해야 한다. 계속해서 음식을 먹고 싶다면 말이다.

9

농사짓는 방법을 바꾸자!

어린 시절 내가 가장 좋아했던 그림책 중 하나는 농장에 대한 것이었다. 완만하게 경사진 언덕에 작물이 푸릇푸릇 자라고 소가 작은 점처럼 돌아다니며 빨간 트랙터에 오른 농부와 헛간에서 신선한 우유가 담긴 들통을 색색의 꽃으로 둘러싸인 깔끔한 하얀 집으로 옮기는 여자아이를 그린 삽화는 목가적인 행복한 삶을 그려냈다. 평화와 안전이 계속될 것 같아 보이는 삶 말이다. 전 세계에 걸쳐 오늘날의 농업은 이 낭만적인 이미지와 꽤 거리가 있다. 농업은 불편한 선택과 불확실성으로 점철된 삶이다. 많은 사람들은 가족을 위해 음식을 생산하려고 농사를 짓는다. 다른 이들은 땅에 담긴 수많은 세대의 노고, 역사와 함께 토지를 물려받고 계속해서 농사를 지어야 한다는 의무감을 느낀다. 또 몇몇은 농사를 지으며 살아가는 생활 방식을 깊이 신뢰하고 이를 보호하기 위해 희생할 것이다. 하지만 그 어떤 농부에게도 삶은 쉽지 않다.

성인이 된 나는 그림책 너머에 있던 진실을 배울 수 있었다. 그리고 농부들은 내 영웅이 됐다. 농업만큼 복합적인 직업은 거의 없다. 농부들이 필요로 하는 수많은 기술 그리고 문자 그대로든 비유적으로든 '전망'이 얼마나 다양하게 수시로 변하는지를 생각해보자. 농부들은 적절한 품종과 비료, 농약, 사료를 선택하기 위해 농장에서 자라는 식물 혹은 동물의 영양 섭취, 질병 그리고 생활사에 대한 깊은 지식이 필요하다. 또, 지역의 장기적인 기상 동향과 오늘날 예고 없이 발생하는 기상 이변을 모두 고려해서 파종, 경작, 수확 그리고 가축 관리법을 최적화해야 한다. 끝없이 계속되는 변화는 모든 결정이 매년 다시 검토될 필요가 있다는 사실을 시사한다.

농부들은 기계화된 커다란 농장에서 착유기부터 트랙터까지 복잡한 기계를 수리하고 농장의 장부를 비롯해 세계 시장과 지역 시장, 이자율 그리고 대출을 다루어야 한다. 또, 그들이 생산한 상품이 판매될 나라의 규제에 눈을 떼지 않은 채로 자신이 사는 국가와 주 혹은 도 단위에서의 규제를 따라야 한다. 규제와 식품 선호도는 지역적, 세계적으로 달라지면서 특정한 상품의 수요와 수익성을 달라지게 한다. 전국 혹은 세계 시장에 상품을 판매하는 농부들은 예측할 수 없는 수요와 공급에 직면한다. 갑작스러운 날씨의 변화 혹은 작물이나 가축을 위협하는 새로운 해충과 병원균은 하루아침에 상품 시장을 바꿀 수 있다. 농부들은 날씨와 시장 상황이 드러나기도 전에 전체 경작 기간을 담보로 한 선택을 해야 한다.

새로운 건강 정보가 등장하거나 과거 건강 정보의 신빙성이 떨어지면서 특정한 음식을 향한 수요가 하늘을 찌를 듯 솟구치거나 추락한다. 견과류의 건강상 이점을 소개한 논문 덕에 아몬드가 대유행하게 된 사건을 떠올려보자. 아몬드 수요는 미국에서만 2015년부터 2020년까지 매년 7.5% 증가했으며 2028년까지 전 세계적으로도 비슷한 현상이 일어날 것으로 예측된다.[1] 하지만 아몬드나무가 열매를 맺기까지는 5~12년 정도 걸리기 때문에 재빠른 대응은 생물학적으로 어렵다. 또, 수요는 상승했던 것만큼 급격하게 곤두박질쳐 농부들에게 일방적인 투자의 부담을 지울 수도 있다. 농부들에게는 실질적인 기술에 더해 어느 정도의 용기와 약간의 통찰력이 필요하다.

모든 농업에 내재된 기술, 위험 그리고 투자를 고려하면 대부분의 농장이 간신히 살아남는다는 사실이 놀랍지 않지만 소규모 자작농은 계속되는 고유의 도전과 마주해야 한다. 30억 명의 사람들은 2헥타르 미만인 약 5억 개*의 농장에 살고 있으며, 이 농장들은 아프리카, 아시아 그

---

* 원문에는 'half a million'이라 표기돼 있지만 '식량안보 및 영양의 고위급 전문가 패널(The High Level Panel of Experts on Food Security and Nutrition)'이 2013년 발표한 「식량안보를 위해 소작농에 투자하기(Investing in Smallholder Agriculture for Food Security)」에 따르면 2헥타르 미만의 소규모 자작농의 수는 4억 7,500만이라고 언급되고 있다.

리고 라틴아메리카에 있는 많은 나라에서 대부분의 식량을 생산한다. 이렇게 많은 사람들을 먹여 살리는 중요한 역할에도 불구에도 말라위, 베트남, 볼리비아 그리고 과테말라를 포함해 많은 나라에서 소규모 자작농의 절반 이상은 빈곤선 이하의 수준으로 살아간다.[2] 대부분은 종자, 비료 혹은 농기계에 투자할 자본이 부족하기에 수확량을 늘리거나 노동 수요를 줄이지 못한다. 소규모 자작농들은 또한 그들이 생산하는 식량의 유용성을 균형 잡는 추가적인 과제를 떠맡아야 하기 쉽다. 단일 작물을 수확하면 이윤을 얻고 당장 가족들의 식량 수요를 충당하거나 그다음 계절에 재배할 수 있는 씨앗을 얻을 수 있다. 하지만 예비 자금이 부족한 소규모 자작농에게 이 결정으로 발생하는 결과는 훨씬 복잡할 수 있다.

많은 대규모 농장에서도 수익은 대체로 미미하다. 농부들은 예측할 수 없는 일에 취약하며 이번 세기의 첫 20년 동안은 이런 일들이 다방면에서 일어났다. 2001년 영국에서 일어난 구제역은 정부로 하여금 가축 관리자들에게 이 질병에 취약한 가축을 모두 살처분하도록 했다. 이는 육류산업에 재앙 같은 피해를 줬으며 회복되기까지 오랜 시간이 걸렸다. 코로나바이러스19(COVID-19)도 전 세계의 육류, 유제품 그리고 바이오 연료 가격을 떨어뜨려 농부들에게 큰 충격을 주었다. 몇몇 작업들은 해외 인력의 입국이 제한되면서 노동력 부족으로 애를 먹었다.[3] 코로나바이러스가 그랬던 것처럼 메뚜기 떼도 수십 년 만에 농업에서 최악의 피해를 일으키며 많은 농부들을 경제적 재앙의 벼랑끝으로 몰았다. 2020년은 위협적이었다.

계속되는 경제적 불안은 농부들에게 심각한 정신적 피해를 주기도 한다. 전 세계적으로 다른 어떤 직업보다 농부들의 자살률은 훨씬 높다. 2014년에 발표된 보고서에 따르면 1997년에서 2012년 사이 인도 펀

자브(Punjab)에서 농부들의 자살률이 5배나 상승했으며 이는 인도 인구의 일반적인 비율보다 50~100% 더 높았다. 2009년, 인도에서는 30분마다 농부 한 명이 자살했다. 2016년, 미국 질병통제예방센터(CDC)는 미국 농부들의 자살률이 전체 자살률의 3배라고 발표했고 농사가 성인 남성 자살 원인으로 다섯 손가락 안에 꼽힌다고 확인했다.[4]

이러한 농업의 위기는 소규모 농장보다 훨씬 더 많은 이윤을 얻는 거대 농장으로 대규모화하는 경향을 불러왔다.[5] 대규모 농장은 단일 작물 재배와 비료, 살충제, 항생제 그리고 관개수를 엄청나게 사용하는 것을 특징으로 하는 기업형 농경을 낳았다. 기업형 농경은 생물다양성 감소, 대수층* 고갈 그리고 토양 황폐화를 일으킨다. 대규모 기업형 농장은 기업형 농경이 뿌리내린 몽골부터 브라질 그리고 미국까지 여러 나라에서 농업의 중추가 되어주었던 중간 정도 크기의 농장을 통합한 결과다. 많은 사람들은 기업형 농장이 가족농(농장 경영의 반 이상을 주 운영자와 그의 일가친척들이 소유한 농장)을 대체했다고 추측한다. 사실 오늘날 가족농은 미국의 작물 생산 농장의 96%를 차지한다. 기업형 농법을 주로 사용하는 대규모 농장 중에서도 86%는 가족이 운영한다. 이는 농장을 소유하는 형태가 농업 방식과 반드시 연계된 것은 아니라는 사실을 보여준다.[6] 하지만 가족이 소유하든 기업이 소유하든 기업형 농법은 토지에서 그 자원을 빼앗고 중소규모의 농장들을 몰아냈다.

이러한 사실은 토지 관리 방법을 결정하는 데 있어 배경이 된다. 여러 역경에도 불구하고 토양을 잘 관리하는 방법을 왜 시행해야 하는지를 이해하는 데 이 맥락은 중요하다. 그리고 광범위한 지역을 관리할 수

---

* 물이 스며드는 다공성 암석 또는 기타 물질로 이루어진 지하층

있는 새로운 정책 설계에 영향을 미쳐야 한다. 재정적 생존은 필연적으로 개인적 선택을 이끌어낸다. 그들의 토지를 건강하게 유지해야 함에도 불구하고 많은 농부들은 변화를 이끌어 내는 데 수반되는 위험 요소를 감당할 수 없다. 비록 늘어난 수익이 장기적으로 토양 친화적인 방법의 채택을 수반할 수도 있지만 초기비용은 엄두도 내지 못할 정도로 비쌀 수 있다. 정책적으로 농부들이 새로운 방법을 받아들이는 데 따르는 장애물을 줄여줘야 한다.

보전 농법은 토양의 질을 우선적으로 고려하며 농사를 짓는 지속가능한 접근법이다. 이 방법 중에는 방풍림을 활용하는 것, 주요 작물 사이의 토양을 보호하기 위해 지피 작물을 재배하는 것, 유기물을 더 첨가하기 위해 퇴비를 사용하는 것 그리고 토양의 구조를 강화하고 유실을 막기 위해 사이짓기를 활용하는 것 등이 있다. 무경운無耕耘 재배는 쟁기질을 줄임으로써 토양 구조를 보호한다. 수로와 배관은 물이 경작지로 흐르지 않도록 해서 홍수와 토양 유실을 막는다. 농부들은 쟁기질을 할 때 위아래 방향이 아니라 언덕의 등고선을 따라 수평으로 이랑을 만들어 토양이 중력에 의해 운반되는 것을 줄인다. 수평 방향의 쟁기질은 물과 토양 운반을 지연시키는 이랑을 만드는 반면 수직 방향의 쟁기질은 흙이 쉽게 흘러내리는 수로를 만든다. 이는 오늘날 농부들이 활용할 수 있는 토양 보존법이다.

보전 농법은 오클라호마와 그 근방에 있는 주들의 평원을 황폐화시킨 1930년대의 더스트 볼에 어느정도 대응하며 미국에서 발전했다. 가뭄과 풍식에 대한 평원의 취약성을 증가시킨 바로 그 농경법이 미국 다른 지역을 물에 의한 침식에 취약하게 만들었다. 중서부 지역의 북부 여러 농장들은 첫 쟁기질을 한 지 20년 만에 흙을 모두 잃었다. 1930년대에 이르러 미국 환경보호 운동의 아버지라 불리는 알도 레오폴드(Aldo Leopold)가 토양보존 시범사업을 위해 프랭클린 루즈벨트(Franklin Roosevelt) 대통령에게 영향력을 행사했는데 이 당시 많은 농부들은 간절하게 해결 방법을 원했다. 1933년, 루즈벨트 대통령은 토양침식국(Soil Erosion Service)을 새로 만들고 미국에서 첫번째 토양보존 프로젝트를 시행할 곳으로 위스콘신주의 쿤 밸리(Coon Valley)를 선택했다. 쿤 밸리는 19세기에 이루어진 가파른 언덕에서의 경작으로 황폐화된 유역이다. 토양 침식으로 골짜기가 매우 깊어져 농사를 짓기는커녕 심지어 건널 수조차 없었다. 쿤강(Coon Creek)은 빈번하게 일어나는 홍수에 시달렸고 농경지에서 침식된 토양이 퇴적됨에 따라 수심이 얕아지고 수온이 올라가면서 송어가 거의 사라졌다. 레오폴드와 동료들은 일련의 핵심적인 보존 농법들을 사용하며 유역을 재건하기 위해 농부들과 협력했다. 등고선 경작을 하고, 삼림지대에 나무를 심으며, 경사지를 계단식으로 만들고, 옥수수밭 가운데에 뿌리가 깊은 콩과 식물을 일부 재배하는 방식으로 쿤 밸리 토양을 치유했다(도판 6 아래 사진 참고). 결과적으로 토양 침식은 75%, 쿤강의 퇴적물은 98% 감소했다. 농부들은 의심할 여지 없이 경제적 이득을 얻었다. 1934년부터 1942년 사이에 농장주들의 수입은 평균적으로 25% 늘었다.[7]

그 이후의 계속되는 성공에도 미국 농부들이 모두 보전 농법을 따른 건 아니었다. 여전히 작물을 재배할 때 밭갈이를 하는 사람들로 인해 토양 침식은 계속됐다. 레오폴드가 쿤 밸리 프로젝트를 시행한 지 40년이 지나 무경운 재배라는 획기적인 새로운 농법이 등장했다. 무경운 재배는 파종할 때 밭갈이를 하지 않으며 수확한 후에도 밭갈이를 할 필요가 없다. 무경운 농법은 밭갈이 후 고랑을 만들어 씨앗을 파종하는 기존의 작물 재배법과 반대로 전년도에 수확하고 난 작물의 잔해물을 그대로 놔두며, 작물을 수확하고 난 그루터기 자리에 구멍을 뚫어 씨앗을 파종한다. 이 시기는 농경학에 있어 흥분되는 날들이었다. 내가 대학을 졸업하던 해 무경운 농법에 관한 첫 논문이 발표됐다. 그에 따르면 발토판쟁기 등을 사용하는 기존의 농경법과 비교해 토양 침식이 75%나 줄었다.[8]

전 세계적으로 무경운 경작지에서 평균적으로 유실되는 토양은 자생하는 식생이 있는 인근 비농경지와 비슷한 수준이다. 이와 대조적으로 밭갈이는 평균적으로 토양 침식을 10~100배 증가시킨다. 지난 수십 년 동안의 방대한 연구는 밭갈이를 하지 않아도 작물 수확량이 기존 농법에 의한 수확량과 비슷하거나 혹은 그보다 높아진다는 사실을 보여주었다. 게다가 물도 더 효과적으로 사용할 수 있고 에너지 소비는 7~18% 줄어들며 탄소 배출은 3분의 2가 감소한다. 무경운 농법이 소개된 직후 낙관적인 연구진은 2010년이 되면 미국에서 생산되는 주요 작물의 78%는 무경운 농법으로 생산될 것으로 예측했다. 슬프게도 이 목표를 달성한 나라들은 남아메리카에 있다. 74%의 농경지에서 보전 농법을 사용하는 브라질, 거의 모든 농경지에서 보전 농법을 사용하는 아르헨티나를 포함해서 말이다. 그에 반해 미국은 현재 농경지의 3분의 1만 무경운 농법을 사용하고 있으며 전 세계의 농경지 중 13%만이 무경운 농법을 사용하고 있다. 무경운 농법은 1990년대까지 매우 느리게 퍼져나갔다. 1999년에서 2013년 사이 보전 농법은 매년 전 세계 농경지의 0.5%에 해당하는 800만 헥타르씩 늘었다. 이는 2010년대에 많은 나라에서 보전 농법을 활용하는 농경지가 빠르게 늘었다는 좋은 소식을 무색하게 한다. 예를 들어, 2009년~2013년 사이 보전 농법을 사용하는 농경지가 중국에서 6배, 우크라이나에서 7배, 모잠비크에서는 인상적이게도 17배 늘었다. 같은 시기에 보전 농법을 사용하는 농경지가 하나도 없었던 시리아, 터키 같은 나라는 이 방법을 광범위하게 채택해 2015년에 보전 농법을 사용하는 지역이 각각 3만 헥타르, 4만 5,000헥타르*가 됐다.[9]

토양이 입은 피해에도 불구하고 농부들은 계속해서 농경지에 쟁기질을 했다. 밭갈이를 하면 잡초 제거가 쉽다는 이점 때문에 말이다. 밭갈이는 생장하는 잡초를 허약하게 만들고 휴면중인 씨앗을 땅속에 파묻는다. 무경운 농법으로 전환한 농부들은 돌려짓기, 휴경기 그리고 제초제 사용과 같은 잡초를 방제할 대안을 사용해야 한다. 잡초를 억제하는 화학물질에는 두 가지 종류가 있다. 한 가지는 모든 식물을 죽이는 비선택성 제초제고, 다른 하나는 작물을 '제외한' 잡초를 죽이는 선택성 제초제다. 아트라진(attrazine)은 가장 흔하게 사용되는 선택성 제초제다. 처음 도입된 1958년, 수많은 농학자와 농부들은 아트라진이 옥수수, 수수 그리고 사탕수수 같은 작물에 해를 입히지 않으면서 다양한 종류의 잡초를 죽이는 능력이 있다고 환호했다. 하지만 오늘날 광범위하게 사용되는 아트라진은 환경에서 이동성을 가지고 동물에게도 치명적인 영향을 미치기에 우려를 불러일으킨다. 이는 지하수, 개울 그리고 강에서 가장 자주 검출되는 제초제 중 하나로 돌연변이와 동물 내분비계 교란을 일으키는데, 양서류에서 성 발달 이상과 기형을 유발한다.[10] 농부들은 작물, 토양 그리고 환경에 생길 위험을 저울질하는 어려운 선택을 해야 한

---

* 원서에는 '30 million and 45 million hectares'로 씌어 있지만, 제시된 참고문헌 「전 세계로 확산되는 보전 농법(Global Spread of Conservation Agriculture)」에 따르면 각각 3만 헥타르, 4만 5,000헥타르이다.

다. 하지만 때로는 이 위험에 대해 제대로 된 이야기를 나누지도 못한다.

1996년 라운드업 레디(Roundup Ready) 대두가 시장에 등장하며 잡초를 관리하는 완전히 새로운 방법이 등장했다. 이 대두는 라운드업이라는 제초제의 유효 성분인 글리포세이트(glyphosate)에 저항성이 있는 박테리아 유전자를 도입해 만들어졌다. 이렇게 만들어진 작물을 유전자 변형(GM) 식물이라 한다. 그 결과 상대적으로 안전한 비선택성 제초제가 저항성이 있는 작물에는 해를 입히지 않으면서 나머지 대부분의 식물을 죽이는 선택성 제초제로 바뀌게 되었다. 씨앗을 구매한 농부들이 다시 제초제도 구매하기 때문에 라운드업 레디 품종으로 회사는 이익을 얻을 수 있었다. 식물 특허에 따르면 농부들은 다음 해 농사를 지을 때 전년도에 수확한 작물에서 얻은 씨앗을 사용하는 것이 아니라 새로운 씨앗을 구매해야 한다. 어떤 연구들은 농부들이 글리포세이트 저항성을 지닌 대두와 목화로 더 높은 수익을 실현했지만 이 수익은 종자 및 제초제 회사에 내는 비용으로 인해 줄어든다는 것을 보여준다.[11]

우리는 전 세계 대두의 60% 그리고 미국에서 재배되는 거의 모든 옥수수와 대두가 제초제 저항성을 지닌 채 토지를 뒤덮은 상황에서 그 영향의 정도와 특성을 알지 못한다.[12] 또한 불과 20년 만에 글리포세이트 사용이 15배 증가한 동시에 이제까지 식물 종에 없었던 한 가지 유전자를 이렇게 광범위하게 퍼뜨린 선례도 없다. 농부와 과학자들은 주요 작물이, 잠재적으로 광범위하게 취약성을 불러일으키는, 유전적으로 단일한 품종으로 재배되는 데 우려를 표하고 있다. 연구자들은 글리포세이트 저항성 작물 도입에 이은 저항성 잡초의 등장과 확산을 밝혀내었다.[13] 아직 감지되지 않은 결과가 또 무엇이 있을까? 안타깝게도 이런 입증된 위험 요소들은 글리포세이트 노출과 특정한 암 사이의 연관성에 관한 여전히 논란의 여지가 있는 증거와 유전자 조작된 식물이 자연적이지 않다는 모호한 주장으로 인해 가려졌다.[14]

유전적으로 조작된 식물이 자연적이지 않다는 걱정은 특히 문제가 많다. 만약 '자연적'이라는 말이 인간의 개입 없이 자연에서 일어나는 것을 의미한다면 농경의 어떤 부분도 자연적이지 않다. 오늘날 작물 품종은 고도로 교배되어 야생 조상과 꽤 멀어졌다. 합성 비료, 농약과 함께 단일 작물로만 재배되는 식물들은 누가 봐도 자연적이지 않다. 그리고 철로 만들어진 거대한 날이 토양 속을 샅샅이 파헤치는 일도 자연적이지 않다. 훨씬 더 생산적인 대화는 유전자 조작 식물이 사람과 환경에 잠재적인 그리고 측정가능한 영향을 미칠지에 집중하는 것이다. 특히 다른 농경법과 비교해 말이다.

제초제 저항성 작물에 대한 모든 소란 가운데 대중적 논쟁에서 사라진 부분은 토양에 대한 이점이다. 제초제 저항성 작물은 밭갈이로 잡초를 관리할 필요성을 사라지게 해 토양의 구조가 더 나아지고 토양 침식이 덜 일어나게 만든다. 하지만 여러 나라에서 유전자 조작 식품을 금지하고 있으며 유럽연합과 세계 시장의 여러 국가들은 유전자 조작을 반드시 표기하도록 한다. 그 결과 농부들로 하여금 유전자 조작 작물 재배를 주저하게 한다. 미국에서 유기농 인증 식품에는 유전자 조작 작물이 포함되면 안 되기에 유기농법을 활용하는 수많은 농부들은 잡초를 조절하기 위해 극심한 밭갈이를 함으로써 토양을 약하게 만든다. 유전자 조작 식물의 위험 요소와 이점 사이에서 균형을 잡을 수 있는지는 불분명하지만 두 가지 사실은 분명하다. 토양 건강을 이 토론에 포함시켜야 하고 과학자와 공학자들은 잡초를 조절하기 위해 밭갈이와 제초제를 대체할 방법을 농부들에게 제시해야 한다.

잡초를 조절하는 일은 농부의 선택이 얼마나 복잡한지를 보여준다. 밭갈이가 토지에 주는 영향을 고려하는 데 더해 아트라진이 동물들에게 얼마나 해로운지, 글리포세이트가 암을 유발할 가능성이 얼마나 되는지, 제초제와 유전자 조작 식물이 환경에 미치는 영향에 대해 알려진 것과 알려지지 않은 것은 무엇인지, 그리고 유전자 조작 식물을 금지한 시장을 목표로 두고 있는지를 모두 따져봐야 한다. 이 모든 선택은 그들 농장이 가지는 특성이라는 맥락 속에서 이루어져야 하며 다음 농사철까지 견딜 수 있을 만큼의 충분한 수익을 얻어야 한다.

지피 작물은 토양을 보호할 수 있는 또 다른 방법이다. 레오폴드는 작물을 수확하고 다음 해에 파종하기까지 토양을 보호할 방법으로 지피 작물을 사용하는 방법을 추천했다. 비록 가을갈이*로 잡초를 억제하고 다음 해 봄 이른 시기에 파종을 할 수도 있지만 이는 토양의 구조를 망가뜨리고 토양이 최대 8개월 동안 변덕스러운 날씨에 노출되게 만든다. 토지를 오랜 기간 동안 바람과 물에 노출시키는 일은 토지를 향한 범죄다. 지구 북반구의 여러 지역에서는 기후변화로 인해 문제가 더 심각해지는데, 줄어든 강설량으로 인해 땅이 아무런 보호막도 없이 노출되기 때문이다. 지피 작물은 토양을 보호하고 휴경하는 겨울에도 활발히 일하는 미생물을 도와 다음 해 봄에 수많은 미생물 군집이 활발하게 활동할 수 있게 한다.

지피 작물로는 토끼풀과 살갈퀴를 포함한 콩과 식물, 카놀라와 무 같은 십자화과 식물 그리고 호밀, 퀴노아, 귀리 같은 곡물을 비롯해 수십

---

* 다음해 농사에 대비해 가을에 논밭을 미리 갈아두는 일

종의 식물을 활용할 수 있다. 지피 작물은 일반적으로 서리가 내리기 전에 충분히 뿌리를 내리고 잎을 내어 겨울 동안 바람과 물을 차단함으로써 토양 운반을 막는다. 봄에는 지피 작물을 수확하거나 화학물질로 죽이거나 토양의 영양 상태를 개선할 수 있도록 갈아엎을 수도 있다. 주요 작물의 씨앗은 지피 작물 아래에 구멍을 뚫어 파종하는데 지피 작물은 토양과 미생물 생태계를 보호하고 풍요롭게 만드는 임무를 계속해서 수행할 수 있다.[15]

돌려짓기도 토양의 부족함을 채워준다. 한 작물로 대폭 감소한 영양분은 다른 작물로 채워질 수 있으며 배고픈 미생물에게 가장 필요한 숙주를 일정 기간 박탈해 병원균의 생활사를 방해한다. 비록 대부분의 농부들이 돌려짓기의 이점을 알고 있지만 바이오 연료 생산용 옥수수 재배에 보조금이 붙으며 다른 대체 작물보다 옥수수가 훨씬 수익성이 좋아 시장가격이 높다면 대부분은 매년 계속해서 옥수수를 재배한다. 오늘날 재배되는 작물 중 옥수수가 토양에 가장 파괴적인데, 빈약한 뿌리로 토양에 잔해물을 거의 남기지 않기 때문이다. 관행농법으로 계속해서 옥수수를 재배해서 영양분을 고갈시키고 토양 구조에 영향을 미치며 회복력을 줄이는 과정에서 토양은 황폐해진다. 토양학자들 사이에서는 이런 말이 있다. "옥수수를 1kg을 수확할 때마다 밭은 1kg의 흙을 잃는다." 전 세계 옥수수 생산량은 10억 톤이다. 그러므로 이 말이 맞다면 관행적인 방법을 통한 옥수수 생산은 매년 유실되는 240억 톤의 토양에 상당한 지분이 있다. 토양을 비옥하게 만드는 작물과 옥수수를 돌려짓기하는 일은 토양의 영양분, 유기물, 구조 그리고 수분 보유력을 유지하는 데 필수적이다. 온대 지역의 농부들은 주로 옥수수와 대두를 돌려짓기한다. 낙농 지역에서는 돌려짓기에 알팔파를 포함해 젖소에게 먹일

건초나 사일리지를 만들기도 한다. 대두와 알팔파는 둘 다 콩과 식물이기에 질소 고정 박테리아가 토양에 질소를 더할 뿐만 아니라 두 종 모두 뿌리도 튼튼하다. 하지만 돌려짓기가 토양 건강을 증진하고 침식을 줄인다는 게 입증되었음에도 미국 중서부 지역에서 같은 땅에 '4년 연속으로' 옥수수를 재배한 농장의 숫자는 2013년 두 배로 늘었다. 이윤은 농부들이 다음 해 어떤 작물을 심을지를 결정할 때 필연적으로 가장 우선시되는 요인이다.[16]

사이짓기는 돌려짓기에 대안적 혹은 추가적인 방법이 될 수 있다. 다양한 식물들을 혼합해 재배하는 마야인들의 사이짓기와 달리 대규모 사이짓기는 대개 주요 작물의 일부만 뿌리가 깊은 초원 식물로 대체해서 농지 전반에 물의 흐름을 늦추거나 방지할 수 있다. 전략적으로 배치한 초원 식물은 토양 침식을 95% 줄이고 수분 매개자들에게 서식지를 제공하며 토양에서 아산화질소 배출을 줄이는 것 같은 부가적인 이점도 있다.[17] 밭갈이 축소, 지피 작물, 돌려짓기 그리고 사이짓기가 토양 건강에 이롭다는 사실을 보여주는 반박할 여지 없는 증거가 있지만 이런 방법들은 여전히 제대로 활용되지 않고 있다.

농부들에게 많은 비용을 부담시키게 될 때 보전 농법은 농업의 현실과 충돌한다. 지피 작물은 추가적인 씨앗을, 무경운 농법은 새로운 농기구를 필요로 한다. 돌려짓기는 토양을 보충하기 위해 여러 해 동안 수익성이 떨어지는 작물을 재배하도록 요구한다. 옥수수를 뿌리가 깊은 다년생 식물과 함께 사이짓기하면 농부는 주요 작물인 옥수수에 할애하는 토지 면적을 줄여야 한다. 미국에서 사이짓기는 주요 작물의 전년도 대비 재배 면적을 기반으로 책정되는 작물 보험금을 줄인다. 옥수수를 재배하는 토지 면적이 10% 줄어들면 작물 보험금이 10%나 줄어든다는 뜻이다. 장기적으로 대부분의 토양 보전 농법은 비옥도를 높이고 작물의 질병 발생률을 낮추기에 비료와 농약 비용을 줄일 수 있어 경제적으로 이득이다. 브라질에서 무경운 농법의 이점으로 토양의 가치는 50% 상승했으며 이는 장기적인 경제적 이득을 확실히 보여준다.[18] 토양을 보호하는 농법은 대단치 않은 비용을 능가하는 막대한 이점이 있지만, 얼마 안되는 이윤으로 유지되는 취약한 농장들은 적은 초기 비용을 감당하기 어려워 이를 채택하지 못하고 있다.

오늘날 퍼머컬처(permaculture)*, 유기농업, 재생 방목 같은 농업 운동은 다양한 규모로 진전되고 있다. 마야의 밀파 시스템과 매우 유사한 퍼머컬처는 1970년대 중반, 경작지를 가꾸는 일이 가장 지속가능한 농경 형태라는 믿음을 기반으로 호주에서 시작됐다. 퍼머컬처를 실행하는 사람들은 지역 생산과 소비, 토지와 그곳을 지나는 물의 흐름에 대한 이해, 폐기물 배출과 에너지 사용 최소화의 원칙들을 지지한다. 이 원칙들은 생물학적으로 다양한 식물 군집들을 결합한 식량 생산 시스템을 탄생시킨다. 퍼머컬처를 활용하는 농부들은 작물을 생산하고 물을 모으기 위해 농장의 지세와 물의 흐름을 관찰한다. 이들은 유기물의 양을 늘리고 밭갈이 같은 교란을 최소화하는 방식을 통해 토양이 회복되도록 한다. 2021년, 세계 퍼머컬처 네트워크(Permaculture Worldwide Network)는 멕시코에서 마야 농부들이 진행한 몇 가지 방법을 포함해 전 세계 2,655개의 퍼머컬처 프로젝트를 목록화했다.[19]

---

* '영구적인'이라는 뜻을 지닌 permanent와 '농경'이라는 뜻을 지닌 'agriculture'의 합성어로 지속가능한 농업을 의미한다.

유기농업은 일반적인 현대식 농경법의 또 다른 대안이며 퍼머컬처보다 훨씬 광범위하게 채택되고 있다. 그 방법들은 건강, 생태, 공정 그리고 보살핌이라는 네 가지 원칙에 근거를 두고 있다.[20] 이는 지구의 건강을 유지하고 생태계와 그 순환을 따르며 환경 자원을 공정하게 사용하는 것을 보장하고 미래세대를 위해 시스템을 보호하는 것을 의미한다. 비록 이 숭고한 이상이 약간 모호할 수 있지만 이들은 토양을 보호하고 화학 농약과 비료를 사용하지 않는 일련의 방법들을 발전시켰다.

유기농업 운동은 20세기 초에 시작되었는데, 인도에서 알버트 하워드(Albert Howard) 경, 위스콘신주에서 프랭클린 하이럼 킹(F. H. King) 그리고 독일에서 루돌프 슈타이너(Rudolf Steiner)로 인해 탄력을 받기 시작했다. 이 선구자들은 거름, 퇴비, 지피 작물 그리고 돌려짓기를 활용한 토양 건강 증진과 해충을 조절하기 위한 생물학적 방법을 지지했다. 이 운동은 1928년에서 1933년 사이 유기농법을 위한 첫 기준이 만들어진 스위스와 독일에서 추진력을 얻었다. 1940년대와 1950년대 영국에서는 레이디 이브 밸푸어(Lady Eve Balfour)라는 유기농법의 강력한 주창자가 등장했다. 그녀는 유기농 식품 운동에서 중대한 역할을 한 책을 저술했으며 지속가능한 농경법을 지지한 영국 토양협회의 공동 창립자이기도 하다. 또, 유기농법을 통해 토양이 비옥해지고 지렁이의 밀도와 다양성이 높아지는 것을 밝힌 허글리 실험(Haughley Experiment)이라는 유기농법에 관한 장기실험을 최초로 시작하기도 했다. 오늘날 밸푸어의 영국 토양협회는 영국에서 재배한 유기농 식품의 70%를 인증하고 토양을 풍요롭게 만들며 유실을 방지하는 농경법을 위한 캠페인을 계속하고 있다. 유기농업 운동 초기에는 토지에 대한 실리주의적인 접근을 비판하였으며 토양을 생태계이자 더 강해지거나 약해질 수 있는 살아 숨 쉬는 유기체로 인식했다. 유기농업 운동은 다음 해 그리고 그다음 해에 계속해서 작물을 재배할 토양이 남아 있으려면 토양을 보살피는 일이 중요하다는 것을 깨닫게 했다.

밸푸어가 20세기 중반에 유기농법을 옹호하며 활동한 이래로 유기농법은 더 확대되었다. 2018년, 세계 유기농 식품 시장의 규모는 1,650억 달러까지 커졌으며 이는 2027년까지 4배로 증가할 것으로 예상된다. 비록 전 세계 농지 중 1.5%에서만 작물을 유기농법으로 생산하지만 어떤 나라에서는 상당한 비율을 차지하기도 한다. 리히텐슈타인 농지의 38%, 사모아 농지의 34%, 호주 농지의 25%를 차지하는 것처럼 말이다. 유럽 연합에서 유기농법을 적용한 토지가 21세기 첫 20년 동안 7배로 늘었고 그동안 전 세계 유기농 식품 판매는 5배로 늘었다. 미국에서 유기농 생산은 국내 수요를 따라잡지 못하고 있으며 그 결과 유기농 식품 수입을 촉발해 대두의 75%, 옥수수의 50%, 과일의 절반 이상, 그리고 전체 채소의 3분의 1을 수입하고 있다. 한 가지 우려되는 점은 아마도 30% 정도인 유기농법의 낮은 평균 생산량이 토양에 이롭지 않은 식량 생산용 토지를 늘어나게 할 것이라는 점이다.[21] 생산성, 토지 이용 그리고 토양 관리는 유기농업이 성숙해가면서 주목되어야 한다.

—

오늘날 활용하는 모든 농경법이 고도의 밭갈이와 화학물질 사용을 동반한 관행 농법, 퍼머컬처 혹은 유기농법의 분류 체계에 완벽히 들어맞는 건 아니다. 몇몇 농부들은 통설에 따르기보다 지역의 환경에 방법을 맞추기도 한다. 이는 조 브래거(Joe Bragger)의 방식이다. 브래거는 위스콘신주 대부분을 평평하게 만든 마지막 빙하기 후에도 남아 있는 가파른 언덕과 깊은 계곡이 있는 위스콘신주의 '빙하로 덮인 적이 없는 지역'에서 농사를 짓고 있다. 브래거 농장은 주 서쪽 끝의 경계에 있는 인디펜던스 읍내 외곽에 자리 잡고 있다. 도시에 사는 사람이 차를 타고 인디펜던스를 통과하면 시간 여행을 하는 것 같은 느낌이 드는데 방문자들은 보다 질서정연한 시기로 돌아가게 된다. 1908년에 로마네스크 복고 형식으로 건축된 오페라 하우스와 시청, 지역의 양조장에서 삼겹살 바비큐로 금요일 저녁을 보내라는 광고판, 그리고 텍사코(Texaco)의 상징인 빨간 별과 빛나는 진홍색 페인트가 칠해진 고풍스러운 주유 펌프가 서 있는 구식 주유소를 통해 말이다. 마을은 20세기처럼 보이지만 브래거의 농법은 더할 나위 없는 21세기의 그것이다.

빙하로 덮인 적이 없는 지역의 비탈에 있는 토지는 모든 토양학 학생에게 농사의 위험성에 대한 경각심을 일으킨다. 브래거는 토양 침식을 예방하는 두 가지 원칙에 따라 물의 흐름을 조절하고 영양분이 농장을 빠져나가기 전에 포집하기 위해 댐과 수로를 건설했다. 또한 탄소 함량과 토양 구조를 향상하기 위해 지피 작물, 무경운 농법 그리고 돌려짓기를 활용했다. 그는 지피 작물의 힘을 직접 경험했기에 열정적으로 그 효과를 설명했다. 어느 해 여름, 한 번의 폭풍우로 120mm의 비가 쏟아졌고 옥수수만 재배했던 밭에서는 수 cm의 토양이 사라졌지만 지피 작물이 있는 곳에서는 거의 유실되지 않았다. 농사철이 끝나갈 때 브래거는 지피 작물과 함께 재배한 옥수수는 크고 곧게 서 있었지만 지피 작물이 없는 곳의 옥수수는 짧고 피사의 유명한 탑처럼 기울어진 모습을 보고 놀랐다. 그는 이제 밭을 절대로 비워두지 않고 가을이 되면 호밀이나 다른 지피 작물을 심고 있다. 최근 수십 년 동안 날씨 패턴이 극단적으로 변함에 따라 농장도 원숙해졌고 수년 동안 진행한 보전 농법 덕분에 현재 위스콘신주에서 여름 동안에 흔해진 맹렬한 비바람을 잘 견뎌낸다. 2013년 6월, 역사적인 폭풍우로 하루 만에 350mm의 비가 내려 근처의 다리, 도로 그리고 농장이 잠기면서 어마어마한 양의 토양이 계곡으로 쓸려내려 갔지만 그의 농장은 조금도 피해를 겪지 않았다. 엄청난 폭우가 내렸음에도 토양은 그 구조를 유지하고 가파른 언덕배기에서 그 자리를 유지할 만큼 충분한 탄소를 축적해 놓고 있었다.

브래거는 자신의 농법을 단지 믿기만 한 것은 아니었다. 이를 증명할 자료도 있었다. 2002년부터 2008년까지 위스콘신 대학교 사회교육원(University of Wisconsin Extension Program) 과학자들은 브래거의 농장을 연구했고 브래거의 방식이 토양과 물을 모두 보존한다는 사실을 입증했다. 그들은 브래거의 무경운 농지가 폭풍우로 쏟아진 350mm의 빗물 중 무려 98%를 포집한다는 사실을 증명했다! 브래거의 농장은 몰려드는 기후변화의 폭풍우에 맞서 싸우고 있다. 하지만 앞으로 다가올 경제적 변화에는 잘 대처하지 못할지도 모른다. 낮은 우유 가격과 코로나바이러스19의 후유증뿐만 아니라 시장을 독점하는 대규모 농장의 침범으로 가족농은 어려움을 겪고 있다. 보전 농법이 이윤을 더 가져다줄 수도 있지만 국가의 농업 보조금 체계가 변하지 않는다면 이것만으로 농장들의 생존을 확신하기에 충분하지 않다.

아프리카는 다른 그 어떤 대륙보다도 토지가 황폐해졌다. 황폐해진 7억 헥타르(호주 정도 크기다) 토지는 경관을 재건하면서 환경적으로 상당한 진전을 만들 기회를 제공하고 있다. 아프리카 연합은 2030년까지 황폐해진 토지 중 1억 헥타르를 재건하는 특별 정책을 제시했다. 여러 아프리카 국가들은 국토를 재건하고 기후변화와 맞서 싸우기 위한 도구로 나무를 고려하고 있다. 나무와 작물을 사이심기하는 혼농 임업 그리고 축산업과 임업을 하나로 합친 산지 축산은 모두 토양 탄소와 질소를 재생하고 작물 생산을 증가시키며 해당 지역에 거주하는 수백만 명의 생계를 나아지게 만들 수 있다. 이 시스템에서 수확한 다양한 생산품은 흉작과 사막화의 취약성을 줄이고 대륙의 생물다양성을 회복하며 한 가지 주식만 섭취하는 가구의 의존성을 줄여서 토지와 사람의 회복력을 향상한다.

재식림再植林에서 특히 효과적인 방법은 모자이크 형태로 작물을 재배하고 가축을 기르며 나무를 심는 농민주도 자연재생(farmer-managed natural regeneration, FMNR)으로 알려진 전통적인 농법이다. 이런 농법의 특징은 나무를 씨앗에서부터 키우기보다 이미 토양에 자리 잡은 살아있는 그루터기에서 다시 자라게 하는 것이다. 그루터기에서 다시 자라난 나무는 더 빠르게 재생되면서도 FMNR을 시작하는 데 노동력이 덜 들어간다(그림 16).[22]

니제르에서 FMNR은 곡물 생산량을 50만 톤까지 증가시켰는데 그 가치는 9억 달러에 달하며 250만 명의 사람들이 먹을 수 있는 양이다. 어떤 지역에서는 주거지에 가까운 나무들로 인해 땔감에 대한 접근성이 향상돼 여성들이 나무를 줍기 위해 소비하는 시간이 과거에는 매일 2.5시간이었으나 이제 30분으로 줄어들었다. 이처럼 많은 사람들이 각자의 일을 시작할 충분한 시간을 확보했다. 1980년대에 가뭄으로 끔찍한 피해를 입은 사헬 지대 국가인 니제르, 부르키나파소, 말리 그리고 세네갈에서 진행한 연구는 혼농 임업으로 가구별 수익이 눈에 띄게 늘었다고 발표했다. FMNR은 과일나무, 목재용 나무 그리고 질소를 고정할 수 있는 나무를 혼합하여 도입했다. 이런 나무들과 곡물 그리고 야채를 같

그림 16. 나무 그루터기에서 새로 자라난 맹아(萌芽). 리즈 에드워즈 그림

이 재배함에 따라 수익성이 좋아졌다. 예를 들어 니제르의 가족 구성원이 12명인 가정에서는 혼농 임업을 지속해서 사용하면서 매년 소득이 72달러 늘었는데 연간 평균 가계 소득이 617달러인 나라에서 이는 상당한 소득 증가다. FMNR의 추가적인 이점으로는 사람들의 식단과 수입원이 다양해지고 토양이 비옥해진다는 것이다. 에티오피아 북부에서는 혼농 임업으로 60개의 수원지가 회복됐고 지하수 함양력이 향상됐

으며 유거수와 침식이 줄고 5,130가구에서는 식량 생산이 다섯 배 이상 늘었다. 꿀 생산은 날개 돋친 듯 증가했고 건축 자재도 더 쉽게 구할 수 있게 됐으며 농가와 토지의 회복력이 모두 상승했다.[23]

과학자들은 FMNR과 관련한 여러 발견에 놀라움을 표했다. 가나와 부르키나파소의 316개 구획을 대상으로 한 2020년 연구는 황폐해진 토양일수록 나무에서 가장 큰 혜택을 받는다고 발표했으며, 열악한 토양 상태에 적응한 식물에서는 그루터기에서의 재생이 두드러진다고 언급하고 있다. 다른 연구는 모래로 이루어진 토양에서 토양 탄소가 가장 많이 늘어난다는 것을 보여주었다.[24]

이 농법은 생태적 그리고 경제적으로 견실하며 그 효과는 매우 빠르다. FMNR을 활용하는 토지를 늘리면 아프리카 소규모 자작농의 생계를 극적으로 개선할 수 있으며 토양에 축적되는 탄소를 늘려 대기 중 탄소를 줄일 수 있다.

토양 보존을 위한 또 다른 최첨단의 그리고 유망한 방향은 축산업 분야에 있다. 전 세계 대부분의 농장은 가축의 거주지이며 이들의 서식지는 지구의 토양을 보호하는 데 필수적이다. 야생의 들판과 농장에서 떼 지어 다니는 커다란 동물의 역사 속에서 특이한 역설을 찾아볼 수 있다. 들소, 코끼리, 라마 그리고 그 외의 여러 동물 무리는 수천 년 동안 사바나와 초원을 이동했다. 이들의 배설물은 전 세계에서 가장 비옥하고 짙은 색의 토양 몇몇을 만들어 내는 데 기여했다. 하지만 현대의 목장은 토양 침식과 사막화를 유발하고 있다. 관리 방법에 따라 소 떼가 토양에 미치는 영향이 다를 수 있다는 새로운 시각은 이 역설을 설명해준다.

진전은 밀도 높은 윤환 방목(rotational grazing)을 기반으로 한 재생 축산업(regenerative livestock agriculture)의 발전으로부터 시작되었다. 윤환 방목은 작은 구역의 초지에 소 떼를 밀도 높게 방목하고 자주 이동시키는 방법이다. 농부들은 울타리를 사용해 소들을 한데 모아 식물 생체량의 절반 정도를 먹이고 새로운 장소로 이동시킨다. 이 과정은 매일 혹은 그보다 더 자주 반복된다. 연구 결과는 훨씬 더 놀랍다. 재생 방목으로 전환한 후 보츠와나(Botswana)의 오아시스 농장은 토지에 부정적인 영향을 끼치지 않고 소 떼의 숫자를 배로 늘렸다. 칠레의 에스탄시아 네바다 농장은 심각하게 침식된 토지에서 시작했는데, 토지는 빠르게 회복되었고 토양 탄소를 늘리는 새로운 식물 종이 자라기 시작했다. 미국 사우스다코타(South Dakota)주에 있는 들소 목장은 재생 방목으로 전환한 덕에 소 떼가 5배로 늘었으며 그에 따라 식물의 생체량은 두 배로 늘었고 토양 속으로 물이 흡수되는 정도는 세 배로 늘었으며 토양 탄소가 급격하게 늘었다. 미국 북부의 또 다른 목장에서도 토양의 수분 보유력이 세 배로 늘었다. 짐바브웨에서는 목장주들이 이제는 재생 방목을 일상화하여 토지를 회복시키고 사막화를 억제하고 있다. 그 결과 토양 탄소와 유기물이 늘고 미생물 군집이 더 활발해지며 식물 다양성이 증가했다는 사실을 관찰할 수 있었다. 멕시코 치아파스(Chiapas)주에서 관행적인 방식으로 운영하는 농장 18개, 재생 방목을 활용하는 목장 7개를 대상으로 한 연구는 재생 방목을 활용하는 목장이 단위면적당 더 많은 소를 기를 수 있다는 사실을 밝혀냈다. 게다가 소들의 사망률도 낮았고 화학물질 사용량도 줄었다. 토양의 색은 더 짙어지고 공기가 더 잘 통하며 식생 밀도가 증가하였다.[25] 초기에 제기되었던 소들의 복지에 대한 우려는 밀도 높은 환경이 야생의 무리와 더 유사하며 소들의 스트레스를 줄일 수도 있다는 증거로 대체되었다.

관행적 방법에 의한 소고기 생산은 소가 배출하는 메탄의 양으로 인해 기후변화에 대한 우려를 한 몸에 받고 있다. 그러나 어떤 사람들은 재생 방목을 통한 소고기 생산이 온실가스를 실제로는 '줄인다'고 주장한다. 한 연구는 기존의 방식은 소를 도축하기 전 곡물 등을 집중적으로 먹이는 단계에서 소고기 1kg당 6kg의 이산화탄소를 배출하지만 재생 방목은 소고기 1kg당 6kg의 이산화탄소를 실질적으로 '감축한다'는 결과를 내놓았다.[26] 이 연구는 특정한 환경에서 자란 소는 배출하는 탄소보다 더 많은 탄소를 고정하고 토양 침식을 일으키지 않을 수 있다는 놀라운 가능성을 보여주었다. 먹이사슬 속 탄소의 기본 원칙에 따르면 언뜻 이는 불가능해 보인다. 그러나 이런 의구심은 새로운 국면을 맞이하고 있다. 과학자들은 재생 방목의 환경이 포식자로부터 보호받기 위해 빽빽하게 무리를 지어 풀을 뜯고 초원 전역을 자주 이동하기 위해 무리를 이루는 자연적인 행동을 더 잘 모방한다고 추측한다. 인류가 그 시스템을 교란하기 전 아프리카와 북아메리카에서 비옥한 알피솔과 몰리솔을 생산했던 행동을 말이다. 토양 탄소가 늘어난 이유는 기존 방식의 방목보다 식물이 빠르게 자라는 시기를 더 오랫동안 유지하기 때문일 것이다. 소들에게 뜯긴 식물은 그 후 다시 성장하고 이 순환은 반복된다. 그 결과 식물이 밑동*까지 뜯어 먹혀 다시 성장해 회복하기까지 몇 주가 걸리는 기존의 방목에 비해 광합성 양도 증가했다. 탄소 편익(carbon benefits)이 어느 정도인지를 밝히기 위해서는 더 많은 연구가 필요하지만 이러한 방목법들이 전통적인 방식들보다 토양과 탄소 수지(carbon balance)에 훨씬 더 이롭다는 사실을 보여주는 강력한 증거가 있다.

---

* https://www.thedailygarden.us/garden-word-of-the-day/nubs

재생 방목을 혹평하는 사람들은 토양의 탄소 저장고가 가득 차면 이 방법으로는 더 이상 탄소를 저장할 수 없을 것이라 지적한다. 하지만 기존의 축산업을 겪은 대부분의 토양이 이전 수준으로 모든 탄소를 회복할 때까지 가야 할 길은 멀다. 그리고 아마도 몇몇 토양은 인류가 등장하기 전 저장하고 있던 탄소보다 훨씬 많은 탄소를 저장할 수 있다. 테라 프레타와 파파스투어섬에서 진행한 플라겐 농법으로 탄생한 토양처럼 말이다. 다시 말하자면 우리는 지구를 훌륭한 앤트로솔로 뒤덮을 수 있다. 우리가 유산으로 받은 것보다 훨씬 더 깊고 탄소가 풍부한 토양으로 말이다.

브루클린 근처 뉴욕 동부의 핑크하우스(Pink House)는 오늘날 토양 관리가 농촌 지역에만 해당되는 일이 아니라는 사실을 생생하게 보여준다. 핑크하우스 프로젝트*는 뉴욕시 주택 당국이 50년 동안 제대로 관리하지 않고 방치한 절망적인 역사로 유명하며, 이후 수십 가지의 안전 규정 위반에도 불구하고 거주자들을 내버려 둔 채 투자를 중단하였다. 하지만 12헥타르에 달하는 암울한 도심 속 붉은 벽돌 건물들 가운데서 뜻밖의 광경을 볼 수 있다. 바로 활기찬 주민들의 돌봄을 받으며 묘상苗床에 채소가 무성하게 자란 풍경을 말이다. 채소를 재배하는 농부들은 많은 양의 검은 퇴비를 뿌리고 다양한 채소를 재배하며 잡초를 관리하기 위해 호미질을 하고 풍성한 작물을 수확한다. 2018년에 핑크하우스 공동체 농장은 900명이 넘는 주민들에게 1,000kg이 넘는 음식을 나눠줬고, 주민들은 그 대가로 토양을 풍성하게 만드는 퇴비의 재료인 음식물

---

* https://www.facebook.com/pinkhousescommunityfarm/

쓰레기를 제공했다.[27]

핑크하우스처럼 잘 관리된 도시 농장은 다양한 작물을 심고 퇴비를 활용하며 오염된 흙을 재생해 토양을 만들어 낸다. 핑크하우스는 '뉴욕 동부 농장!(East New York Farms!)'* 프로그램 아래에 있는 도시 농장 두 곳 중 하나다. 카리브해 지역에서 나고 자라면서 할머니의 경작지를 통해 땅과 연결된 지역사회 운동가인 이에시마 해리스(Iyeshima Harris)가 관리를 맡았다. 해리스가 12살의 나이로 미국에 이주해 왔을 때 뉴욕시의 단단한 지표가 자신을 가두고 땅과의 관계를 가로막는다는 사실을 발견하고 다니던 고등학교 뒤편에 공동체 텃밭을 만들었다. 대학 재학 중 그리고 상근으로 일하는 동안 해리스는 이 농사를 40명 이상의 직원과 학생들을 지도하는 '뉴욕 동부 농장!'으로 규모를 키웠다. 해리스의 이상과 활동력에 영향을 받은 직원과 자원봉사자들은 텃밭에서 생산한 수확물을 농산물 직거래 장터에서 판매하고 있으며, 지난 20년 동안 수많은 이웃 문화권의 음식을 널리 알렸다. 열정과 아이디어로 가득한 해리스는 공동체에 농경과 신선한 수확물을 선사하고, 토양, 식물 그리고 사람들의 마음을 보살피며 뉴욕 동부 지역의 상징이 됐다. 해리스는 도시 거주자들을 토양과 토지에 연결하기 위해 도시에 사는 흑인 청년들 사이에 만연한 농경과 노예제 사이의 강력한 연상 작용에 맞서 싸워야 했다. 그녀는 흑인 청년들이 농사에 대해 과거의 혐오스러운 이미지 대신 새로운 의미를 갖도록 도와주었다. 토지를 되찾고 자신의 식량 공급과 영양을 조절할 수 있는 권한을 가질 수 있는 방법으로서의 농업 말이다.

뉴욕 동부 지역에 있는 도시 농장의 건강한 토양은 꽤 놀랍다. 뉴욕

---

* https://www.facebook.com/eastnewyorkfarms/

이 납을 포함한 여러 가지 중금속으로 오염된 유독한 토양으로 악명 높은 곳이기 때문이다. 브루클린의 유독한 지표 아래에 조용히 잠들어 있는 것은 미국에서 가장 가치 있는 토양의 일부다. 이는 약 2만 년 전 마지막 빙하가 남긴 100m 깊이의 모래, 미사 그리고 암석 퇴적물로부터 만들어지기 시작해서 오늘날의 토양이 되었다. 수십 년 동안 뉴욕시 건설 프로젝트는 유해 폐기물 처리장에 200~300만 톤의 표토를 실어 날랐다. 뉴욕시는 혁신의 일환으로 전 세계에서 처음으로 시행하는 도시 차원의 토양 교환 제도인 뉴욕시 청정 토양 은행(NYC Clean Soil Bank)을 시작했다. 이는 마을 텃밭을 포함해 지역 프로젝트에 흙을 지원하는 프로그램이다. 시는 오염된 토양을 제거하고 그 아래에서 자연 그대로의 깨끗한 토양을 발굴했다. 토양 은행은 5년 동안 50만 톤의 토양을 제공했는데 이는 양키 스타디움을 30m 깊이로 채울 수 있는 정도다.[28] 수혜자 중에는 지방 정부 프로그램에서 자립하기 위해 독립적인 토양 은행을 시작한 핑크하우스 공동체 농부들도 있었다. 유해물 층에 가로막혀 사용할 수 없게 된 땅속의 토양을 지표로 가져와 퇴비와 적절한 농경법으로 비옥하게 만들어 지구의 탄소 비축량을 늘리는 동시에 주민들에게 식량을 제공할 수 있었다.

뉴욕의 도시 텃밭은 도시인들에게 지역에서 생산된 음식, 토지와의 연계 그리고 더 건강한 환경을 제공하는 동시에 도시에서 식량을 재배하고 토양을 개선하려는 전 세계적 움직임의 일부분이다. 콘크리트에서 농사를 짓는다는 부조화는 대중의 상상력을 자극했다. 오늘날 도시 텃밭은 식량을 얻기 위해 작물을 재배하고 꿀, 허브, 과일을 수확하며 생선과 다른 가축을 기르는 전 세계 8억 명의 사람들이 관여하고 있다. 이 창의적인 농부들은 지역 사람들을 먹여 살리기 위해 마당, 버려진 부지, 옥상 그리고 온실에 경작지를 만든다. 이는 종종 음식이 부족한 곳에서 영양이 풍부한 음식을 원하는 수요에 응답하기도 한다. 또, 지역의 청년들을 고용해 농업 기술을 가르치고 녹지 공간을 제공한다. 텃밭은 자카르타의 아주 작은 텃밭부터 파리의 창고 옥상에 있는 1.3헥타르 넓이의 경작지까지 다양하다. 세계적으로 코로나바이러스19가 크게 유행하던 기간에 도시 농업은 싱가포르부터 인도까지 수많은 사람들을 먹여 살리며 아시아 전역에서 인기를 끌었다. 이에 영감을 얻은 전문가들은 2050년까지 도시 텃밭은 매년 최대 1억 8,000만 톤의 음식을 생산할 것이며 이는 전 세계 도시 인구의 3분의 2가 먹게 될 것이라고 예상했다. 도시 농업의 미래는 밝다. 사람들의 영양과 도시에서의 삶을 향상하고 토양을 개선하며 온실가스를 포집하니 말이다.[29]

농업의 새로운 미래를 상상하는 일은 아주 흥미롭다. 미래에는 식량이 시골의 농경지와 도시의 뒷마당, 옥상에서 생산되고 이 경작지들은 고대 농경법을 사용하는 토착민들과 보전 농법으로 농경에 입문하는 사람들에 의해 관리될 것이다. 가축들은 탄소 발자국과 토양 고갈을 줄이기 위해 집약적 윤환 방목으로 길러질 것이다. 이런 미래에 농업은 탄소 저장고를 늘리고 미래의 식량 생산을 보장하며 온실가스 배출을 저감해 작물뿐만 아니라 토양도 '재배'할 것이다. 농부들은 이 노고에 대해 보상을 받을 것이기에 자신의 생존과 지구의 생존을 두고 저울질할 필요도 없어질 것이다. 농부들은 이미 나의 영웅이지만 만약 이들이 토양 위기와 기후 위기를 해결한다면 모든 사람들의 영웅이 될 것이다.

10
흙이 있는 미래

협동은 가장 놀라운 동물 행동이다. 포식자를 피하고자 들소는 빽빽하게 무리를 이룬다. 돌고래들은 어미가 새끼를 낳을 때 주변으로 모인다. 사다새(pelican)는 물고기들을 한데 모아 사냥을 더 쉽게 하기 위해 무리를 이룬다. 꿀벌들은 여왕벌의 체온을 높이기 위해 한데 모여 몸을 떤다. 긴다리미친개미(longhorn crazy ant)는 개미 한 마리가 나르기에는 크기가 너무 큰 먹이 조각을 함께 옮긴다. 사람들은 사회적인 변화를 만들기 위해 많은 경우 협력한다. 하지만 가끔은 그렇지 않다. 그리고 그 결과는 암울하다. 토양을 보호하기 위한 새로운 움직임을 진전시키려면 광범위한 협력은 필수적이다. 이 움직임을 '토양보호 운동(Save Our Soil, SOS)'이라 칭하고 구상을 현실에 적용하려면 무엇이 필요한지 봐야 한다. 국가 토양 정책을 위한 사례 연구로서 먼저 국제적인 수준에서 그리고 미국에서 말이다.

21세기 동안 식량 생산을 유지할 수 있을 정도의 충분한 토양을 확보하기 위해서는 토양보호 운동(SOS)을 빠르게 도입해야 한다. 다행히 의미 있는 변화를 만들어 낼 수 있는 수단은 있다. 수천 년 동안 사용된 토양 보전 농경법은 지난 세기 동안 연구되었다. 따라서 성공적인 토양 관리를 위한 전략은 다른 여러 환경 운동에는 없는 명백하고 설득력 있는 과학과 오랜 동안의 경험에 기반을 두고 있다. 무경운 재배, 지피 작물, 사이짓기, 물관리 그리고 집약적 윤환 방목을 광범위하게 사용하면 대부분의 농경지 침식을 완전히 멈출 수 있다. 그러므로 문제는 토양을 어떻게 보호할 것인가가 아니라 사람들이 토양을 보호할 방법을 적용하도록 어떻게 유도하고 요구할 수 있는가이다. 국제적인 차원에서 시작하자면 지구적 협력의 좋은 예가 있는데 바로 제21차 유엔기후변화협약 당사국 총회(COP 21)이다. 탄소 배출에 대한 국제 협약의 진전을 요구하는 단합된 목소리는 공통 관심사 아래에서 전 세계가 하나로 뭉칠 수 있다는 희망을 선사했다. 비록 파리협정이 제한적인 후속 조치와 불충분한 행동에 대한 실망으로 이어졌지만 말이다. 코로나바이러스19는 우리에게 실질적인 결과를 만들어 낸 또 다른 협력 모델을 제공한다.

세계적인 코로나바이러스19 대유행 기간 동안 정부의 조치와 개인의 행동은 빠르고 협력적인 대응이 가능하다는 사실을 분명히 했다. 이 바이러스를 억제하는 데 있어 미국 정부와 여러 나라의 불충분한 초기 대응에도 불구하고 협력은 인상적이었다. 과학자들은 속도를 높여갔다. 전 세계 코로나바이러스 전문가 공동체는 자료를 공유하고 코로나바이러스19의 감염 과정, 처치, 살균제, 마스크 그리고 백신을 비롯한 모든 면을 논의하기 위해 매주 3시간의 심포지엄을 가지며 해결 방안을 위해 함께 머리를 맞댔다. 각국 정부는 세계적 대유행을 억제하기 위해 전략적으로 협력하였고 여러 기업이 단 몇 달 만에 백신을 개발하여 유통시켰다. 규제 기관, 의료 서비스 종사자 그리고 시민들이 뒷받침한 전례 없는 위업이었다. 비록 마스크를 착용해야 한다는 조치가 몇몇 나라에서는 제대로 지켜지지 않았지만 착실하게 마스크를 착용하고 사회적 거리두기 정책을 충실히 이행한 책임감 있는 사람들은 수백만 명의 목숨을 구했다. 토양도 코로나바이러스19를 통제한 것과 같은 유형의 협력을 누릴 자격이 있다.

토양은 지역적으로 관리되는 자원이지만 종종 국가적인 차원에서 관리가 요구되는 부분도 있다. 의심할 여지 없이 국가는 토양을 통제하고 있다고 착각한다. 영토나 토지와 동일시하면서 말이다. 앞서 보았듯이 토양은 대륙을 건너 운반되는 사하라 사막의 모래나 국경을 넘어 퇴적물을 이동시키는 나일강처럼 강과 먼지 폭풍을 따라 막힘없이 흘러 들어가 그 기원을 알아차리기 어렵게 만든다. 사실상 토양을 소유한 국가는 없다. 그리고 토양은 흔히 생산지의 지구 반대편에서도 소비되는 필수품인 음식, 사료 그리고 섬유를 포함한 농산물을 생산하는 토대를 제공한다. 또한 토양과 기후 사이의 연관성은 부분적으로 국제협력을 통해 관리되어야 하는 공유 자원으로서 토양의 위치를 공고히 한다.

120년 동안 국제 사회가 환경에 대한 다자간 조약들을 중개했음에도 토양에 중점을 둔 조약은 거의 통과되지 않았다. 1982년 유엔환경계획(UNEP)의 세계토양정책과 유엔식량농업기구(FAO)의 세계토양헌장, 1994년의 사막화방지협약으로 토양이 재생 불가능한 자원이라는 사실을 인정했다. 그럼에도 국제적 감시 없이 각 국가에 토양 보존이라는 책무를 떠넘겼다. 조약들은 책임이 뒤따르는 체계도 제안하지 않았다. 산악 지역의 토양을 보호하기 위해 알프스산맥을 사이에 둔 국가들 간에 1991년 합의된 유럽 협정은 1998년 체결되어 2006년에 시행됐다. 이 협정은 고산 지대 경관이 취약하다는 사실을 깨닫고 이를 지속가능하게 이용하기 위해 토양보존 계획을 제안했다.[1] 비록 협약이 체결된 후 시행된 조치들이 고산 지대 토양을 광범위하게 보호했지만 협약이 없었더라도 이런 조치는 이루어졌을 것이다. 하지만 알프스를 보호하기 위한 협약은 지역적으로 공유하는 자원을 보호하기 위해 국가들이 어떻게 협력할 수 있는지를 보여주는 좋은 사례다. 오늘날 우리는 지역적 협약을 넘어서 토양이 필수적이면서도 위태로운 동시에 기후변화를 완화하는 도구를 제공한다는 점을 공인하는 지구적 선언으로 나아가야 한다. 그리고 여기에는 책임져야 할 목표와 방안도 들어 있어야 한다.

기후변화로 많은 사람들이 불안해하고 심지어는 우울에 빠진다는 연구도 있다. 비록 개인이 에너지를 절약함으로써 탄소 발자국을 줄일 수 있기는 하지만 온실가스를 '제거'할 수 있는 기회는 거의 없다. 이는 기후에 대한 더 나은 전망을 원하는 사람들에게는 좌절감을 주는 일이다. 세계인들은 단순히 특정한 활동을 금지당하는 것보다 긍정적인 행동을 취할 기회에서 영감을 얻을 것이다. 2009년, 기후변화에 대한 지구적 대응의 실패를 다룬 보고서가 세계은행에 제출되었다. 여기서 기후변화에 대한 태도를 연구한 사회학자 카리 마리 노가드(Kari Marie Norgaard)는 총체적인 '좌절과 무기력'이 광범위한 기후 무관심을 불러일으킨다고 설명했다. 즉 개개인의 선택 의지를 지키고 자신의 운명을 스스로 결정하려 노력하는 사람들이 기후변화 문제를 알아가게 되면서 자신을 무기력함, 두려움 그리고 죄의식을 느끼는 방향으로 밀어붙인다고 주장했다. 또, 사람들은 개인적 그리고 국가적 정체성 속에서 긍지를 지키고 싶어하지만 이는 자신과 국가가 기후 재앙에 연루되어 있다는 사실을 인정함으로써 폄하되기 시작한다. 노가드의 연구는 사람들이 피하고 싶어 하는 두 가지 유형의 행동을 드러낸다. 즉 인류에게 위협을 야기하는 일과 문화적 규범을 벗어난 행동에 참여하는 일인데, 이는 어떤 계획을 세울 때 고려해 볼 만한 사회적 변화의 두 가지 측면이다.[2] 이 연구는 정책을 개발하는 데 있어 중요한 이정표를 제공한다. 바로 국제적 협력과 국가 전략은 긍정적인 활동, 즉 우리가 딛고 있는 발아래의 땅을 되살리고 전략 이행에 대한 공동체(지역적이든, 국가적이든 혹은 전 세계적이든)의 긍지를 불러일으키며 새로운 문화적 규범을 창출할 수 있는 활동에 집중하는 것이 중요하다. 결과적으로 모든 공동체의 지도자들은 우리가 문제를 해결하고 있다는 잘못된 안도감을 불러일으키는 빠른 해결책 대신 과학적 증거를 기반으로 하는 장기적인 전략에 집중해야 한다.

국제 협약들은 공유되는 환경 자원을 보존하기 위한 도구다. 토양을 위한 새로운 협정을 맺는 일은 2015년 파리 기후 회담에서 소개된 4p1000의 활성화된 형태가 될지도 모른다. 29개국밖에 서명하지 않은 4p1000에 대한 제한적인 지지는 부분적으로는 이 안건의 야심찬 특성 때문이었다. 4p1000을 제안한 이들도 정말로 탄소 함량이 토양에서 매년 0.4%씩 늘어날 것이라 기대한 것은 아니었다. 그러므로 문자 그대로 받아들인 다른 이들은 이를 비정상적인 목표라 생각했다. 어떤 국가는 구체적인 목표나 이정표가 부족하다는 이유로 반대하기도 했다. 비록 본문은 조금 다르지만 협약의 이름 자체에는 모든 국가에 정량적으로 같은 기준을 부여한다는 뜻이 내포되어 있다. 그 결과 개별 국가가 각국의 토양 특성과 용도에 부합하는 목표와 전략을 찾아보도록 유도하는 대신 획일적인 목표를 부여한다는 인식이 생겼다.[3]

그렇다면 토양 탄소 격리를 위한 실현 가능한 일련의 목표에는 무엇이 포함되어야 할까? 먼저, 현실적인 목표는 농지로 범위를 좁혀야 한다. 파리협약 이후의 두 가지 연구는 전 세계적 토양 관리 변화를 통해 농지의 상층부가 매년 20~30억 톤의 탄소를 추가로 격리할 잠재력을 갖고 있다고 추정했다. 이는 현재 화석 연료에 의한 탄소 배출량의 3분의 1에 해당한다. 또 다른 연구는 미국에 있는 농지와 방목지의 토양을 보존하기만 해도 2025년까지 매년 추가로 7,500만 톤의 탄소를 격리할 수 있다고 추정했다. 하지만 가축 방목과 같은 농경 활동이 늘어남에 따라 증가하는 탄소 배출량을 고려하지 않았기에 이러한 추산은 과대평가되었다고 주장하는 연구 결과도 있다.[4]

결국 토양의 탄소 함유량은 최대치에 달하겠지만 그 지점에 도달하기까지 얼마나 많이 격리될 수 있을지는 논의가 진행 중이다. 어떤 연구자들은 전 세계적으로 토양이 매년 최대 4억 톤을 추가로 저장할 수 있을 것으로 추정한다. 4p1000에 대해 비판적인 사람들은 토양이 유한한 탄소 수용력을 갖고 있기에 일단 평형상태에 도달하면 이 전략은 더 이상 소용이 없을 것이라 주장한다. 그게 문제가 된다면 참 좋을 텐데 말이다! 만약 전 세계 모든 농지의 탄소 함유량이 포화상태에 이른다면 침식의 영향은 무시할 수 있을 정도로 감소하고 온실가스도 줄어들 것이다. 그리고 현재 우리가 제시하는 추정치보다 훨씬 많은 탄소를 격리할 수 있을 지도 모른다. 대부분의 탄소 수용력 합계 추정치는 농경지 토양이 농사를 짓기 전보다 더 많은 탄소를 함유하도록 유도될 가능성을 고려하지 않는다. 만약 그랬다면 탄소 수용력 합계 추정치는 경작지와 자연 상태인 주변 토지 사이의 탄소 함량 차이인 토양 건강 간극(soil health gap, SHG)*을 넘어서는 것을 의미하며, 이 차이를 좁히는 일이 토양 탄소를 늘리는 목표로 제안됐을 것이다.[5] 테라 프레타와 유럽 북부의 플라겐 농법은 사람이 개입하지 않은 주변 지역보다 더 많은 탄소를 저장하고 있는 관리된 토지의 사례다. 토양 건강 간극이 기준이 되겠지만 몇몇 지역은 이를 훨씬 넘어설 수 있다.

보수적으로 추정해서 전 세계 농지에 매년 4~10억 톤의 탄소를 더 격리하면 화석 연료에 의한 탄소 방출량인 연간 90억 톤의 5~10%를 감축할 수 있다. 만약 매년 30억 톤의 탄소를 더 격리할 수 있다는 낙관적인 추정치가 현실이 된다면 감축치는 현재 배출량의 30%에 도달할

---

* 경작되지 않은 토양 속 탄소의 양과 경작된 토양 속 탄소의 양 사이의 차를 계산한 값으로 이 차이로 경작이 토양에 미치는 영향을 유추할 수 있다.

수도 있다. 배출량의 5%든 30%든 탄소 격리를 늘리는 일은 파리협정에서 언급한 것처럼 기온 상승폭을 종말적인 상황에 이르는 2℃ 이하로 유지하기 위해 배출량을 충분히 줄이는 정책 중 한 방편일 뿐이다.[6] 토양 속에 탄소를 격리할 기회를 기후변화를 완화할 다른 연구 및 활동에 떠맡기고 안주해서는 안될 것이다(그림 17).

비록 탄소 격리의 속도와 범위에 대한 예측은 다양할 수 있지만 1850년 이후 탄소의 25%를 잃어버린 지구의 토양이 아직 검토해보지 않은 탄소 저장고라는 핵심 전제에 대해서는 이견이 거의 없다.[7] 토양 건강을 향상하는 일은 토양 그 자체를 위해서도 가치 있는 목표다. 온실가스 배출량의 일부(5%든 30%든)를 완화하는 부수적인 이점 역시 매우 흥미롭다. 둘 중 어떤 목표든 추구할 가치가 있다. 둘 다 가능하다면

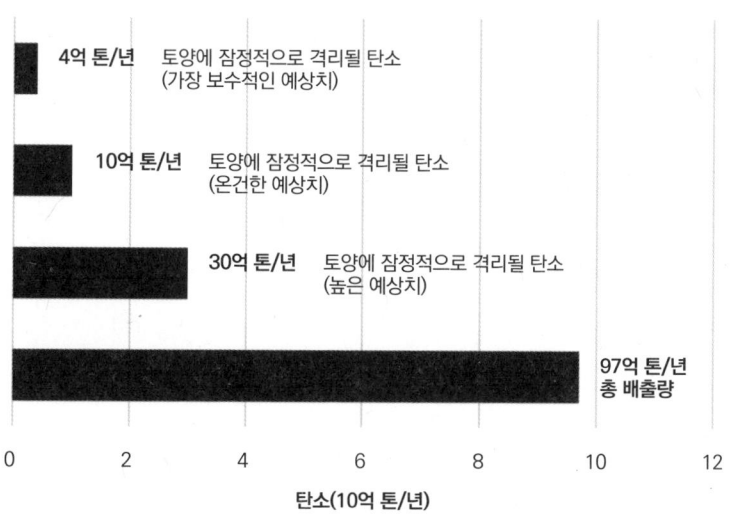

그림 17. 잠재적 토양 격리 탄소의 양과 화석 연료에 의한 탄소 배출량 비교

거부할 수 없을 정도로 좋을 것이다.

개정된 4p1000은 각 국가의 토양 유형과 용도에 맞춰 목표를 조정할 수 있게 해야 한다. 황폐해진 토양은 건강한 토양보다 탄소를 더 쉽게 저장하며 토양마다 탄소 수용력이 다르기에 격리되는 정도도 국가마다 다를 것이다. 4p1000의 목표는 COP 21 회의와 어느 정도 유사하게 소집된 국제 기구가 재구성하거나 대체해야 한다. 새로운 혹은 수정된 협약은 광범위한 지역에 토양 침식을 일으키는 동시에 탄소 포집을 가장 잘 조절할 수 있는 농지와 혼농 임업 지역에 집중할 수 있다. 새로운 협약은 원하는 목표보다는 실현 가능한 목표를 제안하고 이정표가 될 단계를 확인하고 각국이 자신만의 목표를 설정할 수 있도록 유연성을 제안해야 한다. 이런 수정을 통해 더 많은 국가들이 참여할 수 있을 것이다. 이 개정 협약은 그것이 야기할 모든 희망적 관측과 함께 세계 무대에 발표되어야 한다. 많은 세계 시민들로 하여금 비관적인 기후 관련 논의에서 잃어버린, 지구의 건강을 되살릴 수 있다는 희망, 긍지 그리고 믿음을 회복할 수 있도록 말이다.

이제까지 추진한 모든 국제적인 노력과 상관없이, 자국의 광범위한 농경으로 인한 탄소 발자국, 고품질이면서도 취약한 토양 그리고 많은 에너지 사용량 때문이라도 미국은 전략적 행동 계획에 착수해야한다. 비록 어떤 단일 계획도 모든 국가에 최선의 방법일 수는 없지만 여기서 제안했던 조치들은 다른 문화와 지역에 적용될 사례 연구의 역할을 할 수 있다.

농부들에게 토양 건강을 향상시킬 수 있는 최선의 방법을 제공할 수 있도록 고안된 미국 농무부의 자연자원보전청(Natural Resources

Conservation Service) 프로그램 덕분에 2005년에서 2014년 사이에 미국의 관리된 농경지와 초지에서 유기탄소 양이 5배 늘었다. 토양 및 기후 전문가인 키스 포스티안(Keith Paustian)과 공동 연구자들은 2025년까지 토양 속 탄소 격리를 또다시 5배 더 늘리고 2025년에서 2050년 사이 이 속도를 훨씬 더 올리기 위해서는 미국이 속도를 더 높여야 한다고 제시한다. 이들은 초지와 농지의 토양 상층부 20cm에 2025년까지 최대 7,500만 톤의 탄소를 격리할 수 있는 잠재력을 활용해야 한다고 주장했다. 그 이후 토양 탄소를 매년 0.4%씩 증가시키면 매년 7,500만 톤을 저장할 수 있으며 이는 미국 농업이 발생시키는 탄소 발자국의 절반 혹은 미국 국민 1,400만 명의 탄소 발자국과 맞먹는다.[8] 이 정도 수준의 탄소 격리 속도는 평형 상태에 도달할 때까지 지속될 수 있다. 그때가 되면 미국 토양은 건강해지고 침식이 덜 일어나며 비료도 적게 필요로 할 것이다.

이런 목표들은 국가 정책 문서에 추가되어야 한다. 놀랍게도 미국은 토양에 대한 전략 계획이 없는 몇 안 되는 나라 중 하나다. 연방 정부는 토양 건강을 되살리고 4p1000의 목표(우리가 도달해야 하는 국제적 합의이자 새로운 버전을 비준해야 한다)를 달성하기 위한 포괄적인 계획을 발전시키기 위해 2016년 보고서인 「미국 토양의 현재와 미래: 토양과학 연방 전략계획 체계(The State and Future of U.S. Soils: Framework for a Federal Strategic Plan for Soil Science)」를 기반으로 해야 한다. 이 보고서는 과학기술정책실에 있는 내 사무실에서 토양과학 관계부처 실무 그룹(Soil Science Interagency Working Group)의 요구를 담아 작성하였다. 실무 그룹은 과학기술정책실 직원인 리치 퓨아(Rich Pouyat)와 파커 리오토(Parker Liautaud)뿐만 아니라 일곱 군데의 연방 기구 과학자들로 이루어져 있었다. 오바마 대통령의 재임 기간이 끝나갈 무렵, 이들은 전략 계획의 체계를 잡았다. 이 체계는 토양에 대한 대중의 인식과 이해를 증진시키고 최선의 관리 방법들을 제공하며 토양 건강 목표를 설정하고 목표 달성 추이를 측정하는 방법을 개선하는 내용을 포함하고 있다. 전략 계획은 자연자원보전청이 기존 정책으로 달성한 토양 탄소를 증가시킨 방법에 초점을 맞추고 이를 가속하는 것을 목표로 해야 한다.[9]

미국 대통령은 토양학 관계부처 실무 그룹에 조언을 하기 위해 비정부 기구 활동가 연합을 소집해야 한다. 체계를 구축한 실무 그룹이 의도한 대로 토양과 관련된 상세한 전략 계획을 발전시키기 위해 말이다. 토양의 복잡성과 식량 체계, 환경 그리고 농업 관련 기업과 연계된 토양의 역할로 인해 토양과 다양한 관계를 맺는 사람들의 지혜와 창의성을 한데 모으는 것은 이 계획이 각 집단의 제약, 필요 그리고 잠재적 기여도를 다루는 데 있어 필수적이다. 구성원은 비영리 기관, 소비자, 농부, 토착민 그리고 민간 기업에서 선정할 수 있다.

정부의 전략 계획이 진행되는 동안 이 협의체는 농부들이 자신의 농경법을 개선하고 소매업자와 소비자들이 이를 지원할 수 있는 유인책을 고안할 수 있다. 협의체는 토양 친화적인 조건에서 생산된 식품을 구분하기 위해 새로운 표지(label)를 도입하는 것을 고려해야 한다. '탄소 영웅이 생산한 상품' 같은 표지는 농부와 토양 그리고 기후변화와 맞서 싸우려는 모든 사람의 마음을 연결할 것이다. 표지는 몇 가지 단어만으로도 농부가 전 세계 식량 공급에 투자하는 노력과 자원을 공인할 것이다. 유기농 인증을 받은 식품에 할증된 가격표를 붙이는 것처럼 토양 안전 식품도 농부들이 농경법을 바꾸는 데 들인 초기 비용을 보상할 수 있을 것이다. 음식점과 학교 및 공공 기관의 구내식당도 토양에 안전한 음식만을 제공함으로써 토양을 보호하고 기후변화를 완화하는 책무를 입증할 수 있다.

이해 관계자 연합체는 표지에 따르는 비용을 소비자들뿐만 아니라 산업계 협력자들이 부담할 수 있도록 식량 체계의 모든 부분(특히 소매업자와 가공업자)에서 합의를 중재해야 한다. 앞으로 개정될 농업법(Farm Bill)에서 잠재적으로 가장 중요한 항목인 책임 분담은 법률로 문서화되어야 한다. 농업법은 대부분의 농업 그리고 식량 관련 프로그램에 자금을 대는 법안으로 5년마다 심의를 거쳐 통과된다. 2024년으로 예정된 다음 법안은 생산품 구매를 독려하기 위해서 영양 보충 지원 계획(Supplemental Nutrition Assistance Program)이 그랬던 것처럼 수혜자들에게 추가적인 비용 없이 토양에 안전한 음식을 구매하도록 독려하는 푸드 스탬프* 혜택을 재구성할 수 있다. 또한 농업법이나 행정 명령으로 연방 기관 식당과 구내식당에서 토양에 안전한 음식을 구매하도록 요구할 수 있다.

토양에 안전한 농법의 기준과 농장 인증 과정은 성공에 있어 필수적일 것이다. 인증은 지피 작물, 무경운 농법, 퇴비, 대상 재배나 사이짓기, 돌려짓기 그리고 재생 방목 중 어떤 조합을 사용하는가를 기반으로 할 수 있다. 농부들은 시행된 각 농경법에 따라 점수를 받거나, 토양 탄소가 시간이 흐르면서 늘어나거나 평형 상태에 도달했다는 사실을 입증함으로써 인증을 받을 수 있다. 이 전략이 효과적이기 위해서는 소비자,

---

* 미국 저소득층에 식품 구입용 바우처나 전자카드를 매달 제공하는 식비 지원 제도

소매상 그리고 식량 체계에 있는 다른 사람들이 지불하는 비싼 가격이 농부들에게 혜택이 되도록 보장하는 것이 꼭 필요하다. 표지의 혜택에 따르는 비용 분담과 장려책을 정하는 과정에 광범위한 공동체가 참여하도록 함으로써 토양 안전 표지는 다양한 분야에서 강화될 수 있으며 활성화되어 농부들에게 지금의 유기농 표지보다 경제적으로 더 많은 이익을 줄 수 있다.

탄소 배출권 시장은 신중한 탄소 관리를 화폐화하는 방법을 통해 힘을 얻는다. 농부들은 토양 속 탄소의 양이나 토양에 안전한 농경법을 채택하는 것을 기반으로 배출권을 얻음으로써 이 시장에 뛰어들 수 있다. 농무부는 농부들에게 토양에 격리된 탄소에 대해 비용을 지불하고 온실가스 배출을 상쇄하고 싶어 하는 기업에 배출권을 판매하는 탄소 은행을 운영할 수도 있다. 식량 농업 기후 연맹(Food and Agriculture Climate Alliance)이라는 농장, 식량 그리고 환경 단체의 연합체는 이런 개념을 지지했고 여러 기업들이 이를 상용화하기 시작했다. 예를 들어 스타트업 기업인 인디고 애그리컬처(Indigo Ag)는 격리하는 탄소 1톤당 15달러로 농부들과 계약을 맺었다. 다국적 농업 기업인 바이엘(Bayer)은 탄소 격리 농경법을 사용하는 농부들에게 대가를 지불하는 탄소 이니셔티브(Carbon Initiative)를 시작했다.[10] 탄소 배출권 시장을 농업에 결합하는 일은 새롭지만 빠르게 발전하고 있다. 농부를 대상으로 하는 탄소 배출권은 추후 토양 건강에 대가를 지불하는 국가적 혹은 국제적 프로그램을 만들 수도 있다.

육류 산업은 식품 공급에서 가장 논쟁적인 측면 중 하나다. 이는 동물을 다루는 윤리적인 문제뿐만 아니라 기후와 오염에 대한 환경적 우려를 유발하며 인류 건강에도 문제가 되는 영향을 끼친다. 하지만 국내 그리고 국제 수요가 증가하기 때문에 육류 생산은 꽤 오랫동안 지속될 것으로 추측할 수 있다. 사료로 사용되는 옥수수와 대두 생산으로 인해 육류 산업은 중서부 토양에 치명적이었다. 마찬가지로 전통적인 방목 시스템은 대평원 지대(Great Plains) 토양을 풍식에 더 취약하게 만들었다. 이러한 육류산업과 환경 모두 '탄소 영웅이 생산한 상품' 표지의 혜택을 받을 수 있다. 식물로 이루어진 사료를 고기로 전환한 비효율성과 가축의 반추위에 있는 미생물이 생산하는 메탄으로 소가 어마어마한 탄소 발자국을 남기기 때문에 육류 생산자들은 환경 운동가들에게 맹렬한 비난을 받아왔다. 그러나 탄소 중립에 근접한 집약적인 윤환 방목으로 길러진 소에서 얻은 고기는 이 표지가 어울릴 수 있다.[11] 육류가 인증받기 위해서는 가축에게 먹이는 곡물도 토양에 안전한 기준을 만족해야 한다. 토양 안전 표지는 서부 방목지뿐만 아니라 가축 사료를 위한 옥수수와 대두가 자라는 아주 넓은 중서부 농경지에도 혜택을 줄 것이다. 옥수수를 연달아 재배하거나 옥수수와 대두를 지속해서 돌려짓기를 하면서 발생하는 피해를 줄이면 수 톤의 토양을 보호할 수 있다. 특히 토양이 물에 의한 분산 탈리分散脫離에 유난히 취약한 아이오와주 경사면의 토지에서 말이다. 이런 전환은 육류 생산에 동물 복지와 인류의 건강 우려 같은 다른 이의를 제기하지 못하게 만들 것이다. 그 결과 육류를 생산하거나 소비하기로 선택한 사람들이 토양과 기후에 끼치는 피해는 눈에 띄게 줄어들 수 있을 것이다.

작물 보험은 가뭄, 홍수 혹은 재앙적인 작물 손실을 일으키는 다른 사건으로 입은 경제적 피해로부터 농부들을 보호해준다. 오늘날의 모델에서 보험에 가입한 농부들의 보험금 총액은 전년도 생산량을 기반으로 작물이 심어진 토지 면적의 변화를 반영하여 조정된다. 토양 보전 농법으로 전환한 농부들에게 보상하기 위해서는 오늘날 작물 보험을 제공하는 정부와 은행의 공동 시스템이 점진적으로 토양 탄소를 늘리는 농장에 보험료를 낮춰주거나 토양에 안전한 농법을 사용하는 농장에 융자를 제공할 수 있어야 한다. 목표는 토양에 안전한 농법을 사용하는 농부들에게 작물 보험료를 최소로 낮춰주는 것이다. 게다가 프레리 스트립스(prairie strips)*를 실행하려는 의욕을 꺾는 오늘날의 잘못된 작물 보험을 다시 설계해야 한다. 이는 보험금이 작물이 재배되는 토지 면적을 기반으로 책정되기에 옥수수의 10%를 프레리 스트립스로 전환하는 농부들에게 불리하다. 프레리 스트립스와 토양에 안전한 다른 농법은 토양 침식을 줄이고 탄소를 늘리며 토지가 홍수와 가뭄에 덜 취약하게 만들어 보험금 지불 필요성을 줄인다. 즉 보험업자가 부담할 비용이 감소하여 농부에게서 받은 낮은 보험료를 보상할 것이다.

결과적으로 작물 보험에서의 변화나 식품 표지는 농업법에 포함될 수 있겠지만 그때까지 농무부는 농장에 자금을 대는 법률의 광범위한 방책 안에서 정책을 만들 특권을 이용하여 시범 기간을 설정할 수 있다. 농무부는 미국의 토양을 구하기 위해 활발하게 노력하는 강력하면서도 중요한 동반자다. 하지만 혼자서는 할 수 없다. 농무부 자연자원보전청은 토양 건강을 증진하는 데 헌신하고 있으며 이미 토지 보전 프로그램과 농부들을 대상으로 한 교육을 통해 토양 탄소를 늘리는 엄청난 진전을 이뤄냈다. 이처럼 식품 표지, 작물 보험 그리고 협력은 농경법에 영

---

* 생물다양성을 높이고 토양과 물을 보호하기 위한 보전 농법의 일종으로 자생하는 다년생 식물(야생초)을 경작지에 띠모양으로 배치하는 것이다.
https://www.nrem.iastate.edu/research/STRIPS/content/what-are-prairie-strips

향을 줄 수 있는 추가적인 수단을 제공한다.

식품 표지와 작물 보험의 변화는 농부들이 토양을 보존하는 농법을 채택하는 것에 대한 보상이 될 수 있다. 하지만 이런 변화들이 효과적이기 위해서는 식량 시스템 전반에 걸친 참여와 변화를 촉진시킬 열정적인 대중의 지지가 필요하다. 우리는 대부분 토양과 그 운명에 대해 별걱정을 하지 않는다고 해도 과언이 아니다. 그러므로 입법자들이 법을 제정하고 정부 지도자들이 정책을 만들며 식품 소매업자가 토양에 안전한 식품을 판매하고 소비자가 이를 구매하게 하도록 압력을 가할 만큼 대중의 관심을 충분히 높이는 일이 중요하다. 이는 사회적 변화를 요구할 것이다.

하버드 로스쿨 교수인 캐스 선스타인(Cass Sunstein)은 모든 사회적 변화는 사회적 규범을 조정하는 데서 온다고 주장한다. 규범이 조정되기만 한다면 사람들이 새로운 믿음, 지식, 습관, 구체적인 행동 양상을 다른 이들에게 전달하면서 변화는 저절로 퍼져나갈 것이다. 우리가 여러 곳에서 그러한 메시지를 들어 '티핑 포인트(tipping point, 어떤 사회적 변화가 갑자기 유행하게 된 과정을 설명하기 위해 말콤 글래드웰(Malcolm Gladwell)이 제시한 개념)'에 이르게 되면 이런 변화는 진전될 것이다.[12] 사회 집단들은 이 지점에 도달하기 위해 장벽을 없애고 혜택을 제공하며 전달하고자 하는 메시지와 원하는 결과를 일치시켜야 한다. 플라스틱을 폐기하는 일은 재활용 운동으로 대체됐다. 몸이 불편한 사람들을 보호 시설로 보내고 사회적으로 소외시키는 일은 사회적 보살핌과 차별 교육 철폐로 대체됐다. 이런 각각의 변화는 기존 상황이 유발하는 부정적 영향을 보여주는 자료에 반복적으로 노출시키고, 변화를 지지하는 목소리를 높이며, 영향력 있는 사람이 참여하고, 법률과 장려책을 도입하며, 새로운 규범 채택을 용이하게 하는 것을 포함해 여러 가지가 작용한 결과였다. 한 가지 요인만 단독으로 작용하는 경우는 거의 없었다. 카리스마 넘치는 목소리가 없다면 자료만으로는 아무런 호응을 얻지 못한다. 한 가닥 목소리는 증폭되지 않는다면 들리지 않는다. 설득력은 있지만 개인들이 행동에 옮길 수 있는 쉬운 방법을 제시하지 않는 주장은 사람들의 화만 돋운다.

유기농 식품 운동의 성공은 티핑 포인트의 영향을 보여준다. 운동은 1920년대에 시작했지만 농업용 살충제, 제초제 그리고 비료가 하천을 오염시키고 식량 공급에도 침투한다는 환경 문제를 밝혀낸 레이첼 카슨(Rachel Carson)의 『침묵의 봄』이 출판되기까지 미국에서 자리 잡지 못했다. 하지만 대중에게 환경 보호에 관한 새로운 어휘와 발상을 불러일으킬 만큼 강력한 카슨의 책도 혼자서는 새로운 움직임을 일으키지 못했다. 살충제인 DDT가 매력적인 흰머리독수리에게 미치는 영향이 널리 알려지게 되고 1967년 멸종위기종 보호법이 통과되면서 게일로드 넬슨(Gaylord Nelson) 상원 의원은 환경 문제에 대한 대중적 인식을 증진시키기 위해 1970년 지구의 날을 처음으로 도입했다. 그리고 3개월 후 오염 물질로부터 국민 건강과 환경을 보호하라는 임무를 부여받고 행정 명령으로 미국 환경보호청(Environmental Protection Agency)이 설립되었다. 1970년대의 반체제 운동은 환경적으로 안전한 생활 방식 중 하나로 유기농 방식을 옹호했다. 후에 베트남전에서 돌아온 참전용사들도 전쟁 중에 사용했던 강력한 제초제인 에이전트 오렌지(Agent Orange)가 일으킨 어마어마한 피해를 목격한 후 제초제 사용에 저항하며 이 운동에 참여했다.[13] 유기농 식품은 중요하지만 미국 농업에는 여전히 작은 부분으로 남아 있다. 미국에서의 연간 매출은 농부, 식품 산업 그리고 소비자의 뒷받침을 받아 2020년 200억 달러까지 치솟아 티핑 포인트에 이르고 있다. 제때에 토양을 구해낼 티핑 포인트에 도달하기 위해서는 더 광범위하고 빠른 변화가 요구될 것이다.

토양보호 운동(SOS)은 모든 종류의 크고 작은 농장에서 곡물, 채소 그리고 육류를 생산하는 농부들을 참여시킬 필요가 있다. 또한 '탄소 영웅이 생산한 상품' 표지를 장려하고 대중과 소비자들의 지지를 이끌어 낼 수 있다. 이런 노력은 사회적 변화 형성과 이전 운동의 과오 회피에 관한 연구를 기반으로 해야 효율성을 극대화할 수 있다.

토양을 되살리기 위한 활동은 농부들을 넘어서까지 확장되어야 한다. 마당이나 옥상에 탄소가 풍부한 텃밭을 조성하도록 장려하는 캠페인은 수백만 명의 사람들을 토양과 식량 체계에 참여시킬 수 있다. 또한 그렇게 함으로써 자연 자원과 이를 보살피는 사람들에 대한 인식이 커지게 된다. '뉴욕 동부 농장!' 같은 공동체 텃밭 프로그램은 작물을 키우고 토양을 비옥하게 하는 협력적 단체 결성에 도움이 될 수 있다.

토양보호 운동의 성공은 우리로 하여금 서로 다른 감흥에 의해 행동하게 만드는 다면적 캠페인에 좌우될 것이다. 광범위한 캠페인은 정치적 행동주의, 구매 선택 그리고 신념 체계를 이끌어 낼 것이다. 토양 위기와 이 위기를 멈출 방법에 대한 관심을 확산시키기 위해서는 언론, 책, 공익 광고, SNS 그리고 학교 교육 과정을 통해 정보를 전파할 필요가 있다. 과거에는 어떤 의사소통 방법이 성공적이었을까?

예술과 오락 산업은 사람들에게 정보를 전달하고 그들의 행동에 영향을 미치는 입증된 방법임에도 불구하고 과학적인 문제 해결을 시도하는 사람들은 대개 이를 무시하곤 한다. 많은 사회심리학 문헌은 감성적인 반응을 이용하는 예술적 메시지가 행동을 변화시키는 데 효과적이라는 사실을 보여준다. 심지어 1947년에도 영화가 행동을 변화시키며 텔레비전이 사회적 이익을 위한 공적 메시지를 전달할 수 있다는 합의가 있었다. 예를 들어 1970년대 인기 있는 텔레비전 프로그램이었던 「해피 데이스(Happy Days)」의 한 편에서 인기가 많았던 등장인물이 여자를 만나기 위해 도서관으로 향하는 장면이 있었다. 이 모습이 방영되고 미국에서 도서관 카드를 만드는 젊은 층의 비율이 500% 늘었다. 그 후 약물 남용, 소아 예방 접종 그리고 환경 보호에 대한 선택에 영향을 미치기 위해 교육적 오락물이 활용되었다. 이 전략은 효과가 있었다. 일례로 미국에서는 음주 운전을 예방하기 위해 텔레비전 시리즈에 지정 운전자라는 설정을 삽입한 지 3년만에 이 개념이 일반화되었다.[14]

기후변화에 대한 대중의 관심을 불러일으키려 노력했던 것처럼 다양한 종류의 오락 미디어는 중요한 역할을 해야 한다. 앨 고어(Al Gore)의 다큐멘터리인 「불편한 진실」은 탄소 배출 증가로 인한 재앙의 모습을 과학적으로 정확하게 그려 내어 대중의 관심을 끌었다. 2004년 SF 대작 영화인 「투모로우」는 기후변화를 대담하게 그려 내어 앨 고어의 다큐멘터리보다 10배나 많은 사람들과 만났다. 이 영화는 충격적인 특수 효과와 간혹 터무니없는 과학적 전제로 인해 과학자들에게 비난과 극찬을 동시에 받았다. 이 영화는 다른 어떤 기후에 관한 메시지보다 더 많은 사람들에게 닿았고 기후변화 담론의 기준이 됐다. 저명한 과학 잡지에 실린 논문에서도 이 영화가 언급됐으며 몇몇 과학자들은 더 많은 대중에게까지 담론을 넓히고 지구 온난화를 방지하기 위한 행동을 취하려는 자발적인 마음이 늘어나도록 만든 것을 높이 평가했다. 다른 과학자들은 과학적 오류를 용서할 수 없었으며, 이 영화가 대중에게 오해를 심어주거나 심지어 기후변화에 대한 의구심을 높일 수도 있다고 걱정했다. 또 다른 사람들은 이 영화가 논쟁을 유발하는 수사적 기법으로서 목표에 도움이 된다고 주장한다. 그리고 몇몇은 영화 속 성 역할과 인종에 대한 고정 관념으로 문제가 되는 세계관을 널리 알린다는 면에서 그 이점을 상쇄한다고 생각했다.[15] 어쩌면 토양 운동가들은 토양과 토양 보존을 일상적인 대화의 주제로 이끌어 내는 과학적으로 정확하면서도 마음을 사로잡는 흥행 영화를 의뢰함으로써 기후변화 운동이 오락 미디어를 활용한 것에서 진전을 이룰 수 있을지도 모르겠다.

토양에 대해 널리 알리기 위해 정서적 참여를 이용할 수 있는 또 다른 인기 있는 매개체는 비디오 게임이다. 2020년에 미국인의 약 75%가 비디오 게임을 해봤지만 직전년도에 교양 서적을 읽은 성인은 절반밖에 되지 않았다.[16] 전 세계에 있는 30억 명의 게이머 덕에 비디오 게임은 강력한 도구가 됐다. 식물을 주제로 한 "식물 vs 좀비"라는 게임이 800만 명의 마음을 빼앗고 전 세계 비디오 게임 순위 33위가 될지 누가 예상이나 했을까? 이 게임의 대성공으로 내 동료 중 하나인 심리학 교수 캐런 슐러스(Karen Schloss)는 토양 침식에 대한 비디오 게임을 제안했다. 토양보호 운동은 토양에 대한 과학적으로 책임감 있고 사실에 기반을 둔 정확한 설명과 허구적 묘사를 대중에게 제공하기 위해서 영화와 비디오 게임뿐만 아니라 유튜브 영상과 공익 광고, SNS도 활용해야 한다. 다양한 유형의 매체는 나이, 직업, 사회 경제적 수준 그리고 생활 방식 전반에 걸쳐 광범위한 사회적 단면에 닿을 수 있다.

이해 관계자 연합체는 토양 관련 정보 캠페인을 이끌며 다양한 산업과 전달자를 연결할 수 있다. 전달되는 메시지의 성격은 매우 중요하다. 코로나19 이후의 세계는 위기로 지쳐있다. 사람들은 다른 사람과 관계를 맺고 가시적인 영향을 미치는 변화에 참여하고 싶어 한다. 국제적 운동은 광범위하게 사람들을 끌어들여 우리가 자기 자신보다 커다란 무언가가 된 것 같은 느낌이 들게 해 단일한 목표로 뭉치고 세상과 연결되는 듯한 감각을 불러일으킬 필요가 있다. 모든 사람들로 하여금 토양보호 운동에 참여하고 주인 의식을 갖도록 촉구하는 메시지는 사람들을 압도하고 무력하게 하는 문제인 기후변화 뿐만 아니라 토양 문제에 대처하는 구체적인 개별 행동에 초점을 맞춰야 한다. 토양 탄소를 늘리는 노력을 지원함으로써 말이다. 개인이 주체적인 능력에 대한 자기 인식을 가지게 되면 결국 서로에게 힘을 불어넣으며 희망을 가져올 것이다. 메시지 전달은 지구적 차원에서 행동하지 않음으로 인한 부정적인 결말과 공동의 실행이라는 긍정적인 성과 사이에서 균형을 잡아야 한다. 많은 사람들은 토양과 기후 위기를 해결하는 데 기여하고 이 목표를 위해 일하는 농부를 지지한다는 것을 느끼기 위해 탄소 및 토양 친화적인 식품을 선택함에 있어 추가 비용을 지불할 준비가 돼 있을 것이다. 이 운동의 메시지는 변화를 위한 국가적 혹은 국제적 힘의 일부가 되는 행동, 동인動因 그리고 긍지를 강조해야 할 것이다.

    토양보호 운동은 과장된 약속(토양에 탄소를 추가하는 일은 토양 침식이나 기후변화의 만병통치약이 아니다)을 하지 않고 목표를 달성할 수 있도록 신중해야 한다. 매년 12월 5일, 세계 토양의 날에 어느 정도의 성취를 기념할 수 있다. 미국 대통령은 연두 교서*에서 토양 탄소 목표에 따른 진행 사항을 갱신해야 한다. 그날의 다른 긴급한 문제에 대해 그러는 것처럼 대통령으로부터 토양에 대한 설명을 들을 수 있기를 고

---

* 미국 대통령이 매년 1월 의회에 제출하는 신년도 국정 방침

대하는 대중을 위해 말이다.

많은 나라들이 거의 모든 국민이 참여하는 전시 캠페인을 펼친 경험이 있다. 예를 들어 제2차 세계대전 동안 미국 여성들은 군수품 공장에서 일하거나 빅토리 가든(Victory Garden)*을 꾸렸다. 영국과 호주의 여성들은 농업 지원 부인회(Women's Land Armies)**에 참여해 농장의 노동력 수요를 채웠다. 토양 위기 극복이라는 공동 목표 아래 이런 광범위한 참여가 필요하다.

전 세계 사람들은 토양 침식과 기후변화 두 가지 모두에 공통적인 해결책이라는 신선한 메시지를 반길지도 모른다. 토양이 스스로 지구 온난화를 해결할 수는 없다. 하지만 토양 관리는 기후 의제에 다방면으로 기여할 수 있다. 화석 연료 배출을 줄이는 방법에만 집중하는 대신 토양에 탄소를 격리한다는 새로운 관점은 위기를 해결하는 데 제 역할을 하고 싶은 열망을 지닌 대중에게 능력을 부여하고 설렘을 줄 수 있다. 물론 기후변화를 최우선으로 여기는지 그렇지 않은지도 모르는 다른 이들에게 자비를 구할 필요도 없다. 이들에게 새로운 위기인 토양 침식과 이를 즉각적으로 해결할 수 있는 전략을 함께 소개하는 일은 문제를 해결하는 인류의 능력에 대한 낙관주의와 공감을 확산시킬 수도 있다.

오랜 세월 검증된 농경법은 또 다른 환경 재앙을 일으키지 않고 토양을 되살릴 수 있는 지식이 수중에 있다는 사실로 우리를 안심시킬 것이다. 지질공학이나 바다의 영양분 조절 같은 최첨단 해결 방법과 위험하고 의도하지 않은 결과를 가져올 가능성이 있는 다른 극단적인 기후변

---

* 세계대전 기간 동안 미국, 영국, 캐나다, 독일에서 사유지나 공원에 작물을 재배해 민간인과 군인의 식량을 조달했다. https://gardens.si.edu/gardens/victory-garden/
** 제2차 세계대전 당시 식량 생산을 늘리기 위해 전쟁에 참전한 남성을 대신해 농사일에 뛰어든 여성을 칭한다. https://www.iwm.org.uk/history/what-was-the-womens-land-army

화 해결법 제안에는 반발할 사람들도 이해하기 쉬운 간단한 유형의 해결책에는 주의를 기울일 것이다.[17] 장려책, 광범위한 메시지 전달 캠페인 그리고 법제화는 이런 해결 방법을 현실로 만들 수 있다.

내가 오바마 대통령과 함께 일했을 때 대통령실 직원이 대통령의 발언 중 영감을 주는 문구를 작은 카드에 인쇄해 백악관 직원들에게 나눠주었다. 나는 "우리가 하는 모든 일은 가능성을 불어넣을 수 있어야 한다. 우리는 미래가 두렵지 않다"는 문구가 적힌 카드 하나를 책상 위에 두었다. 이는 대통령이 우리 모두에게 불어넣은 희망이었다. 이는 공허한 낙관주의처럼 들리지만 오바마 대통령은 우리 모두가 힘겨운 역경에 대항해 얼마나 성취했는지를 상기시켰다. 그리고 종종 인류의 정신과 독창성의 힘 그리고 이 나라가 이룬 위대한 진전에 대해 말하기도 했다. 이 책을 읽고 난 후 여러분도 이 낙관주의를 지녔으면 한다. 어떤 것도 만병통치약이 될 수 없으며 어떤 한 가지 접근 방식도 토양 침식과 기후변화를 멈추게 할 수 없다. 하지만 우리는 우리 인류와 지구를 향한 거대한 두 가지 위협을 완화할 방법을 찾아냈다. 비록 제시된 자료들이 염려스러울 수는 있지만 미래를 두려워해서는 안 된다. 토양의 재생 능력과 인류의 독창성이 만나면 위태로운 미래에서 우리를 구원해 낼 수 있다.

감사의 글

 이 책을 쓸 수 있도록 준비되기까지 보낸 40년 동안 수많은 사람이 나를 도와주었다. 토양학자, 기후변화 전문가, 정책 수립자, 작가 그리고 수많은 사람이 내가 이 책의 저자가 될 수 있도록 정보를 공유하고 토론하며 가르쳐주고 도와주었다.

 카일라 코헨(Kayla Cohen)의 연구와 협업이 없었다면 이 책은 완전히 달라졌을 것이다. 코헨은 날카로운 통찰력, 철저한 조사 그리고 꼼꼼한 편집으로 본문의 내용과 문체를 손봤다. 표현을 다듬고 쉽게 읽히도록 하는 능력은 책의 모든 페이지에서 눈에 띈다. 코헨이 이 책에 가져다준 선물에 말로 다 표현할 수 없을 정도로 감사를 표한다. 또한 카일라 코헨에게 커다란 지지와 격려를 보낸 팜 코헨(Pam Cohen)과 다비드 코헨(David Cohen) 그리고 우리를 소개해 준 비키 챈들러(Vicki Chandler)에게 감사를 보낸다.

 아래의 사람들에게도 특별한 감사를 보낸다.

 파커 리오토(Parker Liautaud)와 앤드류 하누스(Andrew Hanus)는 백악관에서 나와 함께 토양 정책을 수립하기 위해 쉬지 않고 일했다. 멋진 연구를 하고 토양에 대한 내 생각을 정리할 수 있게 도와주며 말이다. 그리고 이 제목을 추천해 준 리오토에게 감사의 마음을 전한다.

엘리자베스 스털버그(Elizabeth Stulberg)는 백악관과 그 밖의 기관에서 토양에 관한 일을 하면서 탄소 정책에 대한 통찰력을 보여주었다.

릭 크루스(Rick Cruse)는 내가 백악관에서 토양 정책을 개발하는 데 도움을 주었으며 흔쾌히 전화를 받아주고 찾아오거나 글을 썼다. 그는 내 생각을 현대의 토양학으로 탈바꿈시켜 주었다. 이 책을 쓰는 동안 끝없이 정보와 아이디어를 제공하고 늦은 밤에 보낸 메일에도 답해주었다. 심지어 아이오와주 숲속 외딴 오두막에서도 말이다. 내가 이 책을 쓸 수 있도록 영감을 주고 내 글에 대한 피드백을 준 것에 항상 감사한다.

가스 함스워스(Garth Harmsworth), 제시카 허칭스(Jessica Hutchings), 빌리암 베테레(William Wetere) 그리고 투이 아로하 웨맨호벤(Tui Aroha Warmenhoven)은 마오리족의 문화, 역사 그리고 토양 관리에 대한 중요한 통찰력을 제공해 주었다. 함스워스는 수많은 사진을 제공하고 마오리족에 관한 내용을 검토하고 풍성하게 만들어 주었다.

아나벨 포드(Anabel Ford)는 마야 문화에 대한 연구를 돕고 그 내용을 검토해 주었으며 널리 퍼져있는 정설에 대한 주의를 환기시켜 주었다.

존 밸리(John Valley), 이에시마 해리스(Iyeshima Harris), 조지아나 스캇(Georgianna Scott) 그리고 조 브래거(Joe Bragger)는 코헨과 나에게 자신들의 삶을 공개하고 경험과 전문 지식을 공유하며 초고의 일부를 검토해 주었으며 자신들을 언급해도 된다고 허락해 주었다.

알프레드 하르테밍크(Alfred Hartemink)와 브래들리 밀러(Bradley Miller)는 토양에 대한 나의 부족한 지식을 항상 기꺼이 채워 주었으며 해당 부분의 초고를 검토해 주었다.

안톤 페트루스(Anton Petrus)는 키이우(Kiev) 밖에 있는 체르노젬으로 달려가 옥수수밭으로 뒤덮이기 전에 토양의 모습을 촬영해 주었다.

키스 포스티안(Keith Paustian)은 내가 탄소 수지에 대한 복잡한 내용을 이해하는 데 도움을 도와주었다.

지나 케이슨(Gina Caison)은 창작물 속에 등장하는 토양을 알려주었다.

매튜 루악(Matthew Ruark), 마이클 벨(Michael Bell), 윌리엄 트레이시(William Tracy), 코벳 그레인저(Corbett Grainger), 에린 실바(Erin Silva), 애니타 찬(Anita Chan), 제러미 테퍼먼(Jeremy Teperman), 제임스 파커(James Farquhar), 제임스 캐스팅(James Kasting), 앨리슨 게일(Alison Gale), 케빈 마사릭(Kevin Masarik), 아민 에마디(Amin Emadi), 맷 세이브(Matt Seib), 마이클 파르센(Michael Parsen), 짐 헤베(Jim Hebbe), 잔 화이티시(Jeanne Whitish), 윌리엄 가르트너(William Gartner), 빌리암 베테레(William Wetere), 카린 레멜츠발(Karin Remmelzwaal), 데이비드 브라우닝(David Browning), 앤드류 W. 스티븐스(Andrew W. Stevens) 그리고 캐리 라보스키(Carrie Laboski)는 여러 측면에서 토양에 대한 연구와 정책에 도움을 주었다.

다라 파크(Dara Park), 라마(Rama), 드와이트 시플러(Dwight Sipler), 마티아스 반메르케(Matthias Vanmaercke), 폴 라이히(Paul Reich), 알프레드 하르테밍크(Alfred Hartemink), 국립토양조사센터, 몬티셀로/토머스 제퍼슨 재단, 뉴질랜드 토지보호연구소, 미국 농무부-자연자원보전청 그리고 그리드-아렌달(GRID-Arendal)은 사진과 지도를 제공해 주었다.

리즈 에드워즈(Liz Edwards), 소피 울프슨(Sophie Wolfson), 빌 넬슨(Bill Nelson), 헬렌 존스(Helen Jones), 보비 에인절(Bibbi Angell) 그리고 마크 G. 세브렛(Marc G. Chevrette)은 아름답고 창의적인 그림을 그려주었다. 에드워즈는 매 장의 도입부에 훌륭한 그림을 그려주었다.

MIT 출판부의 밥 프라이어(Bob Prior)는 내가 이 책을 끝까지 쓸 수 있도록 격려해 주었다.

마텔 덴하토그(Martel DenHartog)는 끝까지 나를 응원하고 세세한 부분에 관심을 기울이며 관련 도서를 찾는 데 도움을 주었다.

로라 랭글리(Laura Langley)는 내가 글 쓰는 시간을 확보할 수 있도록 다방면에서 도움을 주었다.

핸델스만 연구실은 항상 내 자료를 수정하고 말동무가 돼 주었다.

엘리자베스 실비아(Elizabeth Sylvia)와 예일대학교 출판부 직원들은 내게 조언을 포함해 창의적인 도움을 주었다.

예일대학교 출판부의 뛰어난 편집자인 장 톰슨 블랙(Jean Thompson Black)은 눈부시면서도 깊이 있는 경험과 과학 및 출판에 대한 폭넓은 지식을 나눠 주었다. 즐겁거나 고통스러웠던 매 순간 호의와 유머를 통해 책을 이끌어가는 동시에 확고한 지지를 보내 주었다.

내 자매인 힐러리 핸델스만(Hilary Handelsman)과 앨릭스 핸델스만(Alix Handelsman)은 지치지 않고 교정을 봐주었으며 글 쓰는 내내 나에게 사랑을 선사했다.

그리고 케이시(Casey)에게 마음을 다해 감사를 표한다.

약어 略語

FAO	Food and Agriculture Organization of the United Nations (유엔식량농업기구)
IPCC	Intergovernmental Panel on Climate Change (기후변화에 관한 정부 간 협의체)
ITPS	Intergovernmental Technical Panel on Soils (토양에 관한 정부 간 기술위원회)
PNAS	Proceedings of the National Academy of Sciences of the United States (미국국립과학원회보)
UNESCO	United Nations Educational, Scientific and Cultural Organization (유네스코, 유엔교육과학문화기구)
USDA	United States Department of Agriculture(미국 농무부)
USGS	United States Geological Survey(미국 국가지질조사국)

주 註

프롤로그

1. FAO, *Healthy Soils Are the Basis for Healthy Food Production* (Rome: FAO, 2015)
2. David A. N. Ussiri and Rattan Lal, *Carbon Sequestration for Climate Change Mitigation and Adaptation* (Cham, Switzerland: Springer International, 2017), 80, 86.
3. FAO and ITPS, *Status of the World's Soil Resources: Main Report* (Rome: FAO, 2015), 101–103; Ronald Amundson et al., "Soil and Human Security in the 21st Century," *Science* 348 (2015): 1261071; David R. Montgomery, "Soil Erosion and Agricultural Sustainability," PNAS 104 (2014): 13268–13272; Stanley W. Trimble, *Man-Induced Soil Erosion of the Southern Piedmont, 1700–1970* (Ankeny, Iowa: Soil and Water Conservation Society, 2008); Richard Cruse et al., "Daily Estimates of Rainfall, Water Runoff, and Soil Erosion in Iowa," *Journal of Soil and Water Conservation* 61 (2006): 191, pl. 6; Evan A. Thaler, Isaac J. Larsen, and Qian Yu, "The Extent of Soil Loss Across the US Corn Belt," *PNAS* 118 (2021): e1922375118.
4. Montgomery, "Soil Erosion."
5. "Welcome to the '4 per 1000' Initiative," 4 per 1000, https://www.4p1000.org.

1. 새벽-보이지 않는 위기

1. USDA, *Summary Report: 2012 National Resources Inventory* (Washington, D.C.: Natural Resources Conservation Service; and Ames, Iowa: Center for Survey Statistics and Methodology, 2015); Jesse Newman, Renée Rigdon, and Patrick McGroarty, "The World's Appetite Is Threatening the Mississippi River," *Wall Street Journal*, July 2, 2019, http://graphics.wsj.com/mississippi/.

2. 지구의 암흑물질

1. J. W. Valley, "A Cool Early Earth?," *Scientific American* 293 (2005): 58–63.
2. Tara Djokic et al., "Earliest Signs of Life on Land Preserved in ca. 3.5 Ga Hot Spring Deposits," *Nature Communications* 8, no. 15263 (2017); Takayuki Tashiro et al., "Early Trace of Life from 3.95 Ga Sedimentary Rocks in Labrador, Canada," *Nature* 549 (2017): 516–518.
3. Eiichi Tajika and Mariko Harada, "Great Oxidation Event and Snowball Earth," in *Astrobiology: From the Origins of Life to the Search for Extraterrestrial Intelligence*, ed. Akihiko Yamagishi, Takeshi Kakegawa, and Tomohiro Usui (Singapore: Springer Nature Singapore, 2019), 261–271.
4. '지구의 시간기록계'로서의 지르콘은 Valley, "Cool Early Earth?," 64.를, 지르콘 결정을 이용한 연대 추정은 Simon A. Wilde et al., "Evidence from Detrital Zircons for the Existence of Continental Crust and Oceans on the Earth 4.4 Gyr Ago," *Nature* 409 (2001): 175–178.를 참고
5. Wilde et al., "Evidence from Detrital Zircons."
6. J. William Schopf, *Cradle of Life: The Discovery of Earth's Earliest Fossils* (Princeton, N.J.: Princeton University Press, 1999), 5.
7. J. William Schopf et al., "SIMS Analyses of the Oldest Known Assemblage of Microfossils Document Their Taxon-Correlated Carbon Isotope Compositions," PNAS 115 (2018): 53.
8. Harvinder Singh, *Steel Fiber Reinforced Concrete: Behavior, Modelling and Design* (Singapore: Springer Singapore, 2017), 2.
9. Larry Horath, *Fundamentals of Materials Science for Technologists: Properties, Testing, and Laboratory Exercises*, 3rd ed. (Long Grove, Ill.: Waveland, 2019), 165; Bradley D. Fahlman, "Solid-State Chemistry," in *Materials Chemistry*, 3rd ed. (Dordrecht: Springer Netherlands, 2018).
10. Hans-Curt Flemming and Stefan Wuertz, "Bacteria and Archaea on Earth and Their Abundance in Biofilms," *Nature Reviews Microbiology* 17 (2019): 247–260.
11. Yinon M. Bar-On, Rob Phillips, and Ron Milo, "The Biomass Distribution on Earth," PNAS 115 (2018): 6506; Laureano A. Gherardi and Osvaldo E. Sala, "Global Patterns and Climatic Controls of Belowground Net Carbon Fixation," PNAS 117 (2020): 20038–20043; Birgit W. Hütsch, Jürgen Augustin, and Wolfgang Merbach, "Plant Rhizodeposition: An Important Source for Carbon Turnover in Soils," *Journal of Plant Nutrition and Soil Science* 165 (2002):

397–407; Christophe Nguyen, "Rhizodeposition of Organic C by Plants: Mechanisms and Controls," *Agronomy* 23 (2003): 375–396; Hans Lambers, "Growth, Respiration, Exudation and Symbiotic Associations: The Fate of Carbon Translocated to the Roots," in *Root Development and Function*, ed. P. J. Gregory, J. V. Lake, and D. A. Rose (Cambridge: Cambridge University Press, 1987), 125–145; Rajeew Kumar, Sharad Pandey, and Apury Pandey, "Plant Roots and Carbon Sequestration," *Current Science* 91 (2006): 885–890.

12. "Mount St. Helens: From the 1980 Eruption to 2000," U.S. Geological Survey Fact Sheet 036-00, USGS, last modified March 1, 2005, https://pubs.usgs.gov/fs/2000/fs036-00/.

13. A. H. Fitter et al., "Biodiversity and Ecosystem Function in Soil," *Functional Ecology* 19 (2005): 369–377; Thibaud Decaëns, "Macroecological Patterns in Soil Communities," *Global Ecology and Biogeology* 19 (2010): 287–302; Richard D. Bargdett and Wim H. van der Putten, "Belowground Biodiversity and Ecosystem Functioning," *Nature* 515 (2014): 505–511; Alan Kergunteuil et al., "The Abundance, Diversity, and Metabolic Footprint of Soil Nematodes Is Highest in High Elevation Alpine Grasslands," *Frontiers in Ecology and Evolution* 4 (2016): 84; Tom Bongers and Marina Bongers, "Functional Diversity of Nematodes," *Applied Soil Ecology* 10 (1998): 239–251; Patrick D. Schloss and Jo Handelsman, "Toward a Census of Bacteria in Soil," *PLoS Computational Biology* 2 (2006): e92; Alberto Orgiazzi et al., *Global Soil Biodiversity Atlas* (Luxembourg: Publications Office of the European Union, 2015); Noah Fierer, "Earthworms' Place on Earth," *Science* 366 (2019): 425–426.

3. 흙이 하는 일

1. Christian Feller, Lydie Chapuis-Lardy, and Fiorenzo Ugolini, "The Representation of Soil in the Western Art: From Genesis to Pedogenesis," in *Soil and Culture*, ed. Edward R. Landa and Christian Feller (Dordrecht: Springer Netherlands, 2009), 3–22; "Bhudevi," New World Encyclopedia, https://www.newworld encyclopedia.org/entry/Bhudevi; Hassan El-Ramady et al., "Soils and Human Creation in the Holy Quran from the Point of View of Soil Science," *Environmental Biodiversity and Soil Security* 3 (2019): 2–3.

2. Ernest Thompson Seton and Julia M. Seton, comps., *The Gospel of the Redman*,

commemorative ed. (Bloomington, Ind.: World Wisdom, 2005), 80.
3. Martin K. Jones and Xinyi Liu, "Origins of Agriculture in East Asia," *Science* 324 (2009): 730–731; Ainit Snir et al., "The Origin of Cultivation and Proto-Weeds, Long Before Neolithic Farming," *PLoS ONE* 10 (2015): e0131422.
4. Jeanne Sept, "Early Hominin Ecology," in *Basics in Human Evolution*, ed. Michael P. Muehlenbein (Amsterdam: Elsevier, 2015), 86–101; Ewen Callaway, "Oldest *Homo sapiens* Fossil Claim Rewrites Our Species' History," *Nature News*, June 8, 2017, https://www.nature.com/news/oldest-homo-sapiens-fossil-claim-rewrites-our-species-history-1.22114; Brigitte M. Holt, "Anatomically Modern *Homo sapiens*," in *Basics in Human Evolution*, ed. Michael P. Muehlenbein (Amsterdam: Elsevier, 2015), 177; Nicholas Toth and Kathy Schick, "Overview of Paleolithic Archaeology," in *Handbook of Paleoanthropology*, ed. Winfried Henke and Ian Tattersall (Berlin: Springer, 2015), 2441–2464; Ansley J. Coale, "The History of the Human Population," *Scientific American* 231 (1974): 40–51.
5. Sanjai J. Parikh and Bruce R. James, "Soil: The Foundation of Agriculture," *Nature Education Knowledge* 3 (2012): 2; Mark B. Tauger, "The Origins of Agriculture and the Dual Subordination," in *Agriculture in World History* (London: Routledge, 2010), 3–14; Jeffrey P. Severinghaus and Edward J. Brook, "Abrupt Climate Change at the End of the Last Glacial Period Inferred from Trapped Air in Polar Ice," *Science* 286 (1999): 930; Snir et al., "Origin of Cultivation."
6. FAO, *Healthy Soils Are the Basis for Healthy Food Production* (Rome: FAO, 2015).
7. R. L. Holle and R. E. López, "A Comparison of Current Lightning Death Rates in the U.S. with Other Locations and Times" (paper presented at International Conference on Lightning and Static Electricity, Royal Aeronautical Society, Blackpool, England, 2003), paper 103-34.
8. Edwin B. Fred, Ira L. Baldwin, and Elizabeth McCoy, *Root Nodule Bacteria and Leguminous Plants*, University of Wisconsin Studies in Science, no. 5 (1932), 4.
9. W. M. Stewart et al., "The Contribution of Commercial Fertilizer Nutrients to Food Production," *Agronomy* 97 (2005): 1.
10. Birgit W. Hütsch, Jürgen Augustin, and Wolfgang Merbach, "Plant Rhizodeposition: An Important Source for Carbon Turnover in Soils," *Journal of Plant Nutrition and Soil Science* 165 (2002): 397–407.
11. David J. Levy-Booth et al., "Cycling of Extracellular DNA in the Soil

Environment," *Soil Biology and Biochemistry* 39 (2007): 2977–2991; G. Pietramellara et al., "Extracellular DNA in Soil and Sediment: Fate and Ecological Relevance," *Biology and Fertility of Soils* 45 (2009): 219–235; Ohana Y. A. Costa, Jos M. Raaijmakers, and Eiko E. Kuramae, "Microbial Extracellular Polymeric Substances: Ecological Function and Impact on Soil Aggregation," *Frontiers in Microbiology* 9 (2018): 1636.

12. 식물과 균류의 상호작용은 B. Wang and Y.-L. Qiu, "Phylogenetic Distribution and Evolution of Mycorrhizas in Land Plants," *Mycorrhiza* 16 (2006): 300, 353.를, 인산질 비료 감소는 David R. Montgomery, *Dirt: The Erosion of Civilizations, with a New Preface* (Berkeley: University of California Press, 2012), 187–188.를 참고

13. Judith D. Schwartz, "Soil as Carbon Storehouse: New Weapon in Climate Fight?," *Yale Environment* 360, March 4, 2014; Rattan Lal, "Soil Carbon Sequestration to Mitigate Climate Change," *Geoderma* 123 (2004): 1–22.

14. 지하수 공급과 이용에 관해서는 *The United Nations World Water Development Report 2015: Water for a Sustainable World: Facts and Figures* (Paris: UNESCO, 2015), 2, 9, http://www.unesco.org/new/fileadmin/MULTIMEDIA/HQ/SC/images/WWDR2015 Facts_Figures_ENG_web.pdf와 유네스코 홍보국이 2012년 5월 5일 공개한 "World's Groundwater Resources Are Suffering from Poor Governance, Experts Say", http://www.unesco.org/new/en/media-services/single-view/news/worlds_groundwater_ resources_are_suffering_from_poor_gove.를, 인도에서의 지하수 이용에 관해서는 Himanshu Kulkarni, Mihir Shah, and P. S. Vijay Shankar, "Shaping the Contours of Groundwater Governance in India," *Journal of Hydrology: Regional Studies* 4, part A (2015): 173.를, 미국과 캐나다에서의 우물(관정 포함) 이용에 관해서는 미국 질병통제예방센터(CDC)가 2009년 4월 10일 정리한 음용수의 "물 공급원" https://www.cdc.gov/healthywater/drinking/public/water_sources. html#one과 캐나다 지하수 전문가 협의체 보고서 *The Sustainable Management of Groundwater in Canada* (Ottawa, Ont.: Council of Canadian Academies, 2009), 3, http://www.cec.org/wp-content/uploads/wpallimport/files/17-1-sub-appendix_ix_-_expert_panel_on_groundwater_-_sustainable_management_of_groundwater_-_2009.pdf.를 참고

15. National Research Council, *The New Science of Metagenomics: Revealing the Secrets of Our Microbial Planet* (Washington, D.C.: National Academies Press, 2007), 19.

16. *World Water Development Report 2015*, 6.

17. Vigdis Torsvik and Lise Øvreås, "Microbial Diversity and Function in Soil: From Genes to Ecosystems," *Current Opinion in Microbiology* 5 (2002): 240; Vigdis Torsvik, Jostein Goksøyr, and Frida Lise Daae, "High Diversity in DNA of Soil Bacteria," *Applied and Environmental Microbiology* 56 (1990): 782.
18. Hannah Ritchie, "How Do We Reduce Antibiotic Resistance from Livestock?," Our World in Data, November 16, 2017, https://ourworldindata.org/antibiotic-resistance-from-livestock.
19. Amanda Hurley et al., "Tiny Earth: A Big Idea for STEM Education and Antibiotic Discovery," *mBio* 12 (2021): e03432-20.
20. Richard H. Baltz, "Marcel Faber Roundtable: Is Our Antibiotic Pipeline Unproductive Because of Starvation, Constipation or Lack of Inspiration?," *Journal of Industrial and Microbial Biotechnology* 33 (2006): 507–513; Uddhav K. Shigdel et al., "Genomic Discovery of an Evolutionarily Programmed Modality for Small Molecule Targeting of an Intractable Protein Surface," PNAS 117 (2020): 17195– 17203.
21. Pasquale Borrelli et al., "An Assessment of the Global Impact of 21st Century Land Use Change on Soil Erosion," *Nature Communications* 8 (2017): 2013.

4. 지구에는 열두 가지 흙이 있어

1. Hans Jenny, *Factors of Soil Formation: A System of Quantitative Pedology* (New York: McGraw-Hill, 1941), 12.
2. Pavel Krasilnikov et al., eds., *A Handbook of Soil Terminology, Correlation and Classification* (London: Routledge, 2009), 1–2.
3. John King, "Plants Are Cool, but Why?," in *Reaching for the Sun: How Plants Work* (Cambridge: Cambridge University Press, 1997), 3; Robert S. Wallace, "Record-Holding Plants," *Plant Sciences*, Encyclopedia.com, https://www.encyclopedia.com/science/news-wires-white-papers-and-books/record-holding-plants.
4. Soil Survey Staff, *Illustrated Guide to Soil Taxonomy*, ver. 2 (Lincoln, Nebr.: U.S. Department of Agriculture, Natural Resources Conservation Service, National Soil Survey Center, 2015), 2–5.
5. Krasilnikov et al., *Handbook*, 2; Martin K. Jones and Xinyi Liu, "Origins of Agriculture in East Asia," *Science* 324 (2009): 730–731; Ainit Snir et al., "The Origin of Cultivation and Proto-Weeds, Long Before Neolithic Farming,"

PLoS ONE 10 (2015): e0131422; David C. Coleman, D. A. Crossley Jr., and Paul F. Hendrix, "1—Historical Overview of Soils and the Fitness of the Soil Environment," in *Fundamentals of Soil Ecology*, 2nd ed. (Amsterdam: Elsevier Academic Press, 2004), 2.

6. Edmund Ruffin, *An Essay on Calcareous Manures* (Petersburg, Va.: J. W. Campbell, 1832); Stanley W. Buol et al., *Soil Genesis and Classification*, 4th ed. (Ames: Iowa State University Press, 1999), 9; Vasily A. Esakov, "Dokuchaev, Vasily Vasilievich," *Complete Dictionary of Scientific Biography*, Encyclopedia.com, https:// www.encyclopedia.com/people/science-and-technology/environmental-studies-biographies/vasily-vasilievich-dokuchaev.

7. 소련 시대의 토양분류에 관해서는 Krasilnikov et al., *Handbook*, 11.를, 프랑스 토양분류에 관해서는 Commision de Pédologie et de Cartographie des Sols, *Classification des sols* (1967), https://horizon.documentation.ird.fr/exl-doc/pleins_textes/divers16-03/12186.pdf; Freddy O. Nachtergaele, "New Developments in Soil Classification: The World Reference Base for Soil Resources," in *Quatorzième Réunion du Sous-Comité ouest et centre africain de corrélation des sols pour la mise en valeur des terres* (Rome: FAO, 2002), 25.와 "Soil," BGR, https://www.bgr.bund.de/EN/Themen/Boden/boden_node_en.html.를, 그리고 세계토양자원분류기준에 관해서는 Jozef Deckers et al., *World Reference Base for Soil Resources—in a Nutshell*, European Soil Bureau, Research Report no. 7 (2001), 173. 를 참고

8. L. T. West, M. J. Singer, and A. E. Hartemink, eds., "Introduction," in *The Soils of the USA* (Cham, Switzerland: Springer, 2017), 2–3, fig. 1.1.

9. 열두 가지 토양목에 관해서는 Pan Min Huang, Yuncong Li, and Malcolm E. Sumner, eds., *Handbook of Soil Sciences Properties and Processes*, 2nd ed. (Boca Raton, Fla.: CRC Press, 2012); Stanley W. Buol et al., *Soil Genesis and Classification*, 6th ed. (West Sussex, UK: Wiley-Blackwell, 2011); Stanley W. Buol et al., *Soil Genesis and Classification*, 5th ed. (Ames: Iowa State University Press, 2003); "열두 가지 토양목"은 Global Rangelands, https://globalrangelands.org/topics/rangeland-ecology/twelve-soil-orders#Inceptisols; 그리고 "인셉티솔"은 아이다호 대학교 https://www.uidaho.edu/cals/soil-orders/inceptisols. 를 참고

5. 사라지는 흙

1. Rattan Lal and William C. Moldenhauer, "Effects of Soil Erosion on Crop Productivity," *Critical Reviews in Plant Sciences* 5 (1987): 303–367.
2. Rattan Lal, "Soil Erosion and Gaseous Emissions," *Applied Sciences* 10 (2020): 1–13; G. A. Fox et al., "Reservoir Sedimentation and Upstream Sediment Sources: Perspectives and Future Research Needs on Streambank and Gully Erosion," *Environmental Management* 57 (2016): 945–955; "멕시코만 저산소 지역"은 미국 내무부 국가지질조사국(USGS)이 2017년 10월 23일 갱신한 https:// toxics.usgs.gov/hypoxia/mississippi/oct_jun/index.html. 를 참고
3. FAO and ITPS, *Status of the World's Soil Resources: Main Report* (Rome: FAO, 2015), 103, 177; Dan Pennock, *Soil Erosion: The Greatest Challenge to Sustainable Soil Management* (Rome: FAO, 2019), 3; Christoffel den Biggelaar et al., "Crop Yield Losses to Soil Erosion at Regional and Global Scales: Evidence from Plot-Level and GIS Data," in *Land Quality, Agricultural Productivity, and Food Security: Biophysical Processes and Economic Choices at Local, Regional, and Global Levels*, ed. Keith Wiebe (Cheltenham, UK: Edward Elgar, 2003), 271; David R. Montgomery, "Soil Erosion and Agricultural Sustainability," *PNAS* 104 (2014): 13268–13272.
4. T. E. Fenton, M. Kazemi, and M. A. Lauterbach-Barrett, "Erosional Impact on Organic Matter Content and Productivity of Selected Iowa Soils," *Soil and Tillage Research* 81 (2005): 163–171; Lal, "Soil Erosion."
5. 건조 토양과 흙먼지 유출에 관해서는 Sujith Ravi et al., "Aeolian Processes and the Biosphere," *Reviews of Geophysics* 49 (2011): 1; Paul Reich, Hari Eswaran, and Fred Beinroth, "Global Dimensions of Vulnerability to Wind and Water Erosion," in *Sustaining the Global Farm: Selected Papers from the 10th International Soil Conservation Organization Meeting, May 24–29, 1999*, ed. D. E. Stott, R. H. Mohtar, and G. C. Steinhardt (West Lafayette, Ind.: International Soil Conservation Organization in cooperation with the USDA and Purdue University, 2001), 838–846; Frank E. Urban et al., "Unseen Dust Emission and Global Dust Abundance: Documenting Dust Emission from the Mojave Desert (USA) by Daily Remote Camera Imagery and Wind Erosion Measurements," *Journal of Geophysical Research: Atmospheres* 123 (2018): 8735–8753; Yaping Shao et al., "Dust Cycle: An Emerging Core Theme in Earth System Science," *Aeolian Research* 2 (2011): 182; Paul Ginoux et al., "Global-Scale Attribution of Anthropogenic and Natural Dust Sources and

Their Emission Rates Based on MODIS Deep Blue Aerosol Products," *Review of Geophysics* 50 (2012): RG3005; and FAO and ITPS, *Status*, 101.를, 미국에서의 풍식에 관해서는 USDA, *Summary Report: 2012 National Resources Inventory* (Washington, D.C.: Natural Resources Conservation Service; and Ames, Iowa: Center for Survey Statistics and Methodology, 2015), 2–8.를 참고

6. Ryan Schleeter, "The Grapes of Wrath," *National Geographic*, April 7, 2014, https://www.nationalgeographic.org/article/grapes-wrath/; Timothy Egan, *The Worst Hard Time: The Untold Story of Those Who Survived the Great American Dust Bowl* (New York: Houghton Mifflin Harcourt, 2006), 198–221.

7. Dong Zhibao, Wang Xunming, and Liu Lianyou, "Wind Erosion in Arid and Semiarid China: An Overview," *Journal of Soil and Water Conservation* 55 (2000): 439–444; "The Expansion of the Gobi Desert," ESRI, https://www.arcgis.com/apps/MapJournal/index.html?appid=c108d6ff4937464f86cb0fbef796f515; FAO and ITPS, Status, 290; Xunming Wang et al., "Desertification in China: An Assessment," *Earth Science Reviews* 88 (2008): 188–206; Wang Tao, "Aeolian Desertification and Its Control in Northern China," *International Soil and Water Conservation Research* 2 (2014): 35.

8. Sarah Gibbens, "Why This Dust Storm in India Turned Deadly," *National Geographic*, May 3, 2018, https://www.nationalgeographic.com/news/2018/05/india-dust-storm-wind-fatalities-science-spd/; India Today Web Desk, "Thunderstorm Hits Delhi-NCR: How Man's Neglect for Soil Management Has Given Rise to a Monster," India Today, May 3, 2018, https://www.indiatoday.in/education-today/gk-current-affairs/story/dust-storm-death-toll-facts-on-dust-storm-html-1225662-2018-05-03; Tapan J. Purakayastha et al., "Soil Resources Affecting Food Security and Safety in South Asia," in *World Soil Resources and Food Security*, ed. Rattan Lal and B. A. Stewart (Boca Raton, Fla.: CRC Press, 2012), 276.

9. FAO and ITPS, *Status*, 101.

10. J. D. Walsh et al., "Our Changing Climate," in *Climate Change Impacts in the United States: The Third National Climate Assessment*, ed. Jerry M. Melillo, Terese Richmond, and Gary W. Yohe (Washington, D.C.: U.S. Global Change Research Program, 2014), 19–67.

11. Thomas Schumacher et al., "Modeling Spatial Variation in Productivity Due to Tillage and Water Erosion," *Soil and Tillage Research* 51 (1999): 331–339; Pennock, *Soil Erosion*, 2.

12. 사하라 이남 아프리카에서의 물에 의한 침식은 FAO and ITPS, *Status*, 247–

를, 인도에서의 염류 집적은 G. Swarajyalakshmi, P. Gurumurthy, and G. V. Subbaiah, "Soil Salinity in South India: Problems and Solutions," *Journal of Crop Production* 7 (2003): 247–275.를 참고

13. Alexsey Sidorchuk and Valentin Nikolaevich Golosov, "Erosion and Sedimentation on the Russian Plain, II: The History of Erosion and Sedimentation During the Period of Intensive Agriculture," *Hydrological Processes* 17 (2003): 3347– 3358; John M. Laflen and Dennis C. Flanagan, "The Development of U.S. Soil Erosion Prediction and Modeling," *International Soil and Water Conservation Research* 1 (2013): 1–11, 2.

14. Jessica J. Veenstra and C. Lee Burras, "Soil Profile Transformation After 50 Years of Agricultural Land Use," *Soil Science Society of America Journal* 79 (2015): 1154–1162.

15. Y. P. Hsieh, K. T. Grant, and G. C. Bugna, "A Field Method for Soil Erosion Measurements in Agricultural and Natural Lands," *Journal of Soil and Water Conservation* 64 (2009): 374; Lal, "Soil Erosion"; A. Mahmoudzadeh, Wayne D. Erskine, and C. Myers, "Sediment Yields and Soil Loss Rates from Native Forest, Pasture, and Cultivated Land in the Bathurst Area, New South Wales," *Australian Forestry* 65 (2002): 73–80.

16. "핵실험 금지"와 유엔 핵실험 반대의 날(8월 29일), https://www.un.org /en/observances/end-nuclear-tests-day/history; V. A. Kashparov et al., "Soil Contamination with 90Sr in the Near Zone of the Chernobyl Accident," *Journal of Environmental Radioactivity* 56 (2001): 285–298; Paolo Porto et al., "Validating Erosion Rate Estimates Provided by Caesium-137 Measurements for Two Small Forested Catchments in Calabria, Southern Italy," *Land Degradation and Development* 14 (2007): 389–408; Eric W. Portenga and Paul R. Bierman, "Understanding Earth's Eroding Surface with ^{10}Be," *Geological Society of America Today* 21 (2011): 4–10.

17. C. King et al., "The Application of Remote-Sensing Data to Monitoring and Modelling of Soil Erosion," *Catena* 62 (2005): 79–93; Anton Vrieling, "Satellite Remote Sensing for Water Erosion Assessment: A Review," *Catena* 65 (2006): 2–18; Mehrez Zribi, Nicolas Baghdadi, and Michel Nolin, "Remote Sensing of Soil," *Applied and Environmental Soil Science* (2011): 1–2; "랜드샛 8호"와 미국 국가지질조사(USGS)를 위한 랜드샛의 임무, https://www.usgs.gov/core-science-systems/nli/landsat/landsat-8?qt-science_support_page_related_con=0#qt-science_support_page_related_con; Marián Jenčo et al., "Mapping Soil Degradation on Arable Land with Aerial Photography and Erosion

Models, Case Study from Danube Lowland, Slovakia," *Remote Sensing* 12 (2020): 1–17.
18. A. W. Zingg, "Degree and Length of Land Slope as It Affects Soil Loss in Runoff," *Agricultural Engineering* 21 (1940): 59–64; Walter H. Wischmeier, "A Rainfall Erosion Index for a Universal Soil-Loss Equation," *Soil Science Society America* 23 (1959): 246–249; Nyle C. Brady, *The Nature and Properties of Soil*, 8th ed. (New York: Macmillan, 1974), 639; Malcolm Newson, *Land, Water and Development: Sustainable Management of River Basin Systems*, 2nd ed. (London: Routledge, 1997), 218; Walter H. Wischmeier and Dwight D. Smith, *Predicting Rainfall-Erosion Losses from Cropland East of the Rocky Mountains: Guide for Selection of Practices for Soil and Water Conservation* (Washington, D.C.: Agricultural Research Service, USDA, in cooperation with Purdue Agricultural Experiment Station, 1965), 47; Laflen and Flanagan, "Development," 1–11; National Research Council, *Soil Conservation: Assessing the National Resources Inventory*, vol. 1 (Washington, D.C.: National Academies Press, 1986), 59; Christine Alewell et al., "Using the USLE: Chances, Challenges, and Limitations of Soil Erosion Modelling," *International Soil and Water Conservation Research* 7 (2019): 203–225; Fox et al., "Reservoir Sedimentation," 945–955; J. Poesen, D. Torri, and T. Vanwalleghem, "Chapter 19—Gully Erosion: Procedures to Adopt When Modelling Soil Erosion in Landscapes Affected by Gullying," in *Handbook of Erosion Modelling*, ed. R. P. C. Morgan and M. A. Nearing (Oxford: Blackwell- Wiley, 2011); National Research Council, *Soil Conservation: An Assessment of the National Resources Inventory*, vol. 2 (Washington, D.C.: National Academies Press, 1986).
19. Dennis C. Flanagan, "Modeling Soil and Water Conservation," in *Soil and Water Conservation: A Celebration of 75 Years*, ed. Jorge A. Delgado, Clark J. Gantzer, and Gretchen F. Sassenrath (Ankeny, Iowa: Soil and Water Conservation Society, 2020), 255–269; Brian Gelder et al., "The Daily Erosion Project: Daily Estimates of Water Runoff, Soil Detachment, and Erosion," *Earth Surface Processes and Landforms* 43 (2018): 1105–1117.
20. Stanley W. Trimble and Pierre Crosson, "US Soil Erosion Rates: Myth and Reality," *Science* 289 (2000): 248–250; Laflen and Flanagan, "Development," 1–11.
21. 지리정보를 수집, 관리, 분석하는 체계인 지리정보시스템(GIS)을 알기 위해서는 "지리정보시스템이란 무엇인가?"를 소개하는 esri 홈페이지 https://www.esri.com/en-us/what-is-gis/overview. Aafaf El Jazouli et al., "Soil Erosion

Modeled with USLE, GIS, and Remote Sensing: A Case Study of Ikkour Watershed in Middle Atlas (Morocco)," *Geoscience Letters* 4, no. 25 (2017); D. P. Shrestha, M. Suriyaprasit, and S. Prachansri, "Assessing Soil Erosion in Inaccessible Mountainous Areas in the Tropics: The Use of Land Cover and Topographic Parameters in a Case Study in Thailand," Catena 121 (2014): 40–52; Sohan Kumar Ghimire, Daisuke Higaki, and Tara Prasad Bhattarai, "Estimation of Soil Erosion Rates and Eroded Sediment in a Degraded Catchment of the Siwalik Hills, Nepal," *Land* 2 (2013): 370–391.를 참고

22. 피지(Fiji)에 관해서는 FAO and ITPS, *Status*, 487.를, 미국 그리고 그중에서도 아이오와에 관해서는 USDA and Iowa State University, *2015 National Resources Inventory: Summary Report* (Washington, D.C.: Natural Resources Conservation Service and Center for Survey Statistics and Methodology, 2018), 5–37; Craig Cox, Andrew Hug, and Nils Bruzelius, *Losing Ground* (Washington, D.C.: Environmental Working Group, April 2011), 13; and Bradley Miller, "Physiography of Iowa," Geospatial Laboratory for Soil Informatics, Iowa State University, December 23, 2020. Evan A. Thaler, Isaac J. Larsen, and Qian Yu, "The Extent of Soil Loss Across the US Corn Belt," *PNAS* 118 (2021): e1922375118.를 참고

23. Thomas Jefferson to Charles W. Peale, 1813, in *Thomas Jefferson's Garden Book*, ed. E. M. Betts (Monticello, Va.: Thomas Jefferson Foundation, 1999), 509.

24. David B. Grigg, *The Agricultural Systems of the World: An Evolutionary Approach* (London: Cambridge University Press, 1974), 256–283.

25. R. A. Houghton, "The Annual Net Flux of Carbon to the Atmosphere from Changes in Land Use, 1850–1990," *Tellus B: Chemical and Physical Meteorology* 51 (1999): 298–313; Eric A. Davidson and Ilse L. Ackerman, "Changes in Soil Carbon Inventories Following Cultivation of Previously Untilled Soils," *Biogeochemistry* 20 (1993): 161–193.

26. 지구적 문제가 되고 있는 "산림 벌채율"에 관해서는 The World Counts의 https://www.theworldcounts.com/challenges/planet-earth/forests-and-deserts/rate-of-deforestation/story; David R. Montgomery, *Dirt: The Erosion of Civilizations*, 2nd ed. (Berkeley: University of California Press, 2012), 49–81.를 참고

27. Lucas Reusser, Paul Bierman, and Dylan Rood, "Quantifying Human Impacts on Rates of Erosion and Sediment Transport at a Landscape Scale," *Geology* 43 (2015): 171–174; R. B. Daniels, "Soil Erosion and Degradation in the Southern Pied-mont of the USA," in *Land Transformation in Agriculture*, ed.

M. G. Wolman and F. G. A. Fournier (New York: John Wiley and Sons, 1987), 407–428.

28. Steven Davies, "Estimated Population of American Colonies: 1610 to 1780," Vancouver Island University, https://web.viu.ca/davies/H320/population.colonies.htm; Nicolas A. Jelinski et al., "Meteoric Beryllium-10 as a Tracer of Erosion Due to Postsettlement Land Use in West-Central Minnesota, USA," *Journal of Geophysical Research: Earth Surface* 124 (2019): 874–901; Bruce H. Wilkinson and Brandon J. McElroy, "The Impact of Humans on Continental Erosion and Sedimentation," *Geological Society of America Bulletin* 119 (2007): 140–156; Reich, Eswaran, and Beinroth, "Global Dimensions," 838–846; Montgomery, "Soil Erosion," 13268–13272.
29. Xiaobing Liu et al., "Overview of Mollisols in the World: Distribution, Land Use and Management," *Canadian Journal of Soil Science* 92 (2011): 383–402.
30. R. Skuodienė and Donata Tomchuk, "Root Mass and Root to Shoot Ratio of Different Perennial Forage Plants Under Western Lithuania Climatic Conditions," *Romanian Agricultural Research* 32 (2015); Sergi Munne-Bosch, "Perennial Roots to Immortality," *Plant Physiology* 166 (2014): 720–725; M. A. Bolinder et al., "Root Biomass and Shoot to Root Ratios of Perennial Forage Crops in Eastern Canada," *Canadian Journal of Plant Science* 82 (2002): 731–737.
31. Xiaochao Chen et al., "Changes in Root Size and Distribution in Relation to Nitrogen Accumulation During Maize Breeding in China," *Plant Soil* 374 (2014): 121–130; J. Giles Waines and Bahman Ehdaie, "Domestication and Crop Physiology: Roots of Green-Revolution Wheat," *Annals of Botany* 100 (2007): 991–998; Meghann E. Jarchow and Matt Liebman, "Tradeoffs in Biomass and Nutrient Allocation in Prairies and Corn Managed for Bioenergy Production," Crop Science 52 (2012): 1330–1342; Qiuying Tian et al., "Genotypic Difference in Nitrogen Acquisition Ability in Maize Plants Is Related to the Coordination of Leaf and Root Growth," *Journal of Plant Nutrition* 29 (2006): 317–330; Rex D. Pieper, "Chapter 6—Grasslands of Central North America," in *Grasslands of the World*, ed. J. M. Suttie, S. G. Reynolds, and C. Batello (Rome: FAO, 2005), 221–263.
32. 토머스 제퍼슨이 1817년 트리스탄 달튼(Tristan Dalton)에게 보낸 편지로 *Thomas Jefferson's Garden Book*, ed. E. M. Betts (Monticello, Va.: Thomas Jefferson Foundation, 1999), 570.에 나옴
33. S. G. Whisenant, *Repairing Damaged Wildlands: A Process-Oriented,*

Landscape- Scale Approach (New York: Cambridge University Press, 1999); S. G. Whisenant, "Terrestrial Systems," in Handbook of Ecological Restoration, vol. 1, ed. M. R. Perrow and A. J. Davy (New York: Cambridge University Press, 2002), 83–105; Elizabeth G. King and Richard J. Hobbs, "Identifying Linkages Among Conceptual Models of Ecosystem Degradation and Restoration: Towards an Integrative Framework," Restoration Ecology 14 (2006): 369–378.

34. Eric F. Lambin and Patrick Meyfroidt, "Global Land Use Change, Economic Globalization, and the Looming Land Scarcity," PNAS 108 (2011): 3465–3472.
35. Shaochuang Liu et al., "Pinpointing the Sources and Measuring the Lengths of the Principal Rivers of the World," International Journal of Digital Earth 2 (2009): 80–87.
36. Maurice L. Schwartz, ed., Encyclopedia of Coastal Science (Dordrecht: Springer Netherlands, 2005), 358.
37. Waleed Hamza, "The Nile Delta," in The Nile, ed. H. J. Dumont (Dordrecht: Springer Netherlands, 2009), 75–94; Scott W. Nixon, "Replacing the Nile: Are Anthropogenic Nutrients Providing the Fertility Once Brought to the Mediterranean by a Great River?," AMBIO: A Journal of the Human Environment 32 (2003): 30–39.
38. James P. M. Syvitski et al., "Impact of Humans on the Flux of Terrestrial Sediment to the Global Coastal Ocean," Science 308 (2005): 376–380; Khalid Mahmood, Reservoir Sedimentation: Impact, Extent, and Mitigation (Washington, D.C.: International Bank for Reconstruction and Development, 1987); Schwartz, Encyclopedia of Coastal Science, 358; Committee on Cost Savings in Dams, "Cost Savings in Dams (Draft of ICOLD Bulletin)," HydroCoop, http://www.hydrocoop.org/dams-cost-savings-icold/.
39. Walsh et al., "Our Changing Climate."
40. Simon Michael Papalexiou and Alberto Montanari, "Global and Regional Increase of Precipitation Extremes Under Global Warming," Water Resources Research 55 (2019): 4901–4914; IPCC, Climate Change and Land: An IPCC Special Report on Climate Change, Desertification, Land Degradation, Sustainable Land Management, Food Security, and Greenhouse Gas Fluxes in Terrestrial Ecosystems (2019), 6–7, https:// www.ipcc.ch/srccl/.
41. Papalexiou and Montanari, "Global and Regional Increase"; IPCC, Climate Change, 6–7, 45.
42. Jock R. Anderson and Jesuthason Thampapillai, Soil Conservation in Developing Countries: Project and Policy Intervention (Washington, D.C.:

World Bank, 1990), 17; Jelinski et al., "Meteoric Beryllium-10," 874–901; Chris Arsenault, "Only 60 Years of Farming Left If Soil Degradation Continues," *Scientific American*, December 5, 2014, https://www.scientificamerican.com/article/only-60-years-of-farming-left-if-soil-degradation-continues/.

6. 지구에서 흙이 모두 사라진다면?

1. International Organization for Migration and United Nations Convention to Combat Desertification, *Addressing the Land Degradation-Migration Nexus: The Role of the UNCCD* (Geneva: International Organization for Migration, 2019); Ephraim Nkonya et al., "Global Cost of Land Degradation," in *Economics of Land Degradation and Improvement: A Global Assessment for Sustainable Development*, ed. Ephraim Nkonya, Alisher Mirzabaev, and Joachim von Braun, 117–165 (Cham, Switzerland: Springer International, 2016), 156; 생물다양성과학기구(IPBES) 2018년 3월 23일 보도자료 "Worsening Worldwide Land Degradation Now 'Critical,' Undermining Well-Being of 3.2 Billion People", https://ipbes.net/news/media-release-worsening-worldwide-land-degradation-now- %E2%80%98critical%E2%80%99-undermining-well-being-32.
2. FAO and ITPS, *Status of the World's Soil Resources: Main Report* (Rome: FAO, 2015), 176.
3. Evan A. Thaler, Isaac J. Larsen, and Qian Yu, "The Extent of Soil Loss Across the US Corn Belt," *PNAS* 118 (2021): e1922375118.
4. Jonathan A. Foley et al., "Solutions for a Cultivated Planet," *Nature* 478 (2011): 337–342; Katherine Tully et al., "The State of Soil Degradation in Sub-Saharan Africa: Baselines, Trajectories, and Solutions," *Sustainability* 7 (2015): 6523–6562; I. I. Obiadi et al., "Gully Erosion in Anambra State, South East Nigeria: Issues and Solutions," *International Journal of Environmental Sciences* 2 (2011): 802; Babatunde J. Fagbohun et al., "GIS-Based Estimation of Soil Erosion Rates and Identification of Critical Areas in Anambra Sub-Basin, Nigeria," *Modeling Earth Systems and Environment* 2, no. 159 (August 2016); Benedicta Dike et al., "Potential Soil Loss Rates in Urualla, Nigeria Using RUSLE," *Global Journal of Science Frontier Research* 18, no. 2 (2018).
5. J. S. C. Mbagwu, Rattan Lal, and T. W. Scott, "Effects of Desurfacing of Alfisols and Ultisols in Southern Nigeria: I. Crop Performance," *Soil Science Society of*

America Journal 48 (1984): 828–833.
6. Jude Nwafor Eze, "Drought Occurrences and Its Implications on the Households in Yobe State, Nigeria," *Geoenvironmental Disasters* 5, no. 18 (October 2018); R. Osabohien, E. Osabuohien, and E. Urhie, "Food Security, Institutional Framework, and Technology: Examining the Nexus in Nigeria Using ARDL Approach," *Current Nutrition and Food Science* 4, no. 2 (2018): 154–163; Esther Ngumbi, "To Ensure Food Security, Keep Soils Healthy" (blog), *World Policy*, December 12, 2017, http://worldpolicy.org/2017/12/12/to-ensure-food-security-keep-soils-healthy/; Food Security Information Network, *2019 Global Report on Food Crises: Joint Analysis for Better Decisions* (Washington, D.C.: International Food Policy Research Institute, 2019), 18.
7. FAO, *Conservation des sols et des eaux dans les zones semi-arides* (Rome: FAO, 1990), 6; Mohamed Yjjou et al., "Modélisation de L'érosion Hydrique via les SIG et L'équation Universelle des Pertes en Sol au Niveau du Bassin Versant de l'Oum Er-Rbia," *The International Journal of Engineering and Science* 3, no. 8 (2014): 83; "Morocco Economic Outlook," African Development Bank Group, accessed January 7, 2021, https://www.afdb.org/en/countries/north-africa/morocco/morocco-economic-outlook.
8. Oliver Kiptoo Kirui and Alisher Mirzabaev, "Economics of Land Degradation in Eastern Africa" (working paper, ZEF Working Paper Series No. 128, Center for Development Research (ZEF), University of Bonn, 2014), 1; Addis Ababa, "Growth and Transformation Plan (GTP) 2010/11–2014/15" (draft, Ministry of Finance and Economic Development, 2010); Mahmud Yesuf, Salvatore Di Falco, et al., "The Impact of Climate Change and Adaptation on Food Production in Low Income Countries: Evidence from the Nile Basin, Ethiopia" (discussion paper, International Food Policy Research Institute, 2008); Paschal Assey et al., *Environment at the Heart of Tanzania's Development: Lessons from Tanzania's National Strategy for Growth and Reduction of Poverty (MKUKUTA)* (London: International Institute for Environment and Development, 2007); Ritu Verma, *Gender, Land, and Livelihoods in East Africa: Through Farmers' Eyes* (Ottawa: International Development Research Centre, 2001); Abhijit Banerjee and Esther Duflo, *Poor Economics* (New York: Public Affairs, 2011), 134–135, 138.
9. Martin Khor, "Land Degradation Causes $10 Billion Loss to South Asia Annually," *Global Policy Forum*, https://www.globalpolicy.org/global-taxes/49705-land-degradation-causes-10-billion-loss-to-south-asi; FAO and

ITPS, *Status of the World's Soil Resources: Main Report* (Rome: FAO, 2015); Dipak Sarkar et al., eds. *Strategies for Arresting Land Degradation in South Asian Countries* (Dhaka: SAARC Agriculture Centre, 2011), 38, 48.

10. "Bhutan: Committed to Conservation," World Wildlife Foundation, https://www.worldwildlife.org/projects/bhutan-committed-to-conservation.

11. "Improved Maize Varieties and Partnerships Welcomed in Bhutan," CIMMYT E-News, International Maize and Wheat Improvement Center, May 14, 2012, https:// www.cimmyt.org/news/improved-maize-varieties-and-partnerships-welcomed-in-bhutan/; Karma Dema Dorji, "Strategies for Arresting Land Degradation in Bhutan," in *Strategies for Arresting Land Degradation in South Asian Countries*, ed. Dipak Sarkar et al. (Dhaka, Bangladesh: SAARC Agricultural Centre, 2011), 59–71; Karma Wangdi Y and Rudra Bahadur Shrestha, "Family Farmers' Cooperatives Towards Ending Poverty and Hunger in Bhutan," in *Family Farmers' Cooperatives: Ending Poverty and Hunger in South Asia*, ed. Rudra Bahadur Shrestha et al. (Bangladesh: SAARC Agriculture Center, Philippines: Asian Farmers' Association, and India: National Dairy Development Board, 2020), 49; Royal Government of Bhutan, *Bhutan: In Pursuit of Sustainable Development*, National Report for the United Nations Conference on Sustainable Development 2012, https://sustainabledevelopment.un.org/content/documents/798bhutanreport.pdf.

12. Royal Government of Bhutan, *Bhutan*; Ephraim Nkonya et al., "Economics of Land Degradation and Improvement in Bhutan," in *Economics of Land Degradation and Improvement—A Global Assessment for Sustainable Development*, ed. Ephraim Nkonya, Alisher Mirzabaev, and Joachim von Braun (Washington, D.C.: Springer International Publishing, 2016), 327–383; United Nations Development Program and Global Environment Facility, *Bhutan: National Action Program to Combat Land Degradation*, 2009, https://www.acauthorities.org /sites/aca/files/countrydoc/Bhutan%20National%20Action%20Program%20to%20Combat%20Land%20Degradation.pdf; Sangay Wangchuk and Stephen F. Siebert, "Agricultural Change in Bumthang, Bhutan: Market Opportunities, Government Policies, and Climate Change," *Society and Natural Resources: An International Journal* 26 (2013): 1375– 1389.

13. Robert Repetto, "Soil Loss and Population Pressure on Java," *AMBIO: A Journal of the Human Environment* 15 (1986): 14–18; Iwan Rudiarto and W. Doppler, "Impact of Land Use Change in Accelerating Soil Erosion in Indonesian Upland Area: A Case of Dieng Plateau, Central Java—Indonesia,"

International Journal of AgriScience 3, no. 7 (July 2013): 574; Anna Strutt, "Trade Liberalisation and Soil Degradation in Indonesia," in *Indonesia in a Reforming World Economy: Effects on Agriculture, Trade and the Environment*, ed. Kym Anderson et al. (South Australia: University of Adelaide Press, 2009): 40–60; Salahudin Muhidin, "Population Projections in Indonesia During the 20th Century," in *The Population of Indonesia* (Amsterdam: Rozenberg, 2002), 90; Bram Peper, "Population Growth in Java in the 19th Century," *Journal of Demography* 24, no. 1 (1970).

14. FAO, *Small Family Farms Country Factsheet: Indonesia* (Rome: FAO, 2018); Diane Perrons, *Globalization and Social Change: People and Places in a Divided World* (Routledge, 2004), 92.
15. Atieno Mboya Samandari, *Gender-Responsive Land Degradation Neutrality* (working paper, Land Outlook, United Nations Convention to Combat Desertification, 2017), 3–15, https://knowledge.unccd.int/sites/default/files/2018-06/3.%20Gender-Responsive%2BLDN__A_M__Samandari.pdf.
16. FAO, *Smallholders and Family Farmers*, 2012, http://www.fao.org/fileadmin/templates/nr/sustainability_pathways/docs/Factsheet_SMALLHOLDERS.pdf.
17. Ivan Franko, "Chernozems of Ukraine: Past, Present, and Future Perspectives," *Soil Science Annual* 70 (2019): 193–197.
18. Timothy Snyder, *Black Earth: The Holocaust as History and Warning* (New York: Tim Duggan Books, 2016); Turi Fileccia et al., *Ukraine: Soil Fertility to Strengthen Climate Resilience* (Rome: FAO, 2014).
19. "Soil Fertility to Increase Climate Resilience in Ukraine," The World Bank, December 5, 2015, https://www.worldbank.org/en/news/feature/2014/12/05/ukraine-soil; "Ukraine, FAO Unite to Save Healthy Soil," FAO, May 24, 2019, http://www.fao.org/europe/news/detail-news/en/c/1195526/; "FAO Launches Training Courses to Help Farmers Stop Land Degradation in Ukraine," FAO, February 19, 2019, http://www.fao.org/europe/news/detail-news/en/c/1180938/.
20. Xiobang Liu et al., "Overview of Mollisols in the World: Distribution, Land Use and Management," *Canadian Journal of Soil Science* 92 (2011): 383–402; H. H. Bennett, "The Cost of Soil Erosion," *Ohio Journal of Science* 33 (1933): 271–279; David Pimentel et al., "Environmental and Economic Costs of Soil Erosion and Conservation Benefits," *Science* 267, no. 5201 (1995): 1120.
21. Tiago Santos Telles et al., "Valuation and Assessment of Soil Erosion Costs," *Scientia Agricola* 70, no. 3 (2013).

22. National Agricultural Statistics Service, "2017 Census of Agriculture," USDA, 1–6, https://www.nass.usda.gov/Publications/AgCensus/2017/Full_Report/Volume_1,_Chapter_1_State_Level/Iowa/iarefmap.pdf.
23. Donnelle Eller, "Erosion Estimated to Cost Iowa $1 Billion in Yield," *Des Moines Register*, May 3, 2014, https://www.desmoinesregister.com/story/money/agriculture/2014/05/03/erosion-estimated-cost-iowa-billion-yield/8682651/; "Ukraine, FAO Unite to Save Healthy Soil," FAO; Craig Cox, Andrew Hug, and Nils Bruzelius, *Losing Ground* (Washington, D.C.: Environmental Working Group, April 2011), 13; Dennis B. Egli and Jerry L. Hatfield, "Yield and Yield Gaps in Central U.S. Corn Production Systems," *Agronomy Journal* 106 (March 2014): 2248–2254; Richard M. Cruse, *Economic Impacts of Soil Erosion in Iowa* (Leopold Center Completed Grant Reports, 2016); *2019 Iowa Farm Costs and Returns*, Ag Decision Maker (Iowa State University Extension and Outreach, 2020); Yanru Liang et al., "Impacts of Simulated Erosion and Soil Amendments on Greenhouse Gas Fluxes and Maize Yield in Miamian Soil of Central Ohio," *Scientific Reports* 8, 520 (January 2018).
24. Cox, Hug, and Bruzelius, *Losing Ground*, 13.
25. National Marine Fisheries Service, *Fisheries Economics of the United States, 2015*, May 2017, National Oceanic and Atmospheric Association, https://www.fish eries.noaa.gov/feature-story/fisheries-economics-united-states-2015; Mississippi River/ Gulf of Mexico Watershed Nutrient Task Force, "Implementing the HTF 2008 Action Plan," Environmental Protection Agency, https://www.epa.gov/ms-htf/imple menting-htf-2008-action-plan; Environmental Protection Agency, *Protecting and Preserving the Gulf of Mexico: 2017 Annual Report*, 2017; Mary Caperton Morton, "Gulf Dead Zone Looms Large in 2019," *EOS* 100 (July 2019); Sergey S. Rabotyagov et al., "Cost-Effective Targeting of Conservation Investments to Reduce the Northern Gulf of Mexico Hypoxic Zone," PNAS 111 (2014): 18530–18535.
26. London Gibson and Sarah Bowman, "Disappearing Beaches, Crumbling Roads: Lake Michigan Cities Face 'Heartbreaking' Erosion," *Indianapolis Star*, March 24, 2020, https://www.indystar.com/story/news/environment/2020/03/24/lake-michigan-cities-indiana-struggle-heartbreaking-erosion/5031489002/.
27. Orlando Milesi and Marianela Jarroud, "Soil Degradation Threatens Nutrition in Latin America," *Inter Press Service*, June 15, 2016, http://www.ipsnews.

net/2016/06 /soil-degradation-threatens-nutrition-in-latin-america/; Karl S. Zimmerer, "Soil Erosion and Labor Shortages in the Andes with Special Reference to Bolivia, 1953–91: Implications for 'Conservation-with-Development,'" *World Development* 21 (1993): 1659–1675; Annemieke de Kort, "Soil Erosion Assessment in the Dryland Areas of Bolivia Using the RUSLE 3D Model" (MA thesis, Wageningen University, 2013), https://edepot.wur.nl/278541.

28. Pasquale Borrelli et al., "An Assessment of the Global Impact of 21st Century Land Use Change on Soil Erosion," *Nature Communications* 8 (December 2017); André Almagro et al., "Projected Climate Change Impacts in Rainfall Erosivity over Brazil," *Scientific Reports* 7 (August 2017); PwC Brazil, *Agribusiness in Brazil: An Overview*, 2013, 3, https://www.pwc.com.br/pt/publicacoes/setores-atividade/assets/agribusiness/2013/pwc-agribusiness-brazil-overview-13.pdf; Viviana Zalles, "Near Doubling of Brazil's Intensive Row Crop Area Since 2000," *PNAS* 116 (2019): 428– 435; Gustavo H. Merten and Jean P. G. Minella, "The Expansion of Brazilian Agriculture: Soil Erosion Scenarios," *International Soil and Water Conservation Research* 1 (2013): 37–48; Cristian Youlton et al., "Changes in Erosion and Runoff Due to Replacement of Pasture Land with Sugarcane Crops," *Sustainability* 8 (2016): 685; Nilo S. F. de Andrade et al., "Economic and Technical Impact in Soil and Nutrient Loss Through Erosion in the Cultivation of Sugar Cane," *Engenharia Agrícola* 31 (2011): 539–550; Tiago Santos Telles et al., "The Costs of Soil Erosion," *Revista Brasileira de Ciência do Solo* 35 (2011): 287–298.

29. David Pimentel and Michael Burgess, "Soil Threatens Food Production," *Agriculture* 3 (2013): 443–463; Chris Arsenault, "Only 60 Years of Farming Left If Soil Degradation Continues," *Scientific American*, December 5, 2014, https://www.scientificamerican.com/article/only-60-years-of-farming-left-if-soil-degradation-continues/; FAO, "International Year of Soil Conference," 2015 Year of Soils, July 6, 2015, http://www.fao.org/soils-2015/events/detail/en/c/338738/; UN General Assembly, "Food Production Must Double by 2050 to Meet Demand from World's Growing Population, Innovative Strategies Needed to Combat Hunger, Experts Tell Second Committee," UN Meetings Coverage and Press Releases, October 9, 2009, https:// www.un.org/press/en/2009/gaef3242.doc.htm.

30. Prabhu L. Pingali, "Green Revolution: Impacts, Limits, and the Path Ahead," PNAS 109 (2012): 12302–12308; "Annual Yield of Rice in India from Financial

Year 1991 to 2018, with an Estimate for 2019," Statista, https://www.statista.com/statistics/764299/india-yield-of-rice/; R. L. Nielsen, "Historical Corn Grain Yields in the U.S.," Purdue University, updated April 2020, https://www.agry.purdue.edu/ext/corn/news/timeless/YieldTrends.html.

31. Deepak K. Ray et al., "Recent Patterns of Crop Yield Growth and Stagnation," *Nature Communications* 3 (2012): 1293; Zvi Hochman, David L. Gobbert, and Heidi Horan, "Climate Trends Account for Stalled Wheat Yields in Australia Since 1990," *Global Change Biology* 23 (2017): 2071–2081; Bernhard Schauberger et al., "Yield Trends, Variability, and Stagnation Analysis of Major Crops in France over More Than a Century," *Scientific Reports* 8 (2018): 16865; Peter Crosskey, "UK 'Yield Plateau' for Wheat and Colza," Agricultural and Rural Convention 2020, January 15, 2013, https://www.arc2020.eu/uk-yield-plateau-for-wheat-and-colza/.

32. Christine Kinealy, "Saving the Irish Poor: Charity and the Great Famine," *The 1846–1851 Famine in Ireland: Echoes and Repercussions*, Cahiers du MIMMOC (December 2015), https://doi.org/10.4000/mimmoc.1845; Ed O'Loughlin and Mihir Zaveri, "Irish Return an Old Favor, Helping Native Americans Battling the Virus," *New York Times*, May 5, 2020.

33. Committee on Commodity Problems, *Historical Background on Food Aid and Key Milestones* (Rome: FAO, 2005); "International Food Aid After 50 Years: A Brief History of Modern Food Aid," Cornell University, updated May 20, 2011, https://www.cornell.edu/video/international-food-aid-2-brief-history-of-modern-food-aid; Cynthia Graber and Nicola Twilley, "How the U.S. Became the World's Largest Food-Aid Donor," *Atlantic*, May 23, 2018, https://www.theatlantic.com/health/archive/2018/05/how-the-us-became-the-worlds-largest-food-aid-donor/560951/; "A Short History of U.S. International Food Assistance," U.S. Department of State, https://2009-2017.state.gov/p/eur/ci/it/milanexpo2015/c67068.htm; "Famine," Wikipedia, https://en.wikipedia.org/wiki/Famine; Shahla Shapouri and Stacey Rosen, "Fifty Years of U.S. Food Aid and Its Role in Reducing World Hunger," Economic Research Service, USDA, September 1, 2004, https://www.ers.usda.gov/amber-waves/2004/september/fifty-years-of-us-food-aid-and-its-role-in-reducing-world-hunger/.

34. UN Security Council, "Amid Humanitarian Funding Gap, 20 Million People Across Africa, Yemen at Risk of Starvation, Emergency Relief Chief Warns Security Council," UN Meetings Coverage and Press Releases, March 10, 2017, https://www.un.org/press/en/2017/sc12748.doc.htm; Katrin Park, "The

Great American Food Aid Boondoggle," *Foreign Policy*, December 10, 2019, https://foreignpolicy.com/2019/12/10/america-wheat-hunger-great-food-aid-boondoggle/.

35. Sue Kirchhoff, "Surplus U.S. Food Supplies Dry Up," *ABC News*, May 3, 2008, https://abcnews.go.com/Business/story?id=4770135&page=1; IPCC, *Climate Change and Land: An IPCC Special Report on Climate Change, Desertification, Land Degradation, Sustainable Land Management, Food Security, and Greenhouse Gas Fluxes in Terrestrial Ecosystems* (2019), 358, sect. 5.2.2, https://www.ipcc.ch/srccl/; United Nations Convention to Combat Desertification, *National Report on Efforts to Mitigate Desertification in the Western United States: The First United States Report on Activities Relevant to the United Nations Convention to Combat Desertification*, 2006.
36. Robert Arnason, "Soil Erosion Costs Farmers $3.1 Billion a Year in Yield Loss: Scientist," *Western Producer*, January 31, 2019, https://www.producer.com/2019/01/soil-erosion-costs-farmers-3-1-billion-a-year-in-yield-loss-scientist/; David A. Robinson et al., "On the Value of Soil Resources in the Context of Natural Capital and Ecosystem Service Delivery," *Soil Science Issues* 78 (2014): 685–700; IPCC, *Climate Change*, 56, 358.

7. 흙과 기후 위기의 듀엣

1. IPCC, *Climate Change and Land: An IPCC Special Report on Climate Change, Desertification, Land Degradation, Sustainable Land Management, Food Security, and Greenhouse Gas Fluxes in Terrestrial Ecosystems* (2019), https://www.ipcc.ch/srccl/.
2. J. Blunden and D. S. Arndt, eds., *A Look at 2019: Takeaway Points from the State of the Climate* (Boston: Bulletin of the American Meteorological Society, 2020), https://www.ametsoc.org/index.cfm/ams/publications/bulletin-of-the-american-meteorological-society-bams/state-of-the-climate/.
3. IPCC, *Climate Change*, 11, 61.
4. "How Can Climate Change Affect Natural Disasters?," Climate and Land Use Change, USGS, https://www.usgs.gov/faqs/how-can-climate-change-affect-natural-disasters-1?qt-news_science_products=0#qt-news_science_products; Linlin Li et al., "A Modest 0.5-m Rise in Sea Level Will Double the Tsunami Hazard in Macau," Science Advances 4 (2018): eaat1180; Faith Ka Shun

Chan et al., "Flood Risk in Asia's Urban Mega-Deltas: Drivers, Impacts and Response," *Environment and Urbanization* ASIA 3 (2012): 41–61.

5. Randy Schnepf, *U.S. International Food Aid Programs: Background and Issues*, CRS Report R41072 (2016), 12; Charles E. Hanrahan, *Indian Ocean Earthquake and Tsunamis: Food Aid Needs and the U.S. Response*, CRS Report RS22027 (2005), 2; Blunden and Arndt, *Look at 2019*, 1–11.
6. Senay Habtezion, "Gender and Climate Change" (New York: United Nations Development Programme, 2016), 5.
7. "5 Natural Disasters That Beg for Climate Action," Oxfam International, https://www.oxfam.org/en/5-natural-disasters-beg-climate-action; United Nations, *Climate Change and Indigenous Peoples*, 2007, https://www.un.org/en/events/indig enousday/pdf/Backgrounder_ClimateChange_FINAL.pdf.
8. Nora E. Torres Castillo et al., "Impact of Climate Change and Early Development of Coffee Rust: An Overview of Control Strategies to Preserve Organic Cultivars in Mexico," *Science of the Total Environment* 738 (2020): 140225.
9. Maximilian Heath and Ana Mano, "Argentina, Brazil Monitor Massive Locust Swarm; Crop Damage Seen Limited," Reuters, June 25, 2020, https://www.reuters.com/article/us-argentina-brazil-grains-locusts/argentina-brazil-monitor-massive-locust-swarm-crop-damage-seen-limited-idUSKBN23W34K; Mélissa Goden, "Swarms of Up to 80 Million Locusts Decimating Crops in East Africa, Threatening Food Security for 13 Million People," *Time*, February 14, 2020, https://time.com/5784323/un-locust-east-africa/; "FAO Welcomes Additional €15 Million from the European Union to Fight Desert Locusts and Their Impacts on Food Security," FAO, July 8, 2020, http://www.fao.org/news/story/en/item/1296770/icode/.
10. Muhammad Farooq et al., "Soil Degradation and Climate Change in South Asia," in *Soil and Climate*, ed. Rattan Lal and B. A. Stewart (New York: CRC Press, 2018), 330–332; Merritt R. Turetsky et al., "Global Vulnerability of Peatlands to Fire and Carbon Loss," *Nature Geoscience* 8 (2015): 11–14.
11. IPCC, *Climate Change*, 6, 11; Ottmar Edenhofer et al., eds., *Climate Change 2014: Mitigation of Climate Change; Contribution of Working Group III to the Fifth Assessment Report of the Intergovernmental Panel on Climate Change* (New York: Cambridge University Press, 2014); David A. N. Ussiri and Rattan Lal, *Carbon Sequestration for Climate Change Mitigation and Adaptation* (Cham, Switzerland: Springer International, 2017); Jonathan Sanderman, Tomislav

Hengl, and Gregory J. Fiske, "Soil Carbon Debt of 12,000 Years of Human Land Use," *PNAS* 114 (2017): 9575– 9580.

12. Joseph M. Prospero and Olga L. Mayol-Bracero, "Understanding the Transport and Impact of African Dust on the Caribbean Basin," *Bulletin of the American Meteorological Society* 94 (2003): 1329–1337; Pablo Méndez Lázaro, quoted in Sabrina Imbler, "A Giant Dust Storm Is Heading Across the Atlantic," *Atlantic*, June 24, 2020, https://www.theatlantic.com/science/archive/2020/06/saharan-dust-storms-giving-earth-life/613441/; Cornelius Oertel et al., "Greenhouse Gas Emissions from Soils: A Review," *Geochemistry* 76 (2016): 327–352.

13. Pete Smith et al., "Agriculture, Forestry and Other Land Use (AFOLU)," in Edenhofer et al., *Climate Change 2014*, 811–922.

14. Merritt R. Turetsky et al., "Global Vulnerability of Peatlands to Fire and Carbon Loss," *Nature Geoscience* 8 (2015): 11–14; Raymond R. Weil and Nyle C. Brady, *Nature and Properties of Soils*, 15th ed. (London: Pearson, 2017), 296.

15. Clifton Bain and Emma Goodyer, *Horticulture and Peatlands: A Discussion Briefing for Scotland's National Peatland Plan Steering Group* (IUCN UK Peatland Programme, 2016), 1–6; Martin Evans and John Lindsay, "The Impact of Gully Erosion on Carbon Sequestration in Blanket Peatlands," *Climate Research* 45 (2010): 31–41; Niall McNamara et al., "Gully Hotspot Contribution to Landscape Methane (CH4) and Carbon Dioxide (CO_2) Fluxes in the Northern Peatland," *Science Total Environment* 404 (2008): 354–360; Richard Lindsay, Richard Birnie, and Jack Clough, *IUCN UK Committee Peatland Programme Briefing Note No. 9: Weathering, Erosion and Mass Movement of Blanket Bog* (University of East London, 2014), 1–6; Virginia Gewin, "How Peat Could Protect the Planet," *Nature* 578 (2020): 204–208.

16. World Wildlife Fund, "8 Things to Know about Palm Oil," WWF, January 17, 2020, https://www.wwf.org.uk/updates/8-things-know-about-palm-oil; Lulie Melling et al., "Soil CO_2 Fluxes from Different Ages of Oil Palm in Tropical Peatland of Sarawak, Malaysia," in *Soil Carbon*, ed. Alfred E. Hartemink and Kevin McSweeney (New York: Springer, 2014), 447–455; Jordan Hanania et al., "Gigatonne," Energy Education, University of Calgary, https://energyeducation.ca/encyclopedia/ Gigatonne.

17. Bowen Zhang et al., "Methane Emissions from Global Rice Fields: Magnitude, Spatiotemporal Patterns, and Environmental Controls," *Global Biogeochemical Cycles* 30 (2016): 1246–1263; Virender Kumar and Jagdish K. Ladha, "Direct Seeding of Rice: Recent Developments and Future Research Needs," *Advances*

in Agronomy 111 (2011): 297–413; "Rice Productivity," Ricepedia, Research Program on Rice, http:// ricepedia.org/rice-as-a-crop/rice-productivity; Kewei Yu and William H. Patrick Jr., "Redox Window with Minimum Global Warming Potential Contribution from Rice Soils," *Soil Science Society of America Journal* 68 (2004): 2086–2091.

18. Yu Jiang et al., "Higher Yields and Lower Methane Emissions with New Rice Cultivars," *Global Change Biology* 23 (2017): 4728–4738; Yu Jiang et al., "Acclimation of Methane Emissions from Rice Paddy Fields to Straw Addition," *Science Advances* 5 (2019): eaau9038; Yuanfeng Cai et al., "Conventional Methanotrophs Are Responsible for Atmospheric Methane Oxidation in Paddy Soils," *Nature Communications* 7 (June 2016): 11728.
19. Kimberly P. Wickland et al., "Effects of Permafrost Melting on CO_2 and CH4 Exchange of a Poorly Drained Black Spruce Lowland," *Journal of Geophysical Research* 111 (2006): G02011; Blunden and Arndt, *Look at* 2019, 1–11.
20. A. R. Ravishankara, John S. Daniel, and Robert W. Portmann, "Nitrous Oxide (N_2O): The Dominant Ozone-Depleting Substance Emitted in the 21st Century," *Science* 326 (2009): 123–125; David B. Parker et al., "Enteric Nitrous Oxide Emissions from Beef Cattle," *Professional Animal Scientist* 34 (2018): 594–607.
21. IPCC, *Climate Change*, 11, 46.
22. Elizabeth A. Ainsworth and Stephen P. Long, "30 Years of Free-Air Carbon Dioxide Enrichment (FACE): What Have We Learned About Future Crop Productivity and Its Potential for Adaptation?," *Global Change Biology* 27 (2021): 27–49.
23. Y. Govaerts and A. Lattanzio, "Surface Albedo Response to Sahel Precipitation Changes," *Eos* 88 (2007): 25–26.
24. Philipp Mueller, *The Sahel Is Greening* (London: Global Warming Policy Foundation, 2011), 1–13; Lennart Olsson, "Greening of the Sahel," Encyclopedia of Earth, updated July 27, 2012, https://editors.eol.org/eoearth/wiki/Greening_of_the_Sahel; Lennart Olsson, L. Eklundh, and J. Ardö, "A Recent Greening of the Sahel—Trends, Patterns and Potential Causes," *Journal of Arid Environments* 63 (2005): 556–566.
25. IPCC, *Climate Change*, 8, 44.
26. Rattan Lal, "Sequestering Carbon in Soils of Agro-Ecosystems," *Food Policy* 36 (2011): S33–S39; "How Can Climate Change Affect Natural Disasters?"
27. Dominic Woolf et al., "Biochar for Climate Mitigation: Navigating from

Science to Evidence-Based Policy," in *Soil and Climate*, ed. Rattan Lal and B. A. Stewart, 220–248 (New York: CRC Press, 2018).
28. Turetsky, "Global Vulnerability," 11–14; Narayan Sastry, "Forest Fires, Air Pollution, and Mortality in Southeast Asia," *Demography* 39 (2002): 1–23.
29. Dennis Normile, "Parched Peatlands Fuel Indonesia's Blazes," *Science* 366 (2019): 18–19.
30. "The Paris Agreement," United Nations Climate Change, https://unfccc.int/process-and-meetings/the-paris-agreement/the-paris-agreement; William H. Schlesinger and Ronald Amundson, "Managing for Soil Carbon Sequestration: Let's Get Realistic," *Global Change Biology* 25 (2019): 386–389; Keith Paustian et al., "Climate-Smart Soils," *Nature* 532 (2016): 49–57.
31. Bijesh Maharjan, Saurav Das, and Bharat Sharma Acharya, "Soil Health Gap: A Concept to Establish a Benchmark for Soil Health Management," *Global Ecology and Conservation* 23 (2020): e01116; Paustian et al., "Climate-Smart Soils," 49–57; Ussiri and Lal, *Carbon Sequestration*, 327–341.

8. 토착민에게 배우는 농사

1. David R. Montgomery, *Dirt: The Erosion of Civilizations, with a New Preface* (Berkeley: University of California Press, 2012).
2. Donald A. Davidson and Stephen P. Carter, "Micromorphological Evidence of Past Agricultural Practices in Cultivated Soils: The Impact of a Traditional Agricultural System on Soils in Papa Stour, Shetland," *Journal of Archaeological Science* 25 (1998): 827–838.
3. Manuel Arroyo-Kalin, "Amazonian Dark Earths: Geoarchaeology," in *Encyclopedia of Global Archaeology*, ed. Claire Smith (New York: Springer, 2014).
4. Michael E. Smith, *The Aztecs* (Hoboken, N.J.: John Wiley and Sons, 2013), table 3.1; Naomi Tomky, "Mexico's Famous Floating Gardens Return to Their Agricultural Roots," *Smithsonian Magazine*, January 31, 2017, https://www.smithsonianmag.com/travel/mexicos-floating-gardens-return-their-agricultural-roots-180961899/; FAO, "Chinampas of Mexico City Were Recognized as an Agricultural Heritage System of Global Importance," http://www.fao.org/americas/noticias/ver/en/c/1118851/.
5. "Rice Terraces of the Philippine Cordilleras," UNESCO, https://whc.unesco.

org/en/list/722/; Rogelio N. Concepcion, Edna Samar, and Mario Collado, *Multifunctionality of the Ifugao Rice Terraces in the Philippines* (Diliman, Quezon City, Philippines: Bureau of Soil and Water Management, 2006).

6. Christopher Poeplau and Axel Don, "Carbon Sequestration in Agricultural Soils via Cultivation of Cover Crops: A Meta-Analysis," *Agriculture, Ecosystems and Environment* 200 (2015): 33–41.

7. "6 Ways Indigenous Peoples Are Helping the World Achieve #ZeroHunger," FAO, September 8, 2017, http://www.fao.org/indigenous-peoples/news-article/en/c/1029002/.

8. A. Ford, "The Roots of the Maya Calendar," in *World History: Ancient and Medieval Eras*, ed. David Tipton et al. (online database, ABC-CLIO Solutions, 2012); Robert F. Spencer and Jesse D. Jennings, *The Native Americans* (New York: Harper and Row, 1977), 461–477.

9. Joost van Heerwaarden et al., "Genetic Signals of Origin, Spread, and Introgression in a Large Sample of Maize Landraces," *PNAS* 108 (2011): 1088–1092; Yoshihiro Matsuoka et al., "A Single Domestication for Maize Shown by Multilocus Microsatellite Genotyping," *PNAS* 99 (2002): 6080–6084.

10. Sheryl Luzzadder-Beach, Timothy P. Beach, and Nicholas P. Dunning, "Wetland Fields as Mirrors of Drought and the Maya Abandonment," PNAS 109 (2012): 3646–3651; David L. Lentz et al., "Molecular Genetic and Geochemical Assays Reveal Severe Contamination of Drinking Water Reservoirs at the Ancient Maya City of Tikal," *Scientific Reports* 10 (2020): 10316; Montgomery, *Dirt*, 74–78; Anabel Ford and Ronald Nigh, *The Maya Forest Garden: Eight Millennia of Sustainable Cultivation of the Woodlands* (New York: Routledge, 2015), 38, 77–96; Jared Diamond, *Collapse: How Societies Choose to Fail or Succeed* (London: Penguin, 2011), 159–160, 172–173.

11. Canadian Museum of History, "Maya Civilization," https://www.historymuseum.ca/cmc/exhibitions/civil/maya/mmc12eng.html; C. A. Petrie and J. Bates, "'Multi-Cropping,' Intercropping and Adaptation to Variable Environments in Indus South Asia," *Journal of World Prehistory* 30 (2017): 81–130; Anabel Ford and Ronald Nigh, "The Milpa Cycle and the Making of the Maya Forest Garden," *Research Reports in Belizean Archaeology* 7 (2010): 183–190; Daniel C. Allen, Bradley J. Cardinale, and Theresa Wynn-Thompson, "Plant Biodiversity Effects in Reducing Fluvial Erosion Are Limited to Low Species Richness," *Ecology* 97 (2016): 17–24; Anabel Ford, "Maya Forest Garden," in *Encyclopedia of Global Archaeology*, ed. Claire Smith (Cham,

Switzerland: Springer, 2018); Stewart A. W. Diemont et al., "Lacandon Maya Forest Management: Restoration of Soil Fertility Using Native Tree Species," *Ecological Engineering* 28 (2006): 205–212.

12. Ford and Nigh, *Maya Forest Garden*, 38, 41–68; David Webster, *The Fall of the Ancient Maya: Solving the Mystery of the Maya Collapse* (London: Thames and Hudson, 2002), 348; Michael D. Coe and Stephen Houston, *The Maya*, 9th ed. (London: Thames and Hudson, 2015), 231; Ellen Gray, "Landsat Top Ten—International Borders: Mexico and Guatemala," NASA, July 23, 2012, https://www.nasa.gov/mission_pages/landsat/news/40th-top10-mexico-guatemala.html; Tom Sever, "Archeological Research in the Petén, Guatemala," n.d., NASA, https://weather.msfc.nasa.gov/archeology/peten.html; Betsy Mason, "Landsat's Most Historically Significant Images of Earth from Space," July 23, 2012, Wired, https://www.wired.com/2012/07/landsat-40-significant-images/.

13. Ronald Nigh and Stewart A. W. Diemont, "The Maya Milpa: Fire and the Legacy of Living Soil," *Frontiers in Ecology and the Environment* 11 (2013): e45–e54.

14. Montgomery, *Dirt*, 74–78; Laura C. Schneider, "Bracken Fern Invasion in Southern Yucatán: A Case for Land-Change Science," *Geographical Review* 94 (2004): 229–241.

15. Flavio S. Anselmetti et al., "Quantification of Soil Erosion Rates Related to Ancient Maya Deforestation," *Geology* 35 (2007): 915; Timothy Beach et al., "Impacts of the Ancient Maya on Soil Erosion in the Central Maya Lowlands," *Catena* 65 (2006): 166–178.

16. Scott Macrae and Gyles Iannone, "Understanding Ancient Maya Agricultural Terrace Systems Through LIDAR and Hydrological Mapping," *Advances in Archaeological Practice* 4 (2016): 371–392.

17. Ronald Nigh, "Trees, Fire, and Farmers: Making Woods and Soil in the Maya Forest," *Journal of Ethnobiology* 28 (2008): 231–243; Ford and Nigh, "Milpa Cycle," 183–190; Mark Stevenson, "Mexico's Indigenous Lacandon Battle Settlers over Rainforest," Associated Press, October 11, 2019, https://apnews.com/article/4b066fcf65ee494ab36c144904994725; Anabel Ford, Keith C. Clarke, and Gary Raines, "Modeling Settlement Patterns of the Late Classic Maya Civilization with Bayesian Methods and Geographic Information Systems," *Annals of the Association of American Geographers* 99 (2009): 496–520; Nigh and Diemont, "Maya Milpa."

18. Alisher Mirzabaev, Jiang Wu, et al., "Desertification," in IPCC, *Climate Change*

and Land: An IPCC Special Report on Climate Change, Desertification, Land Degradation, Sustainable Land Management, Food Security, and Greenhouse Gas Fluxes in Terrestrial Ecosystems (2019), https://www.ipcc.ch/srccl/; J. A. Sandor et al., Soil Knowledge Embodied in a Native American Runoff Agroecosystem (Bangkok: World Congress of Soil Science, 2002).

19. David A. Cleveland et al., "Zuni Farming and United States Government Policy: The Politics of Biological and Cultural Diversity in Agriculture," Agriculture and Human Values 12 (1995): 2–18; Gary Paul Nabhan, Patrick Pynes, and Tony Joe, "Safeguarding Species, Languages, and Cultures in the Time of Diversity Loss: From the Colorado Plateau to Global Hotspots," Annals of the Missouri Botanical Garden 89 (2002): 164–175.

20. Jeffrey A. Homburg, Jonathan A. Sandor, and Jay B. Norton, "Anthropogenic Influences on Zuni Agricultural Soils," Geoarchaeology 20 (2005): 661–693.

21. Jonathan A. Sandor, "Biogeochemical Studies of a Native American Runoff Agroecosystem," Geoarchaeology 22 (2007): 359–386; Sandor, Soil Knowledge; Kelly M. Coburn, Edward R. Landa, and Gail E. Wagner, Of Silt and Ancient Voices: Water and the Zuni Land and People (Buffalo, N.Y.: National Center for Case Study Teaching, University of Buffalo, 2014).

22. Cleveland et al., "1995 Zuni Farming," 2–18.

23. Fanny Wonu Veys, Mana Māori: The Power of New Zealand's First Inhabitants (Leiden: Leiden University Press, 2010).

24. Jessica Hutchings, Jo Smith, and Garth Harmsworth, "Elevating the Mana of Soil Through the Hua Parakore Framework," MAI Journal 7, no. 1 (2018).

25. Garth R. Harmsworth and N. Roskruge, "Indigenous Māori Values, Perspectives and Knowledge of Soils in Aotearoa-New Zealand: Chapter 9—Beliefs, and Concepts of Soils, the Environment and Land," in The Soil Underfoot: Infinite Possibilities for a Finite Resource, ed. G. J. Churchman and E. R. Landa (Boca Raton, Fla.: CRC Press, 2014), 111–126.

26. D. Rhodes, "Rehabilitation of Deforested Steep Slopes on the East Coast of New Zealand's North Island," Unasylva 52 (2001): 21–29; Science Learning Hub, "Middens," https://www.sciencelearn.org.nz/resources/1460-middens; Tara A. Kniskern et al., "Sediment Accumulation Patterns and Fine-Scale Strata Formation on the Waiapu River Shelf, New Zealand," Marine Geology 270 (2010): 188–201.

27. Brad Japhe, "The Wild Story of Manuka, the World's Most Coveted Honey," AFAR, April 20, 2018, https://www.afar.com/magazine/the-wild-story-

of-manuka-the-worlds-most-coveted-honey; Matthew Johnston et al., "Antibacterial Activity of Manuka Honey and Its Components: An Overview," *AIMS Microbiology* 4 (2018): 655–664.

9. 농사짓는 방법을 바꾸자!

1. Damien Houlahan, "Preparing for the Future of Almonds: The Next 10 Years," Olam, https://www.olamgroup.com/investors/investor-library/olam-insights/issue-1-forging-ahead-creating-secure-future-almonds-californian-agriculture/pre paring-future-almonds-next-10-years.html; Delicia Warren, "Global Almond Industry Has Projected CAGR of More Than 7% Through 2028," American Journal of Transportation, https://www.ajot.com/insights/full/ai-global-almond-industry-has-projected-cagr-of-more-than-7-through-2028.
2. FAO, *Small Family Farms Country Factsheet: Malawi* (Rome: FAO, 2018); George Rapsomanikis, *The Economic Lives of Smallholder Farmers: An Analysis Based on Household Data from Nine Countries* (Rome: FAO, 2015); FAO, *Small Family Farms Country Factsheet: Guatemala* (Rome: FAO, 2018).
3. S. M. Crispin et al., "The 2001 Mouth and Foot Disease Epidemic in the United Kingdom: Animal Welfare Perspectives," *Reviews of Science and Technology* 21 (2002): 877–883; World Bank, "Impacts of COVID-19 on Commodity Markets Heaviest on Energy Prices: Lower Oil Demand Likely to Persist Beyond 2021," news release no. 2021/047/EFI, October 22, 2020, https://www.worldbank.org/en/news/press-release/2020/10/22/impact-of-covid-19-on-commodity-markets-heaviest-on-energy-prices-lower-oil-demand-likely-to-persist-beyond-2021; Christian Elleby et al., "Impacts of the COVID-19 Pandemic on the Global Agricultural Markets," *Environmental and Resource Economics* 76 (2020): 1067–1079.
4. "Farmer Suicides: A Global Phenomenon," Brewhouse, Perspective, Pragati, May 6, 2015, http://pragati.nationalinterest.in/2015/05/farmer-suicides-a-global-phenomena/; Vishnu Padmanabhan and Pooja Danteadia, "The Geography of Farmer Suicides," Mint, January 16, 2020, https://www.livemint.com/news/india/the-geography-of-farmer-suicides-11579108457012.html; Dominic Merriott, "Factors Associated with the Farmer Suicide Crisis in India," *Journal of Epidemiology and Global Health* 6 (2016): 217–227; Center

for Human Rights and Global Justice, *Every Thirty Minutes: Farmer Suicides, Human Rights, and the Agrarian Crisis in India* (New York: NYU School of Law, 2011); Matt Perdue, "A Deeper Look at the CDC Findings on Farm Suicides," National Farmers Union, November 27, 2018, https:// nfu.org/2018/11/27/cdc-study-clarifies-data-on-farm-stress-2/; Cora Peterson et al., "Suicide Rates by Major Occupational Group: 17 States, 2012 and 2015," *Morbidity and Mortality Weekly Report* 67 (2018): 1254–1260.
5. Robert A. Hoppe, "Profit Margin Increases with Farm Size," in *Structure and Finances of U.S. Farms: Family Farm Report, 2014 Edition*, EIB-132, U.S. Department of Agriculture, Economic Research Service, December 2014.
6. James M. MacDonald, Penni Korb, and Robert A. Hoppe, "Farm Size and the Organization of U.S. Crop Farming," ERR-152, U.S. Department of Agriculture, Economic Research Service, August 2013.
7. Caroline Schneider, "Aldo Leopold and the Coon Valley Watershed Conservation Project," Certified Crop Adviser, https://www.certifiedcropadviser.org/science-news/aldo-leopold-and-coon-valley-watershed-conservation-project/; Gregory Hitch, "Lessons from Coon Valley: The Importance of Collaboration in Watershed Management," Aldo Leopold Foundation, July 23, 2015, https://www.aldoleopold.org/post/lessons-from-coon-valley-the-importance-of-collaboration-in-watershed-management/.
8. C. B. Johnson and W. C. Moldenhauer, "Effect of Chisel versus Moldboard Plowing on Soil Erosion by Water," *Soil Science Society of America Journal* 43 (1979): 177–179.
9. David R. Montgomery, "Soil Erosion and Agricultural Sustainability," *PNAS* 104 (2014): 13268–13272; Ronald E. Phillips et al., "No-Tillage Agriculture," *Science* 208 (1980): 1108–1113; Tiago Santos Telles, Bastiaan Philip Reydon, and Alexandre Gori Maia, "Effects of No-Tillage on Agricultural Land Values in Brazil," *Land Use Policy* 76 (2018): 124–129; A. Kassam, T. Friedrich, and R. Derpsch, "Global Spread of Conservation Agriculture," *International Journal of Environmental Studies* 76, no. 1 (2019).
10. Tyrone B. Hayes et al., "Hermaphroditic, Demasculinized Frogs After Exposure to the Herbicide Atrazine at Low Ecologically Relevant Doses," *PNAS* 99 (2002): 5476–5480; Tolga Cavas, "In Vivo Genotoxicity Evaluation of Atrazine and Atrazine-Based Herbicide on Fish *Carassius auratus* Using the Micronucleus Test and the Comet Assay," *Food and Chemical Toxicology* 49 (2011): 1431–1435; Mariana Cruz Delcorso et al., "Effects of Sublethal

and Realistic Concentrations of the Commercial Herbicide Atrazine in Pacu (*Piaractus mesopotamicus*): Long-Term Exposure and Recovery Assays," *Vet World* 13 (2020): 147–159; Agency for Toxic Substances and Disease Registry, *Toxicological Profile for Atrazine* (Atlanta, Ga.: U.S. Department of Health and Human Services, Public Health Service), https://www.atsdr.cdc.gov/toxprofiles/tp153-c1-b.pdf.

11. Graham Brookes and Peter Barfoot, "Global Income and Production Impacts of Using GM Crop Technology, 1996–2013," *GM Crops and Food* 6 (2015): 13–46; Srinivasa Konduru, John Kruse, and Nicholas Kalaitzandonakes, "The Global Economic Impacts of Roundup Ready Soybeans," in *Genetics and Genomics of Soybean*, ed. Gary Stacey, 375–395 (New York: Springer, 2008); Phillip N. Johnson and Jason Blackshear, "Economic Analysis of Roundup Ready Versus Conventional Cotton Varieties in the Southern High Plains of Texas," *Texas Journal of Agriculture and Natural Resources* 17 (2004): 87–96.

12. "Recent Trends in GE Adoption," Economic Research Service, U.S. Department of Agriculture, last updated July 17, 2020, https://www.ers.usda.gov/data-products/adoption-of-genetically-engineered-crops-in-the-us/recent-trends-in-ge-adoption.aspx.

13. Graham Brookes, Farzad Taheripour, and Wallace E. Tyner, "The Contribution of Glyphosate to Agriculture and Potential Impact of Restrictions on Use at the Global Level," *GM Crops and Food* 8 (2017): 216–228; Ian Heap and Stephen O. Duke, "Overview of Glyphosate-Resistant Weeds Worldwide," *Pest Management Science* 74 (2018): 1040–1049.

14. Kathryn Z. Guyton et al., "Carcinogenicity of Tetrachlorvinphos, Parathion, Malathion, Diazinon, and Glyphosate," *Lancet Oncology* 16 (2015): 490–491.

15. Nakian Kim et al., "Do Cover Crops Benefit Soil Microbiome? A Meta-Analysis of Current Research," *Soil Biology and Biochemistry* 241 (2020): 107701.

16. James D. Plourde, Bryan C. Pijanowski, and Burak K. Pekin, "Evidence for Increased Monoculture Cropping in the Central United States," *Agriculture, Ecosystems, and Environment* 165 (2013): 50–59.

17. Luis Damiano and Jarad Niemi, *Quantification of the Impact of Prairie Strips on Grain Yield at the Neal Smith National Wildlife Refuge* (Ames: Iowa State University Department of Statistics, 2020); Javed Iqbal et al., "Denitrification and Nitrous Oxide Emissions in Annual Croplands, Perennial Grass Buffers, and Restored Perennial Grasslands," *Soil Science Society of America Journal*

79 (2015); Adam G. Dolezal et al., "Native Habitat Mitigates Feast-Famine Conditions Faced by Honey Bees in an Agricultural Landscape," *PNAS* 116 (2019): 25147–25155.
18. Telles, Reydon, and Maia, "Effects of No-Tillage," 124–129.
19. Craig Mackintosh, "Worldwide Permaculture Network: Project Type Descriptions," Permaculture News, Permaculture Research Institute, January 4, 2011, https://www.permaculturenews.org/2011/01/04/worldwide-permaculture-network-project-type-descriptions/.
20. "The Four Principles of Organic Agriculture," IFOAM Organics International, https://www.ifoam.bio/why-organic/shaping-agriculture/four-principles-organic.
21. "Global Organic Area Continues to Grow," Fresh Plaza, February 17, 2020, https://www.freshplaza.com/article/9189536/global-organic-area-continues-to-grow/; Helga Willer, "Organic Market Worldwide: Observed Trends in the Last Few Years," Bio Eco Actual, October 3, 2020, https://www.bioecoactual.com/en/2020/03/10/organic-market-worldwide-observed-trends-in-the-last-few-years/; "Global Organic Market: Export Opportunity Analysis," Global Marketing Associates, May 6, 2020, http://www.globalmarketing1.com/food-beverage/global-organic-market-export-opportunity-analysis/; Verena Seufert, Navin Ramankutty, and Jonathan A. Foley, "Comparing the Yields of Organic and Conventional Agriculture," *Nature* 485 (2012): 229–234.
22. Madelon Lohbeck et al., "Drivers of Farmer-Managed Natural Regeneration in the Sahel: Lessons for Restoration," *Scientific Reports* 10 (2020): 15038.
23. Duncan Gromko, "In Semi-Arid Africa, Farmers Are Transforming the 'Underground Forest' into Life-Giving Trees," Ensia, Institute on the Environment, February 11, 2020, https://ensia.com/features/in-semi-arid-africa-farmers-are-transforming-the-underground-forest-into-life-giving-trees/; Joachim N. Binam et al., "Effects of Farmer Managed Natural Regeneration on Livelihoods in Semi-Arid West Africa," *Environmental Economics and Policy Studies* 17 (2015): 543–575; Peter Weston et al., "Farmer-Managed Natural Regeneration Enhances Rural Livelihoods in Dryland West Africa," *Environmental Management* 55 (2015): 1402–1417.
24. Lohbeck et al., "Drivers"; J. Bayala et al., "Regenerated Trees in Farmers' Fields Increase Soil Carbon Across the Sahel," *Agroforestry Systems* 94 (2020): 401–415.
25. Mimi Hillenbrand et al., "Impacts of Holistic Planned Grazing with Bison

Compared to Continuous Grazing with Cattle in South Dakota Shortgrass Prairie," *Agriculture, Ecosystems, and Environment* 279 (2019): 156–168; Barry Estabrook, "Meet Allan Savory, the Pioneer of Regenerative Agriculture," *Successful Farming*, March 8, 2018, https://www.agriculture.com/livestock/cattle/meet-allan-savory-the-pioneer-of-regenerative-agriculture.

26. Paige L. Stanley et al., "Impacts of Soil Carbon Sequestration on Life Cycle Greenhouse Gas Emissions in Midwestern USA Beef Finishing Systems," *Agricultural Systems* 162 (2018): 249–258.
27. "Urban Farms," United Community Centers, https://ucceny.org/urban-farm/.
28. Richard Schiffman, "The City's Buried Treasure Isn't Under the Dirt. It Is the Dirt," *New York Times*, July 25, 2018, https://www.nytimes.com/2018/07/25/nyregion/the-citys-buried-treasure-isnt-under-the-dirt-it-is-the-dirt.html.
29. Miigle+, "The Rise of Urban Farming," *Medium*, May 25, 2019, https://medium.com/@Miigle/the-rise-of-urban-farming-cf894db51784; Liz Stinson, "World's Largest Rooftop Urban Farm to Open in Paris Next Year," Curbed, August 15, 2019, https://www.curbed.com/2019/8/15/20806540/paris-rooftop-urban-farm-opening; Kimberly Lim and Kalpana Sunder, "From Singapore to India, Urban Farms Sprout Up as Coronavirus Leaves Bollywood Celebrities with Thyme on Their Hands," *South China Morning Post*, August 2, 2020, https://www.scmp.com/week-asia/people/article/3095592/singapore-india-urban-farms-sprout-coronavirus-leaves-bollywood.

10. 흙이 있는 미래

1. "United Nations Environment Programme: Nairobi Declaration on the State of Worldwide Environment," *International Legal Materials* 21 (1982): 677; FAO and ITPS, *Status of the World's Soil Resources: Main Report* (Rome: FAO, 2015), 225; "Protocol on the Implementation of the Alpine Convention of 1991 in the Field of Soil Conservation: Soil Conservation Protocol," *Official Journal of the European Union* (December 2015).
2. Samantha Harrington, "How Climate Change Affects Mental Health," Yale Climate Connections, Yale Center for Environmental Communication, February 4, 2020, https://yaleclimateconnections.org/2020/02/how-climate-change-affects- mental-health/; Kari Marie Norgaard, "Cognitive and Behavioral Challenges in Responding to Climate Change" (working paper, The

World Bank, Washington, D.C., May 2009).
3. Scott Barrett, *Environment and Statecraft: The Strategy of Environmental Treaty Making* (Oxford: Oxford University Press, 2003), 1–18; 4 Per 1000 Initiative (website), 4 per 1000, https://www.4p1000.org.
4. Budiman Minasny et al., "Soil Carbon 4 per Mille," *Geoderma* 292 (April 2017): 59–86; Rattan Lal, "Digging Deeper: A Holistic Perspective of Factors Affecting Soil Organic Carbon Sequestration in Agroecosystems," *Global Change Biology* 24 (2018): 3285–3301; Adam Chambers, Rattan Lal, and Keith Paustian, "Soil Carbon Sequestration Potential of US Croplands and Grasslands: Implementing the 4 per Thousand Initiative," *Journal Soil Water Conservation* 71 (2016): 68A–74A; William H. Schlesinger and Ronald Amundson, "Managing for Soil Carbon Sequestration: Let's Get Realistic," *Global Change Biology* 25 (2019): 386–389.
5. Schlesinger and Amundson, "Managing"; Bijesh Maharjan, Saurav Das, and Bharat Sharma Acharya, "Soil Health Gap: A Concept to Establish a Benchmark for Soil Health Management," *Global Ecology and Conservation* 23 (2020): e01116.
6. Schlesinger and Amundson, "Managing," 386–389; Minasny et al., "Soil"; "The Paris Agreement," United Nations Framework Convention on Climate Change, https://unfccc.int/process-and-meetings/the-paris-agreement/the-paris-agreement.
7. R. A. Houghton, "The Annual Net Flux of Carbon to the Atmosphere from Changes in Land Use, 1850–1990," *Tellus B: Chemical and Physical Meteorology* 51 (1999): 298–313.
8. Chambers, Lal, and Paustian, "Soil Carbon Sequestration Potential." "Average American Carbon Footprint," Inspire, July 21, 2020, https://www.inspirecleanenergy.com/blog/clean-energy-101/average-american-carbon-footprint.
9. *The State and Future of U.S. Soils: Framework for a Federal Strategic Plan for Soil Science*, Subcommittee on Ecological Systems, Committee on Environment, Natural Resources, and Sustainability of the NSTC (December 2016).
10. Ed Maixner and Philip Brasher, "Carbon Markets Lure Farmers, but Will Benefits Be Enough to Hook Them?," Agri-Pulse, November 23, 2020, https://www.agri-pulse.com/articles/14880-carbon-markets-lure-farmers-but-are-benefits-enough-to-hook-them.
11. "Global Meat Production, 1961 to 2018," Our World in Data, https://ourworldindata.org/grapher/global-meat-production; Mimi Hillenbrand et al.,

"Impacts of Holistic Planned Grazing with Bison Compared to Continuous Grazing with Cattle in South Dakota Shortgrass Prairie," *Agriculture, Ecosystems, and Environment* 279 (2019): 156–168.
12. Cass R. Sunstein, *How Change Happens* (Cambridge, Mass.: MIT Press, 2019); Malcolm Gladwell, *The Tipping Point: How Little Things Can Make a Big Difference* (Boston: Little, Brown, 2000).
13. Rachel Carson, *Silent Spring* (Boston: Houghton Mifflin, 1962); Mark Kitchell, director, "Evolution of Organic," April 20, 2017, https://evolutionoforganic.com.
14. Franklin Fearing, "Influence of the Movies on Attitudes and Behavior," *Annals of the American Academy of Political and Social Science* 254 (1947): 70–79; Marty Kaplan, "Thank You, Norman Lear," *Norman Lear Center* (blog), https://learcenter.org/thank-you-norman-lear/; William DeJong and Jay A. Winsten, "The Use of Mass Media in Substance Abuse Prevention," *Health Affairs* 9 (1990): 30–46; Deborah Glik et al., "Health Education Goes Hollywood: Working with Prime-Time and Daytime Entertainment Television for Immunization Promotion," *Journal of Health Communication* 3 (2010): 263–282; Environment Media Association (website), https:// www.green4ema.org; Jay A. Winsten, "Promoting Designated Drivers: The Harvard Alcohol Project," *American Journal of Preventative Medicine* 10 (1994): 11–14.
15. Anthony A. Leiserowitz, "Day After Tomorrow: Study of Climate Change Risk Perception," *Environment* 46 (2004): 23–37; Ron Von Burg, "Decades Away or the Day After Tomorrow?: Rhetoric, Film, and the Global Warming Debate, Critical Studies in Media," *Critical Studies in Media Communication* 29 (2012): 7–26; Bridie McGreavy and Laura Lindenfeld, "Entertaining Our Way to Engagement? Climate Change Films and Sustainable Development Values," *International Journal of Sustainable Development* 17 (2014): 123–136.
16. "More People Are Gaming in the U.S., and They're Doing So Across More Platforms," NPD, July 20, 2020, https://www.npd.com/wps/portal/npd/us/news/press-releases/2020/more-people-are-gaming-in-the-us/; J. Clement, "Number of Active Video Gamers Worldwide from 2015 to 2023," Statista, January 29, 2021, https://www.statista.com/statistics/748044/number-video-gamers-world/; Max Mastro, "Over 3 Billion People Play Video Games, New Report Reveals," Screen Rant, August 16, 2020, https://screenrant.com/how-many-people-play-video-games-dfc-2020/; Peter Moore, "Poll Results: Reading," YouGov, September 30, 2013, https://today.yougov.com/topics/arts/

articles-reports/2013/09/30/poll-results-reading.
17. National Research Council, *Climate Intervention: Carbon Dioxide Removal and Reliable Sequestration* (Washington, D.C.: National Academies Press, 2015), 107; David Emerson, "Biogenic Iron Dust: A Novel Approach to Ocean Iron Fertilization as a Means of Large Scale Removal of Carbon Dioxide from the Atmosphere," *Frontiers in Marine Science* 6 (February 2019).

참고문헌

프롤로그

Amundson, Ronald, Asmeret Asefaw Berhe, Jan W. Hopmans, Carolyn Olson, A. Ester Sztein, and Donald L. Sparks. "Soil and Human Security in the 21st Century." Science 348 (2015): 1261071.

Cruse, Richard, D. Flanagan, J. Frankenberger, B. Gelder, D. Herzmann, D. James, W. Krajewski, et al. "Daily Estimates of Rainfall, Water Runoff, and Soil Erosion in Iowa." *Journal of Soil and Water Conservation* 61 (2006): 191.

FAO and ITPS. *Status of the World's Soil Resources: Main Report*. Rome: FAO, 2015.

Montgomery, David R. "Soil Erosion and Agricultural Sustainability." PNAS 104 (2014): 13268–13272.

1. 새벽-보이지 않는 위기

Ussiri, David A. N., and Rattan Lal. *Carbon Sequestration for Climate Change Mitigation and Adaptation*. Cham, Switzerland: Springer International, 2017.

2. 지구의 암흑물질

Djokic, Tara, Martin J. Van Kranendonk, Kathleen A. Campbell, Malcolm R. Walter, and Colin R. Ward. "Earliest Signs of Life on Land Preserved in ca. 3.5 Ga Hot Spring Deposits." *Nature Communications* 8 (2017): 15263.

Fierer, Noah. "Earthworms' Place on Earth." *Science* 366 (2019): 425–426.

Flemming, Hans-Curt, and Stefan Wuertz. "Bacteria and Archaea on Earth and Their Abundance in Biofilms." *Nature Reviews Microbiology* 17 (2019): 247–260.

Hütsch, Birgit W., Jürgen Augustin, and Wolfgang Merbach. "Plant Rhizo-deposition: An Important Source for Carbon Turnover in Soils." *Journal of Plant Nutrition and Soil Science* 165 (2002): 397–407.

Kumar, Rajeew, Sharad Pandey, and Apury Pandey. "Plant Roots and Carbon Sequestration." *Current Science* 91 (2006): 885–890.

Lambers, Hans. "Growth, Respiration, Exudation and Symbiotic Associations: The Fate of Carbon Translocated to the Roots." In *Root Development and Function*, edited by P. J. Gregory, J. V. Lake, and D. A. Rose, 125–145. Cambridge: Cambridge University Press, 1987.

Nguyen, Christophe. "Rhizodeposition of Organic C by Plants: Mechanisms and Controls." *Agronomy* 23 (2003): 375–396.

Tashiro, Takayuki, Akizumi Ishida, Masako Hori, Motoko Igisu, Mizuho Koike, Pauline Méjean, Naoto Takahata, Yuji Sano, and Tsuyoshi Komiya. "Early Trace of Life from 3.95 Ga Sedimentary Rocks in Labrador, Canada." *Nature* 549 (2017): 516–518.

Valley, John W. "A Cool Early Earth?" *Scientific American* 293 (2005): 58–63.

Wilde, Simon A., John W. Valley, William H. Peck, and Colin M. Graham. "Evidence from Detrital Zircons for the Existence of Continental Crust and Oceans on the Earth 4.4 Gyr Ago." *Nature* 409 (2001): 175–178.

3. 흙이 하는 일

Baltz, Richard H. "Marcel Faber Roundtable: Is Our Antibiotic Pipeline Unproductive Because of Starvation, Constipation or Lack of Inspiration?" *Journal of Industrial and Microbial Biotechnology* 33 (July 2006): 507–513.

Costa, Ohana Y. A., Jos M. Raaijmakers, and Eiko E. Kuramae. "Microbial Extracellular Polymeric Substances: Ecological Function and Impact on Soil Aggregation." *Frontiers in Microbiology* 9 (July 2018): 1636.

Feller, Christian, Lydie Chapuis-Lardy, and Fiorenzo Ugolini. "The Representation of Soil in the Western Art: From Genesis to Pedogenesis." In *Soil and Culture*, edited by Edward R. Landa and Christian Feller, 3–22. Dordrecht: Springer Netherlands, 2009.

Hütsch, Birgit W., Jürgen Augustin, and Wolfgang Merbach. "Plant Rhizodeposition: An Important Source for Carbon Turnover in Soils." *Journal of Plant Nutrition and Soil Science* 165 (2002): 397–407.

Jones, Martin K., and Xinyi Liu. "Origins of Agriculture in East Asia." *Science* 324 (2009): 730–731.

National Research Council. *The New Science of Metagenomics: Revealing the Secrets of Our Microbial Planet*. Washington, D.C.: National Academies Press, 2007.

Stewart, W. M., D. W. Dibb, A. E. Johnston, and T. J. Smyth. "The Contribution of Commercial Fertilizer Nutrients to Food Production." *Agronomy* 97 (2005): 1–6.

Tauger, Mark B. "The Origins of Agriculture and the Dual Subordination." In *Agriculture in World History*, 3–14. London: Routledge, 2010.

Torsvik, Vigdis, and Lise Øvreås. "Microbial Diversity and Function in Soil: From Genes to Ecosystems." *Current Opinion in Microbiology* 5 (2002): 240.

The United Nations World Water Development Report: Water for a Sustainable World: Facts and Figures. Paris: UNESCO, 2015.

Wang, B., and Y.-L. Qiu. "Phylogenetic Distribution and Evolution of Mycorrhizas in Land Plants." *Mycorrhiza* 16 (2006): 299–363.

4. 지구에는 열두 가지 흙이 있어

Buol, Stanley W., Randal J. Southard, Robert C. Graham, and Paul A. McDaniel. *Soil Genesis and Classification*. 5th ed. Ames: Iowa State University Press, 2003.

Deckers, Jozef, Paul Driessen, Freddy Nachtergaele, and Otto Spaargaren. *World Reference Base for Soil Resources—in a Nutshell*. European Soil Bureau, European Soil Bureau, Research Report no. 7, January 2001.

Hans, Jenny. *Factors of Soil Formation: A System of Quantitative Pedology*. New York: McGraw-Hill, 1941.

Krasilnikov, Pavel, Juan-José Ibáñez Martí, Richard Arnold, and Serghei Shoba, eds. *A Handbook of Soil Terminology, Correlation and Classification*. London: Routledge, 2009.

Wallace, Robert S. "Record-Holding Plants." *Plant Sciences*, Encyclopedia.com, updated December 30, 2020. https://www.encyclopedia.com/science/news-wires-white-papers-and-books/record-holding-plants.

West, L. T., M. J. Singer, and A. E. Hartemink, eds. "Introduction." In *The Soils of the USA*, 1–7. Cham, Switzerland: Springer, 2017.

5. 사라지는 흙

Arsenault, Chris. "Only 60 Years of Farming Left If Soil Degradation Continues." *Scientific American*, December 5, 2014. https://www.scientific american.com/article/only-60-years-of-farming-left-if-soil-degradation-continues/.

Chen, Xiaochao, Jie Zhang, Yanling Chen, Qian Li, Fanjun Chen, Lixing Yuan, and Guohua Mi. "Changes in Root Size and Distribution in Relation to Nitrogen Accumulation During Maize Breeding in China." *Plant Soil* 374 (2014): 121–130.

Cox, Craig, Andrew Hug, and Nils Bruzelius. *Losing Ground*. Washington, D.C.: Environmental Working Group, April 2011.

Daniels, R. B. "Soil Erosion and Degradation in the Southern Piedmont of the USA." In *Land Transformation in Agriculture*, edited by M. G. Wolman and F. G. A. Fournier, 407–428. New York: John Wiley and Sons, 1987.

den Biggelaar, Christoffel, Rattan Lal, Hari Eswaran, Vincent E. Breneman, and Paul F. Reich. "Crop Yield Losses to Soil Erosion at Regional and Global Scales: Evidence from Plot-Level and GIS Data." In *Land Quality, Agricultural Productivity, and Food Security: Biophysical Processes and Economic Choices at Local, Regional, and Global Levels*, edited by Keith Wiebe, 262–279. Cheltenham, UK: Edward Elgar, 2003.

Egan, Timothy. *The Worst Hard Time: The Untold Story of Those Who Survived the Great American Dust Bowl*. New York: Houghton Mifflin Harcourt, 2006.

Gelder, Brian, Tim Sklenar, David James, Daryl Herzmann, Richard Cruse, Karl Gesch, and John Laflen. "The Daily Erosion Project: Daily Estimates of Water Runoff, Soil Detachment, and Erosion." *Earth Surface Processes and Landforms* 43 (2018): 1105–1117.

Hamza, Waleed. "The Nile Delta." In *The Nile*, edited by H. J. Dumont, 75–94. Dordrecht: Springer Netherlands, 2009.

Hsieh, Y. P., K. T. Grant, and G. C. Bugna. "A Field Method for Soil Erosion Measurements in Agricultural and Natural Lands." *Journal of Soil and Water Conservation* 64 (2009): 374.

IPCC. *Climate Change and Land: An IPCC Special Report on Climate Change, Desertification, Land Degradation, Sustainable Land Management, Food Security, and Greenhouse Gas Fluxes in Terrestrial Ecosystems*. 2019. https://www.ipcc.ch/srccl/.

Jarchow, Meghann, E., and Matt Liebman. "Tradeoffs in Biomass and Nutrient

Allocation in Prairies and Corn Managed for Bioenergy Production." *Crop Science* 52 (2012): 1330–1342.

Jefferson, Thomas. *Thomas Jefferson's Garden Book*. Edited by E. M. Betts. Monticello, Va.: Thomas Jefferson Foundation, 1999.

Jelinski, Nicolas A., Benjamin Campforts, Jane A. Willenbring, Thomas E. Schumacher, Sheng Li, David A. Lobb, Sharon K. Papiernik, and Kyungsoo Yoo. "Meteoric Beryllium-10 as a Tracer of Erosion Due to Postsettlement Land Use in West-Central Minnesota, USA." *Journal of Geophysical Research: Earth Surface* 124 (2019): 874–901.

King, C., N. Baghdadi, V. Lecomte, and O. Cerdan. "The Application of Remote-Sensing Data to Monitoring and Modelling of Soil Erosion." *Catena* 62 (2005): 79–93.

Laflen, John M., and Dennis C. Flanagan. "The Development of U.S. Soil Erosion Prediction and Modeling." *International Soil and Water Conservation Research* 1 (2013): 2.

Lal, Rattan, and William C. Moldenhauer. "Effects of Soil Erosion on Crop Productivity." *Critical Reviews in Plant Sciences* 5 (1987): 303–367.

Montgomery, David R. "Soil Erosion and Agricultural Sustainability." *PNAS* 104 (2014): 13268–13272.

Munne-Bosch, Sergi. "Perennial Roots to Immortality." *Plant Physiology* 166 (2014): 720–725.

Portenga, Eric W., and Paul R. Bierman. "Understanding Earth's Eroding Surface with ^{10}Be." *Geological Society of America Today* 21 (2011): 4–10.

Porto, Paolo, Des E. Walling, Vito Ferro, and Costanza di Sefano. "Validating Erosion Rate Estimates Provided by Caesium-137 Measurements for Two Small Forested Catchments in Calabria, Southern Italy." *Land Degradation and Development* 14 (2007): 389–408.

Ravi, Sujith, Paolo D'Odorico, David D. Breshears, Jason P. Field, Andrew S. Goudie, Travis E. Huxman, Junran Li, et al. "Aeolian Processes and the Biosphere." *Reviews of Geophysics* 49 (2011): 1.

Tian, Qiuying, Fanjun Chen, Fusuo Zhang, and Guohua Mi. "Genotypic Difference in Nitrogen Acquisition Ability in Maize Plants Is Related to the Coordination of Leaf and Root Growth." *Journal of Plant Nutrition* 29 (2006): 317–330.

Veenstra, Jessica J., and C. Lee Burras. "Soil Profile Transformation After 50 Years of Agricultural Land Use." *Soil Science Society of America Journal* 79 (2015):

1154–1162.

Wilkinson, Bruce H., and Brandon J. McElroy. "The Impact of Humans on Continental Erosion and Sedimentation." *Geological Society of America Bulletin* 119 (2007): 140–156.

6. 지구에서 흙이 모두 사라진다면?

Almagro, André, Paulo Tarso S. Oliveira, Mark A. Mearing, and Stefan Hagemann. "Projected Climate Change Impacts in Rainfall Erosivity over Brazil." *Scientific Reports* 7 (2017): 8130.

"Bhutan: Committed to Conservation." World Wildlife Foundation. https:// www.worldwildlife.org/projects/bhutan-committed-to-conservation.

Borrelli, Pasquale, David A. Robinson, Larissa R. Fleischer, Emanuele Lugato, Cristiano Ballabio, Christine Alewell, Katrin Meusburger, et al. "An Assessment of the Global Impact of 21st Century Land Use Change on Soil Erosion." *Nature Communications* 8 (2017): 2013.

Cruse, Richard M. *Economic Impacts of Soil Erosion in Iowa*. Leopold Center Completed Grant Reports, 2016.

FAO. *Small Family Farms Country Factsheet: Indonesia*. Rome: FAO, 2018.

Foley, Jonathan A., Navin Ramankutty, Kate A. Brauman, Emily S. Cassidy, James S. Gerber, Matt Johnston, Nathanial D. Mueller, et al. "Solutions for a Cultivated Planet." *Nature* 478 (2011): 337–342.

Franko, Ivan. "Chernozems of Ukraine: Past, Present, and Future Perspectives." *Soil Science Annual* 70 (2019): 193–197.

Khor, Martin. "Land Degradation Causes $10 Billion Loss to South Asia Annually." *Global Policy Forum*. https://www.globalpolicy.org/global-taxes/49705-land-degradation-causes-10-billion-loss-to-south-asi.

Kinealy, Christine. "Saving the Irish Poor: Charity and the Great Famine." In *The 1846–1851 Famine in Ireland: Echoes and Repercussions*, Cahiers du MIMMOC, December 2015. https://doi.org/10.4000/mimmoc.1845.

Liang, Yanru, Rattan Lal, Shengli Guo, Ruiqiang Liu, and Yaxian Hu. "Impacts of Simulated Erosion and Soil Amendments on Greenhouse Gas Fluxes and Maize Yield in Miamian Soil of Central Ohio." *Scientific Reports* 8 (2018): 520.

Liu, Xiobang, Charles Lee Burras, Yuri S. Kravchenko, Artigas Duran, Ted Huffman, Hector Morras, Guillermo Studdert, Xingyi Zhang, Richard M. Cruse, and

Xiaohui Yuan. "Overview of Mollisols in the World: Distribution, Land Use and Management." *Canadian Journal of Soil Science* 92 (2011): 383–402.

Milesi, Orlando, and Marianela Jarroud. "Soil Degradation Threatens Nutrition in Latin America." *Inter Press Service*, June 15, 2016. http://www.ipsnews.net/2016/06/soil-degradation-threatens-nutrition-in-latin-america/.

Nkonya, Ephraim, Weston Anderson, Edward Kato, Jawoo Koo, Alisher Mirzabaev, Joachim von Braun, and Stefan Meyer. "Global Cost of Land Degradation." In *Economics of Land Degradation and Improvement: A Global Assessment for Sustainable Development*, edited by Ephraim Nkonya, Alisher Mirzabaev, and Joachim von Braun, 117–165. Cham, Switzerland: Springer International, 2016.

Pimentel, David, C. Harvey, P. Resosudarmo, K. Sinclair, D. Kurz, M. McNair, S. Crist, et al. "Environmental and Economic Costs of Soil Erosion and Conservation Benefits." *Science* 267 (1995): 1120.

PwC Brazil. *Agribusiness in Brazil: An Overview*. 2013. https://www.pwc.com.br/pt/publicacoes/setores-atividade/assets/agribusiness/2013/pwc-agribusiness-brazil-overview-13.pdf.

Rabotyagov, Sergey S., Todd D. Campbell, Michael White, Jeffrey G. Arnold, Jay Atwood, M. Lee Norfleet, Catherine L. Kling, et al. "Cost-Effective Targeting of Conservation Investments to Reduce the Northern Gulf of Mexico Hypoxic Zone." *PNAS* 111 (2014): 18530–18535.

Ray, Deepak K., Navin Ramankutty, Nathaniel D. Mueller, Paul C. West, and Johnathan A. Foley. "Recent Patterns of Crop Yield Growth and Stagnation." *Nature Communications* 3 (2012): 1293.

Repetto, Robert, "Soil Loss and Population Pressure on Java." *AMBIO: A Journal of the Human Environment* 15 (1986): 14–18.

Robinson, David A., I. Fraser, E. J. Dominati, B. Davíðsdóttir, J. O. G. Jónsson, L. Jones, S. B. Jones, et al. "On the Value of Soil Resources in the Context of Natural Capital and Ecosystem Service Delivery," *Soil Science Issues* 78 (2014): 685–700.

Royal Government of Bhutan. *Bhutan: In Pursuit of Sustainable Development*. National Report for the United Nations Conference on Sustainable Development, 2012. https://sustainabledevelopment.un.org/content/documents/798bhutanreport.pdf.

Rudiarto, Iwan, and W. Doppler. "Impact of Land Use Change in Accelerating Soil Erosion in Indonesian Upland Area: A Case of Dieng Plateau, Central Java—

Indonesia." *International Journal of AgriScience* 3 (2013): 574.

Sarkar, Dipak, Abul Kalam Azad, S. K. Sing, and Nasrin Akter, eds. *Strategies for Arresting Land Degradation in South Asian Countries*. Dhaka: SAARC Agriculture Centre, 2011.

Snyder, Timothy. *Black Earth: The Holocaust as History and Warning*. New York: Tim Duggan Books, 2016.

Telles, Tiago Santos, Sonia Carmela Falci Dechen, Luiz Gustavo Antonio de Souza, and Maria de Fátima Guimarães. "Valuation and Assessment of Soil Erosion Costs." *Scientia Agricola* 70 (2013): 209–216.

UN Security Council. "Amid Humanitarian Funding Gap, 20 Million People Across Africa, Yemen at Risk of Starvation, Emergency Relief Chief Warns Security Council." UN Meetings Coverage and Press Releases, March 10, 2017. https://www.un.org/press/en/2017/sc12748.doc.htm

Verma, Ritu. *Gender, Land, and Livelihoods in East Africa: Through Farmers' Eyes*. Ottawa, Ont.: International Development Research Centre, 2001.

7. 흙과 기후 위기의 듀엣

Evans, Martin, and John Lindsay. "The Impact of Gully Erosion on Carbon Sequestration in Blanket Peatlands." *Climate Research* 45 (2010): 31–41.

Gewin, Virginia. "How Peat Could Protect the Planet." *Nature* 578 (2020): 204–208.

IPCC. *Climate Change and Land: An IPCC Special Report on Climate Change, Desertification, Land Degradation, Sustainable Land Management, Food Security, and Greenhouse Gas Fluxes in Terrestrial Ecosystems*. 2019. https://www.ipcc.ch/srccl/.

Jiang, Yu, Kees Jan van Groenigen, Shan Huang, Bruce A. Hungate, Chris van Kessel, Shuijin Hu, Jun Zhang, et al. "Higher Yields and Lower Methane Emissions with New Rice Cultivars." *Global Change Biology* 23 (2017): 4728–4738.

Melling, Lulie, Kah Joo Goh, Auldry Chaddy, and Ryusuke Hatano. "Soil CO_2 Fluxes from Different Ages of Oil Palm in Tropical Peatland of Sarawak, Malaysia." In *Soil Carbon*, edited by Alfred E. Hartemink and Kevin McSweeney, 447–455. New York: Springer, 2014.

Oertel, Cornelius, Jörg Matschullat, Kamal Zurba, Frank Zimmermann, and Stefan

Erasmi. "Greenhouse Gas Emissions from Soils: A Review." *Geochemistry* 76 (2016): 327–352.

Olsson, Lennart, L. Eklundh, and J. Ardö. "A Recent Greening of the Sahel: Trends, Patterns and Potential Causes." *Journal of Arid Environments* 63 (November 2005): 556–566.

Paustian, Keith, Johannes Lehmann, Stephen Ogle, David Reay, G. Philip Robertson, and Pete Smith. "Climate-Smart Soils." *Nature* 532 (2016): 49–57.

Ravishankara, A. R., John S. Daniel, and Robert W. Portmann. "Nitrous Oxide (N_2O): The Dominant Ozone-Depleting Substance Emitted in the 21st Century." *Science* 326 (2009): 123–125.

Turetsky, Merritt R., Brian Benscoter, Susan Page, Guillermo Rein, Guido R. van der Werf, and Adam Watts. "Global Vulnerability of Peatlands to Fire and Carbon Loss." *Nature Geoscience* 8 (2015): 11–14.

United Nations. *Climate Change and Indigenous Peoples*, 2007. https://www.un.org/en/events/indigenousday/pdf/Backgrounder_ClimateChange_FINAL.pdf.

Ussiri, David A. N., and Rattan Lal. *Carbon Sequestration for Climate Change Mitigation and Adaptation*. Cham, Switzerland: Springer International, 2017.

Woolf, Dominic, Johannes Lehmann, Annette Cowie, Maria Luz Cayuela, Thea Whitman, and Saran Sohi. "Biochar for Climate Mitigation: Navigating from Science to Evidence-Based Policy." In *Soil and Climate*, edited by Rattan Lal and B. A. Stewart, 219–248. New York: CRC Press, 2018.

Zhang, Bowen, Hangin Tian, Wei Ren, Bo Tao, Chaoqun Lu, Jia Yang, Kamaljit Banger, and Shufen Pan. "Methane Emissions from Global Rice Fields: Magnitude, Spatiotemporal Patterns, and Environmental Controls." *Global Biogeochemical Cycles* 30 (2016): 1246–1263.

8. 토착민에게 배우는 농사

Beach, Timothy, N. Dunning, S. Luzzadder-Beach, D. E. Cook, and J. Lohse. "Impacts of the Ancient Maya on Soil Erosion in the Central Maya Lowlands." *Catena* 65 (2006): 166–178.

Cleveland, David A., Fred Bowannie Jr., Donald F. Eriacho, Andrew Laahty, and Eric Perramond. "Zuni Farming and United States Government Policy: The Politics of Biological and Cultural Diversity in Agriculture." *Agriculture and Human Values* 12 (1995): 2–18.

Ford, Anabel, and Ronald Nigh. "The Milpa Cycle and the Making of the Maya Forest Garden." *Research Reports in Belizean Archaeology* 7 (2010): 183–190.

Harmsworth, Garth R., and N. Roskruge. "Indigenous Māori Values, Perspectives and Knowledge of Soils in Aotearoa-New Zealand: Chapter 9—Beliefs, and Concepts of Soils, the Environment and Land." In *The Soil Underfoot: Infinite Possibilities for a Finite Resource*, edited by G. J. Churchman and E. R. Landa, 111–126. Boca Raton, Fla.: CRC Press, 2014.

Japhe, Brad. "The Wild Story of Manuka, the World's Most Coveted Honey." AFAR, April 20, 2018. https://www.afar.com/magazine/the-wild-story-of-manuka-the-worlds-most-coveted-honey.

Lentz, David L., Trinity L. Hamilton, Nicholas P. Dunning, Vernon L. Scarborough, Todd P. Luxton, Anne Vonderheide, Eric J. Tepe, et al. "Molecular Genetic and Geochemical Assays Reveal Severe Contamination of Drinking Water Reservoirs at the Ancient Maya City of Tikal." *Scientific Reports* 10 (2020): 10316.

Matsuoka, Yoshihiro, Yves Vigouroux, Major M. Goodman, Jesus Sanchez G., Edward Buckler, and John Doebley. "A Single Domestication for Maize Shown by Multilocus Microsatellite Genotyping." PNAS 99 (2002): 6080–6084.

Montgomery, David R. *Dirt: The Erosion of Civilizations, with a New Preface*. Berkeley: University of California Press, 2012.

Poeplau, Christopher, and Axel Don. "Carbon Sequestration in Agricultural Soils via Cultivation of Cover Crops: A Meta-Analysis." *Agriculture, Ecosystems and Environment* 200 (2015): 33–41.

Sandor, Jonathan A. "Biogeochemical Studies of a Native American Runoff Agroecosystem." *Geoarchaeology* 22 (2007): 359–386.

Tomky, Naomi. "Mexico's Famous Floating Gardens Return to Their Agricultural Roots." *Smithsonian Magazine*, January 31, 2017. https://www.smithsonianmag.com/travel/mexicos-floating-gardens-return-their-agricultural-roots-180961899/.

Veys, Fanny Wonu. *Mana Māori: The Power of New Zealand's First Inhabitants*. Leiden: Leiden University Press, 2010.

9. 농사짓는 방법을 바꾸자!

Binam, Joachim N., Frank Place, Antoine Kalinganire, Sigue Hamade, Moussa

Boureima, Abasse Tougiani, Joseph Dakouo, et al. "Effects of Farmer Managed Natural Regeneration on Livelihoods in Semi-Arid West Africa." *Environmental Economics and Policy Studies* 17 (2015): 543– 575.

Center for Human Rights and Global Justice. *Every Thirty Minutes: Farmer Suicides, Human Rights, and the Agrarian Crisis in India*. New York: NYU School of Law, 2011.

Damiano, Luis, and Jarad Niemi. *Quantification of the Impact of Prairie Strips on Grain Yield at the Neal Smith National Wildlife Refuge*. Ames: Iowa State University Department of Statistics, 2020.

Elleby, Christian, Ignacio Pérez Domínguez, Marcel Adenauer, and Giampiero Genovese. "Impacts of the COVID-19 Pandemic on the Global Agricultural Markets." *Environmental and Resource Economics* 76 (2020): 1067–1079.

Estabrook, Barry. "Meet Allan Savory, The Pioneer of Regenerative Agriculture." *Successful Farming*, March 8, 2018. https://www.agriculture.com/livestock/cattle/meet-allan-savory-the-pioneer-of-regenerative-agriculture.

Hitch, Gregory. "Lessons from Coon Valley: The Importance of Collaboration in Watershed Management." Aldo Leopold Foundation, July 23, 2015. https://www.aldoleopold.org/post/lessons-from-coon-valley-the-importance-of-collaboration-in-watershed-management/.

Kassam, A., T. Friedrich, and R. Derpsch. "Global Spread of Conservation Agriculture." *International Journal of Environmental Studies* 76 (2019): 29–51.

Kim, Nakian, María C. Zabaloy, Kaiyu Guan, and María B. Villamil. "Do Cover Crops Benefit Soil Microbiome? A Meta-Analysis of Current Research." *Soil Biology and Biochemistry* 241 (2020): 107701.

Phillips, Ronald E., Grant W. Thomas, Robert L. Blevins, Wilbur W. Frye, and Shirley H. Phillips. "No-Tillage Agriculture." *Science* 208 (1980): 1108–1113.

Plourde, James D., Bryan C. Pijanowski, and Burak K. Pekin. "Evidence for Increased Monoculture Cropping in the Central United States." *Agriculture, Ecosystems, and Environment* 165 (2013): 50–59.

Seufert, Verena, Navin Ramankutty, and Jonathan A. Foley. "Comparing the Yields of Organic and Conventional Agriculture." *Nature* 485 (2012): 229–234.

Stanley, Paige L., Jason E. Rowntree, David K. Beede, Marcia S. DeLonge, and Michael W. Hamm. "Impacts of Soil Carbon Sequestration on Life Cycle Greenhouse Gas Emissions in Midwestern USA Beef Finishing Systems." *Agricultural Systems* 162 (2018): 249–258.

Stinson, Liz. "World's Largest Rooftop Urban Farm to Open in Paris Next Year."

Curbed, August 15, 2019. https://www.curbed.com/2019/8/15/20806540/paris-rooftop-urban-farm-opening.

Willer, Helga. "Organic Market Worldwide: Observed Trends in the Last Few Years." Bio Eco Actual, October 3, 2020. https://www.bioecoactual.com/en/2020/03/10/organic-market-worldwide-observed-trends-in-the-last-few-years/.

10. 흙이 있는 미래

Carson, Rachel. *Silent Spring*. Boston: Houghton Mifflin, 1962.

Chambers, Adam, Rattan Lal, and Keith Paustian. "Soil Carbon Sequestration Potential of US Croplands and Grasslands: Implementing the 4 per Thousand Initiative." *Journal Soil Water Conservation* 71 (2016): 68A–74A.

4 Per 1000 Initiative (website). 4 per 1000. https://www.4p1000.org.

McGreavy, Bridie, and Laura Lindenfeld. "Entertaining Our Way to Engagement? Climate Change Films and Sustainable Development Values." *International Journal of Sustainable Development* 17 (2014): 123–136.

Minasny, Budiman, Brendan P. Malone, Alex B. McBratney, Denis A. Angers, Dominique Arrouays, Adam Chambers, Vincent Chaplot, et al. "Soil Carbon 4 per Mille." *Geoderma* 292 (2017): 59–86.

National Research Council. *Climate Intervention: Carbon Dioxide Removal and Reliable Sequestration*. Washington, D.C.: National Academies Press, 2015.

Schlesinger, William H., and Ronald Amundson. "Managing for Soil Carbon Sequestration: Let's Get Realistic." *Global Change Biology* 25 (2019): 386–389.

The State and Future of U.S. Soils: Framework for a Federal Strategic Plan for Soil Science. Subcommittee on Ecological Systems, Committee on Environment, Natural Resources, and Sustainability of the NSTC (December 2016). https://obamawhitehouse.archives.gov/sites/default/files/microsites/ostp/ssiwg_framework_december_2016.pdf.

Sunstein, Cass R. *How Change Happens*. Cambridge, Mass.: MIT Press, 2019.

Von Burg, Ron. "Decades Away or the Day After Tomorrow?: Rhetoric, Film, and the Global Warming Debate, Critical Studies in Media." *Critical Studies in Media Communication* 29 (2012): 7–26.

Winsten, Jay A. "Promoting Designated Drivers: The Harvard Alcohol Project." *American Journal of Preventative Medicine* 10 (1994): 11–14.

• 찾아보기 •

* 그림은 페이지 뒤에 'f'로 표시했고, 도판은 삽입된 페이지(로마숫자)로 표기됨

ㄱ

가뭄:
    (농)작물 보험 243
    가뭄 예방 116
    국제 식량 원조 148
    기후변화 120, 129, 146, 149, 155~158
    더스트 볼 90~91, 113~114, 207
    동물에 미치는 영향 168
    문명의 붕괴 183~184
    식량 생산 128, 146
    작물의 내건성 136
가스 함스워스 194
감염성 질병(감염병) 46, 59~61
검은 일요일, 90~91
검은 흙. 몰리솔 참고
게일로드 넬슨 246
계단식 농경지(논, 밭) 132~133, 180~181, 187, 199, 208, viii
고비 사막 83, 91
고세균 28, 58~59, 58f
곰팡이 41, 52~53, 191
공동체 텃밭 프로그램 226~229, 247
과도한 방목(과방목) 83, 130, 168
과정 기반 침식 추정치 101~102
과학기술정책실(OSTP) 19, 21, 239
관개(관수) 54, 92, 94, 145, 206
관리. 토지 관리, 토양 관리 참고
광합성:
    광합성 가속화 167~169
    광합성 방해 163
    광합성을 통한 탄소 고정 39, 51
    남세균 29
    밀파 시스템 185
    산소 생산 161
    재생 방목 225
    토양 침식으로 인한 광합성 감소 160
    필수 영양소 47
교육적 오락물 248~249

국제 식량 원조 144, 147~150, 157
국제 토양심사대회 65, 81~82
균근균 52~53, 191
근권 52, 165
기반암 36, 54, 66, 69, 71
기아. 식량 부족 참고
기업형 농경(농법, 농장) 189, 206
기후변화 153~174:
    가뭄 120, 129, 146, 149, 155~158
    광합성 167~169
    교육적 오락물 248
    기후변화 완화 15, 153, 233, 236~237
    기후변화를 대하는 사회의 태도 234, 250
    기후변화에 따라 예상되는 현상 156
    북극 증폭 155
    사막화 120, 149, 153, 155
    유엔 기후변화에 관한 정부 간 협의체(IPCC) 153, 156
    유엔기후변화협약 172
    질병과 해충 피해 158~159
    토양 침식 15, 23, 89, 118~120, 153, 160
    토착민 158~159
    파리(유엔기후변화)협약 16, 172, 232, 235, 237
    폭풍우(강우) 빈도 15, 89, 93, 118~119, 149, 168~169, 196
    홍수 149, 156~158
    온실가스 배출 참고

ㄴ

나이지리아의 토양 침식 93, 127~129
나일강 지역 78, 88, 115, 233
남방소나무좀 159
남세균 29, 38, 184
남아메리카:
    메뚜기 대발생 159
    보전 농법 209

아마존 우림 90, 179
옥시솔 80
커피 녹병 158~159
테라 프레타 179, 184, 226, 236
토양 침식 142~144
토양분류체계 72
국가별 참고
노먼 페이스 57
녹색혁명 48~49, 145
농경(경작). 농업과 농(경)법 참고
농무부. 미국 농무부 (USDA) 참고
농민주도 자연재생(FMNR) 221~223, 222f
농부 자살률 206
농업과 농(경)법:
  (논)밭갈이 91, 99, 107, 208~220
  계단식 논(밭, 농법) 132~133, 180~181, 187, 199, 208, viii
  관개 54, 92, 94, 145, 206
  기업형 농경(농법, 농장) 189, 206
  녹색혁명 48~49, 145
  농업의 역사와 진화 45~46
  농업의 위기 203~206
  단일 (작물) 재배 188, 199
  대상 재배 241, vii
  도시 농업(농장) 226~229
  돌려짓기 210, 214~217, 219, 241, 243
  등고선 경작 114, 207~208
  무경운 재배(농법) 16, 207~210, 219~220, 231, 241
  밀파 시스템 184~188, 198~199
  바이오 에너지 산업 143~144
  사이짓기(사이 심기) 16, 207, 215, 231, 241
  소규모 화전농법 184, 189
  온실가스 배출 159~162, 171~172
  유거수 농법 191, 198
  유기농법(농업) 212, 216~218, 246
  줄지어 심기 97, 110, 113, 144
  지피 작물 16, 99, 181, 207, 213~219, 231, 241
  치남파 179~180, 199
  퍼머컬쳐 216, 218
  플라겐 농법 178~179, 199, 226, 236
  화전 농법 184
  작물 수확량(생산량), 비료(퇴비), 식량(식품) 생산, 작물(식물), (논)밭갈이 참고
뉴욕 동부 농장 프로그램 227, 247
뉴질랜드:
  마오리족 192~199
  재식림 활동 196
  토양분류체계 72
  와이아푸강 196~197, iv

ㄷ

다년생 작물(식물) 82, 110~113, 112f, 181, 185, 188
단일 (작물) 재배 188, 199
대기 오염 91
대산소 발생 사건 28~29, 45
대상 재배 241, vii
댐 건설 115~118, 191, 199, 219
더스트 볼 90~91, 113~114, 207
도랑(배수로, 침식곡):
  거주지에 형성된 침식곡 v
  경관 재구성 127
  사석 퇴적 123
  원격탐사 99~100
  토양 침식 93, 100, 160, 163, 196, 208
  하천망(수계망) 141
도시 농업 226~229
돌려짓기 210, 214~215, 217, 219, 241, 243
동위 원소 32~33, 98~99, 183
등고선 경작 114, 207~208

ㄹ

라운드업 레디 대두 211
랜드샛 위성 100, 186
레이 매클루어 95~96
레이첼 카슨 246
로베르트 코흐 57
론강 v
루돌프 슈타이너 217
리 버라스 97
리치 퓨아 239
릭 크루즈 24, 101, 139

ㅁ

마누카 197
마야 문명 182~188, 198~199, 216
마오리족 192~199
말콤 글래드웰 245
먼지(모래) 폭풍 89~92, 92f, 119~120, 160~161
메뚜기 대발생 159, 205
메리 번비 197
메탄 160~166, 172, 225, 243
멕시코만의 저산소 지역 141~142
멜라닌화 72
멸종위기종 보호법(1967) 246
모델링을 활용한 토양 침식 추정 100~102
모래:
 구성 성분 37
 모래 폭풍 161
 모래가 고갈될 위험 36
 모래로 채워진 강 123, 128
 미생물 군집 68
 지하수 통로 54
모로코의 농업 129~130
모재(모암) 34~35, 66, 78~81, 96, 103, 139
몬티셀로 농장 104
몰리솔:
 다년생 작물 110
 먼지 폭풍에 의한 침식 90~91
 몰리솔의 생산성 136~139
 몰리솔의 특징 79~80, 82
 미국 79, 138~141
 방목법 225
 세계토양지도 76~77f
 우크라이나 79, 82, 136~138, vi
 주니족의 토지 190
 토양 침식 예측 125~126, 126f
무경운 재배(농법) 16, 207~210, 219~220, 231, 241
물:
 관개(수) 54, 92, 94, 145, 206
 댐 건설 115~118, 191, 199, 219
 물 부족 54, 93, 155
 바다의 형성 32
 수력발전 116~117, 124, 133
 수식(물에 의한 토양 침식) 92~93, 94f, 100~102, 113, 118, 131
 식수 54, 141
 유거수(표면 유출) 95~98, 141~144, 167, 191, 198, 223
 토양 여과 15, 54, 56~57
 가뭄, 홍수, 지하수 참고
미국 국가지질조사국 100
미국 농무부(USDA) 23, 100, 238, 242, 244
미국 신토양분류법 72~73, 81~82
미국 토양침식국 208
미국 환경보호청(EPA), 141~142, 246
미국:
 교육적 오락물 247~249
 국제 식량 원조 147~149, 157
 기대수명 59
 남방소나무좀 159
 농부 자살률 206
 더스트 볼 90~91, 113~114, 207
 몰리솔 79~80, 138~141
 보전 농법 209
 산림 벌목(벌채) 108
 식량 생산 24, 146, 149~150
 유기농업(농법) 218, 246~247
 지하수 이용 54
 탄소 격리 235, 238~239
 토양 침식 15, 23, 89, 103, 138~142
 토양분류체계 72~73
 토양전략계획 238~251
 폭우 빈도 118, 119f
미사 37, 54, 115~117, 123, 141, 228
미시시피강 23, 88, 141
미화석 33
밀파 시스템 185~188, 198~199

ㅂ

바다의 형성 32
바실리 도쿠차예프 71~72, 82
바이엘 탄소 이니셔티브 242
바이오 에너지 산업 144
바이오 연료 시장 164, 199, 205, 214
바이오차 170, 179, 182, 184~185, 188
바자골막이 191
박테리아(세균):
 근권 52

남세균 29, 38, 184
박테리아(세균)역 28, 58, 58f
　분해자 41
　뿌리혹박테리아 48, 50
　질소 고정 박테리아 38~40, 47~51, 215
　토양 속 박테리아의 양 37~38
　항생제 내성(균) 59~62
발토판쟁기 104~106, 105~106f, 114, 209
방글라데시:
　국제 식량 원조 148
　부유식 채소밭 158
　지하수 이용 54
　토지 황폐화 131~132
방목:
　과도한 방목(과방목) 83, 130, 168
　윤환 방목 223~224, 229, 231, 243
　재생 방목 216, 224~226, 241
방사성 동위원소 98~99
방사성 붕괴 31, 51
버락 오바마 19, 21~22, 24, 252
버티솔 81
번개 47~48
범용토양유실예측공식(USLE) 100~102
보존 농업(농법). 토양 보존(보전, 보호) 참고
보코하람 128
볼리비아에서의 토양 침식 143
부유식 채소밭(수상 경작지) 158, 179~180
부탄의 환경정책 132~133
북극 증폭 155
불편한 진실(다큐멘터리) 248
브라이언 겔더 101
브라질:
　가뭄 120
　광합성 가속화 169
　보전 농법 209
　커피 녹병 158~159
　토양 침식 143~144
　토양분류체계 72
　토양심사대회 65, 81~82
비료(퇴비):
　거름 56
　기업형 농경(농법, 농장) 206
　녹색혁명 145
　오염 91
　유거수(표면 유출) 167

유기농업(농법) 216~217
인 53, 117
작물 수확량(생산량) 47~49, 87, 91, 144~145
질소 47~49, 117, 145, 160, 166~167, 179
합성 비료 212
빅뱅 이론 27
빙하 35, 155, 158, 228
뿌리혹박테리아 48, 50

ㅅ

사막화:
　기후변화 118~120, 150, 153, 155
　방목 223~224
　원격탐사를 이용한 사막화 모니터링 99
　침식에 의한 사막화 91, 142~143
사암 36, 66
사이짓기 16, 207, 215, 231, 241
사하라 사막 83, 90, 161, 168, 233
사회적 변화 231, 234, 245~247
사회적 변화를 위한 티핑 포인트 245, 247
산림 벌채(벌목) 93, 108~110, 113, 130, 186, 195~196
산불 155, 157
산소:
　광합성에 의한 산소 생성 161
　대산소 발생 사건 28, 45
　물질의 변화 35, 66
　토양 층위(토양층) 분화 83~84
산지 축산 221
산화 72, 170
살충제(농약) 203, 206, 212, 216~217, 246
생물다양성:
　부탄의 식물종 다양성 133
　생물다양성 감소 138, 155, 206
　생물다양성 회복 221
　토양 속 생물다양성 38~39, 40~41, 53
석영 35, 37
석회암 35, 66
세계토양자원분류기준 72, 82
세류침식 100
세인트헬렌스산 39~40, 47
소규모 자작농 135~136, 204~205, 223

소규모 화전(농법) 184, 189
수력발전 116~117, 124, 133
수렵채집 생활 45, 193
수식예측계획(WEPP) 101~102
스포도솔 80, i
습지 160~165, 170~171
식량 농업 기후 연맹 242
식량 부족 128, 132, 144~148, 184
식량 안보 23, 54, 87~89, 123, 145, 172
식량 안보와 기후를 위한 0.4%의 토양 탄소 이니셔티브 172~173, 235~240
식량 원조 프로그램 144, 147~150, 157
식량(식품) 생산:
    가뭄 128, 146
    농민주도 자연재생(FMNR)이 미치는 영향 221~223
    온실가스 배출 160, 163~167
    인구 증가 95, 125, 145, 189
    자연재해 157
    중앙 집중화 44
    치남파 179~180
    토양 안전 인증(표지) 17, 240~245
    토양 침식 15~16, 24, 123~131, 135, 144
    농업과 농(경)법, 작물 수확량(생산량) 참고.
    작물별로 참고
식물 vs 좀비(비디오 게임) 249
식수 54, 141
신앙에 묘사된 토양 44
실험적 방법론 30
싼샤 댐 117
쌀 생산:
    계단식 논 132~133, 180~181, viii
    소규모 자작농 135
    수확량 증가 145~146, 165
    온실가스 배출 160, 164~167
    질소 고정 박테리아 48
쓰나미 148, 156~157

ㅇ

아로요(마른 내) 190
아르헨티나:
    기록적인 우박 크기 119
    몰리솔 79
    보전 농법 209

사막화 143
아리디솔 73, 74~75f, 78, 83, 90, 190
아마존 우림 90, 179
아산화질소 91, 160~161, 166~167, 170, 172, 215
아스완 하이 댐 115~116
아시아:
    도시 농업 229
    메뚜기 대발생 159
    소규모 자작농 135~136, 204~205
    식량 생산 131~132
    아리디솔 78
    이탄(습)지 163~164
    토양 침식 131~134
    토양분류체계 72~73
    폭풍우의 증가 118
    국가별로 참고
아이오와:
    몰리솔 139~141
    일간침식예측프로젝트 101
    토양 침식 15, 23, 101, 139~141, vii
    토양전략계획 243
아일랜드 대기근 147
아즈텍 (문명) 180
아트라진 210, 213
아프리카:
    경관 재건 220~223
    기후변화의 영향 157
    메뚜기 대발생 159
    사헬 지대 168~169
    소규모 자작농 135~136, 204~205, 223
    식량 생산 24, 126~131
    아리디솔 83
    에볼라 유행 21~22
    옥시솔 80
    침식 15~16, 90, 93, 126~131
    토양 분류 72~73
    국가별로 참고
안디솔 78
안토니 판 레이우엔훅 57
알도 레오폴드 208, 213
알버트 하워드 217
알피솔 74~75f, 78, 190, 225
앤트로솔 178~182, 226
앨 고어 248

에볼라 (바이러스) 유행 21~22
에이전트 오렌지 246
에티오피아:
    국제 식량 원조 148
    농민주도 자연재생 222
    토양 침식 130
엔티솔 73, 74~75f, 78, 83, 90, 131, i
여성:
    기후변화의 영향 157~158
    농민주도 자연재생(FMNR)의 이점 221~223
    농업 노동력 130, 135
    토머스 제퍼슨의 여성관 104
역(생물 분류 체계) 28, 58, 58f
염류 집적(염류화) 94, 146
영양 보충 지원 계획 241
오염 91, 160, 163, 242, 246
오존층 29, 166
옥수수 생산:
    농업 소득 139
    몰리솔 79~80
    바이오 연료 시장 214
    사료용 옥수수 243
    소규모 자작농 135
    수확량(생산량) 128, 140, 146
    옥수수 재배종 191
    작물화 과정 183
    질소 고정 박테리아 48
    현대 작물의 뿌리 111, 112f
옥수수. 옥수수 생산 참고
옥시솔 73, 76~77f, 80
온실가스 배출:
    메탄 160~166, 172, 225, 243
    무경운 재배 209
    배출 저감(완화) 16, 164~167, 171~172, 229, 236~237
    식량 생산에서 발생하는 온실가스 160, 163~167
    아산화질소 91, 160~161, 166~167, 170, 172, 215
    온실가스 전환 89, 102, 160~162
    이산화탄소 29, 38, 47, 155, 160~173, 225
    작물 수확량(생산량) 165, 169
    재생 방목 225

축적 속도 154~155
토양 휘발 160~163
와이아푸강 196~197, iv
와이탕기 조약(1840년) 195
용탈 56, 71, 80, 82, 84, 185
우크라이나:
    몰리솔 79, 82, 136~137, vi
    보전 농법 210
    체르노빌 핵발전소 폭발사고 98
    토양 침식 137~138, vi
울티솔 73, 80, 84, 127
원격 탐사 99~102, 144, 169, 181, 186~187
웨인 어스킨 98
위성 영상. 원격 탐사 참고
윈스턴 브릴 50
윌리엄 쇼프 33
유거수(표면 유출) 95~98, 141~144, 167, 191, 198, 223
유기농업(농법) 212, 216~218, 246
유럽:
    광합성 가속화 169
    국제 식량 원조 148~149
    식량 생산 146
    유기농업(농법) 218
    유전자 조작 식품 212
    토양 관리 협정 233
    폭풍우의 증가 118
    플라젠 농법 178~179, 236
    국가별로 참고
유엔 세계식량계획 132, 148, 157
유엔(UN):
    기후변화에 관한 정부 간 협의체(IPCC) 153, 156
    기후변화협약 172
    사막화방지협약 233
    세계 토양의 해 120
    세계식량계획, 132, 148, 157
    유엔식량농업기구(FAO) 72, 129, 145, 147, 233
    유엔환경계획(UNEP)의 세계토양정책 233
    토지 황폐화 124~125
유전자 조작(유전 공학) 22, 46, 146, 211~213
유진 힐가드 71

육류 산업 205, 242~243
윤환 방목 223~224, 229, 231, 243
의약품(항생제) 개발 59~62
이브 밸푸어 217~218
이산화규소 36~37
이산화탄소 29, 38, 47, 155, 160~173, 225
이스터섬 문명의 붕괴 16
이에시마 해리스 227
이탄지 89, 163~164, 171
이푸가오족 180~181, 199
인도:
    광합성 가속화 169
    국제 식량 원조 147
    농부 자살률 206
    먼지(모래) 폭풍 91~92
    식량 생산 24, 94~95, 146
    지하수 이용 54
    토양 침식 91~93
    토양분류체계 72
인도네시아:
    가뭄 156
    산림 벌목(벌채) 108
    소규모 자작농 135
    식량 생산 146
    이탄지 171
    인구 증가 134
인디고 애그리컬쳐 242
인셉티솔 73, 74~75f, 79
일간침식예측프로젝트 101
일년생 작물(식물) 110~111, 113

ㅈ

자바(섬)에서의 토양 침식 133~134
자연선택 28~29
자연자원목록 100
자연자원보전청(NRCS) 23, 238, 240, 244
자연재해 135, 144, 148, 156~157
자와 댐 117~118
작물 수확량(생산량):
    녹색혁명 145
    무경운 농법(재배) 207~210
    비료 49, 87, 91, 144~145
    수확량 정체 146
    온실가스 배출 164~165, 167~169

잡종 강세 145
토양 분류 69
토양 침식 15, 89, 125, 127~129, 138~141
식량(식품) 생산 참고
작물(식물):
    내건성 136
    다년생 식물(작물) 82, 110~113, 112f, 181, 185, 188
    부탄의 식물종 133
    유전자 조작 작물 22, 46, 146, 211~213
    일년생 110~111, 113
    질병 저항성 136, 145
    콩과 식물 40, 47~48, 50, 111, 208, 213~215
    탄소원 38~39, 51~52, 111
    토양 침식 방지 107~111
    토양의 생성 14, 34, 39~40
    품종 개량(육종) 22, 111, 136, 145~146, 170, 191
    프레리(대초원) 80, 110~111, 112f, 215, 244
    농업과 농(경)법 참고
작은 지구 교육 과정 62
잡종 강세 (현상) 145
잡초 방제(제거, 억제, 관리) 107, 186, 199, 210~213
재생 방목 216, 224~226, 241
재식림 (활동) 185, 196, 221
재향군인병 발생 57
쟁기질(논밭갈이):
    등고선 수평 방향 쟁기질 vs 등고선 수직 방향 쟁기질 207
    발토판쟁기 104~106, 105~106f, 114, 209
    쟁기질의 대안 179, 187, 207~209
    지피 작물 213~214
    토양 관리 182, 199
    토양 침식 46, 103~107, 113~114, 144, 208
점토 37, 54, 78, 81, 84, 187
제시카 빈스트라 97
제시카 허칭스 194
제초제 56, 186, 210~213, 246
젤리솔 73, 74~75f, 78~79, 131, 165~166

조 브래거 218~220
조지아나 스캇 65, 68~69, 81~82
존 디어 컴퍼니 106
존 디어 105~106
존 밸리 30~33
존 홀드런 19
주니 푸에블로 토착민 189~192, 198~199
줄지어 심기 농법, 97, 110, 113, 144
중국:
    광합성 가속화 169
    국제 식량 원조 147
    몰리솔 79
    보전 농법 210
    사막화 91
    식량 생산 24, 146
    지하수 사용 54
    토양분류체계 69~70, 72
    토양 침식 16, 91
지구 온난화. *기후변화* 참고
지구의 날 246
지구의 역사와 진화 27~34
지르콘 31~32
지리정보시스템(GIS) 102
지오스민 43, 43*f*, 68, 137
지피 작물 16, 99, 181, 207, 213~219, 231, 241
지하수:
    제초제 210
    지하수 오염 56~57, 210
    지하수 이용 54
    지하수 충전 79, 222
    토양층 여과 54~57
진핵생물, 58~59, 58*f*
진화 과정 28~29, 38~39, 45~46
질소 고정 박테리아 38~40, 47~51, 215
질소 기체 38, 47~48

ㅊ

체르노빌 핵발전소 폭발사고(1986년) 98
체르노젬. *몰리솔* 참고
촉토 네이션 147
층위(토양층):
    깊이(두께) 측정 96
    용탈 78, 84

토양 층위(토양층) 분화 69~72, 70*f*, 78~79, 83~84
토양 층위(토양층) 형성 67
토양목 73, 78~82
*층위*별로 참고
치남파 179~180, 199
침묵의 봄(레이첼 카슨) 246

ㅋ

카를 보슈 48
카리 마리 노가드 234
칼 워즈 58
캐나다:
    국제 식량 원조 148~149
    남방소나무좀 159
    스포도솔 80
    지하수 이용 54
    토양분류체계 72
캐런 슐러스 249
캐스 선스타인 245
커피 녹병 158~159
컬리(크로족 선주민) 44
케냐의 토양 문제 130
코로나바이러스19(COVID-19) 유행 147, 205, 220, 229, 232, 249
콩과 식물 40, 47~48, 50, 111, 208, 213~215
쿤 밸리 208
키스 포스티안 239

ㅌ

탄소 고정:
    4‰ 이니셔티브 172~173, 235~240
    국가별 특화 전략 238
    기후변화 완화 15, 237
    농부에게 제공되는 인센티브 242
    대중적 지지 251
    바이오차 170
    습지에서의 탄소 고정 170~171
    지구적 탄소 고정 잠재력 53~54, 169, 235~239, 237*f*
    토양 보존 235
    토양 침식이 미치는 영향 159~160

토양목 78~79
파리(유엔기후변화)협약 16
탄소 순환 51, 154f, 174
탄소:
　호기성 대사 163
　혐기성 대사 162
　배출권 거래제 197
　대산소 발생 28~29
　탄소원으로서의 식물 38~39, 51~52, 111
테라 프레타 179, 184, 226, 236
토머스 제퍼슨 104~105, 113~114
토양 건강 간극 173, 236
토양 관리 176~200:
　마야인들의 토양 관리법 182~188, 199~200
　마오리족의 토양 관리법 192~199
　아즈텍의 토양 관리법 179~180
　앤트로솔 178~182
　이푸가오족의 토양 관리법 180~181, 199
　주니족의 토양 관리법 189~192, 198~200
　토양 관리에 영향을 미치는 전후 사정 206~207
　토양관리의 과학적 요소 181
　토양관리의 중요성 87, 173~174, 177, 199~200
　핑크하우스 프로젝트 226~229
토양 보존(보전, 보호):
　국제적인 토양 관리 232~238, 250
　시범(실증)사업 138, 208
　지역 특성을 고려한 토양 보존 218~220
　탄소 격리 235~237
　토양 보전 농법 207~216
　토양 보존 계획(발의) 24, 196
　토양 보존의 역사 207~208
　토양 보호 실행에 대한 인센티브 17, 243~244
　토양의 질 개선 활동 22
　토착민의 토양 보존 87
토양 안전 식품 인증(표지) 17, 240~245
토양 유산 177, 192, 198
토양 은행 228
토양 침식 86~150:
　경제에 미치는 영향 136~142, 149~150
　국제 식량 원조에 미치는 영향 147~150
　기후변화 15, 24, 89, 118~120, 153, 160
　댐 건설 115~118
　멀리 떨어져 있는 지역에 미치는 영향 138~139, 141
　몰리솔 침식 예측 125~126, 126f
　문명의 붕괴 15~16, 46, 108
　물 92~93, 94f, 100~103, 113, 118, 131
　바람 89~92, 113, 118, 243
　산림 벌채 93, 108~110, 113
　소규모 자작농의 취약성 135
　식량 생산 16, 24, 123~132, 135, 144~145
　인구 증가 133~134
　작물 수확량(생산량, 생산성) 15, 89, 125, 127~128, 137~141
　쟁기질 46, 104~107, 113~114, 144, 208~209
　지역적(국지적) 차이 102~103, 125, 132~133
　침식 방지 16, 107~111, 113~114, 133, 181~182, 187~188
　침식곡(도랑, 골짜기) 형성 92~93, 100, 160, 163, 196, 208
　토양 침식 가속화 14~16, 23~24, 88~89, 103~104, 110, 142~143
　토양 침식 추정 방법 95~102
　토양 탄소에 미치는 영향 159~160
토양 판정 65, 68~69, 81~82
토양 휘발 160~163
토양(토지) 황폐화:
　가속화되고 있는 토양 황폐화 15
　가축(동물) 114
　기업형 농경(농법, 농장) 206
　기후변화 120, 153
　문명 붕괴 46
　산림 벌목(벌채) 93, 108~110, 113, 130, 186, 195~196
　세계토양침식지도 ii
　옥수수 생산(수확) 214~215
　작물 수확량에 미치는 영향 87
　지역적(국지적) 차이 132~133
　토지 황폐화에 관한 유엔 보고서 124
　사막화; 토양 침식 참고
토양:
　깊이를 활용한 토양 침식 속도 추정 96~97
　입단 41, 52, 97, 181~182, 188

토양분류체계 68~81, 70f, 74~77f
　　　토양의 생성 14, 34~41, 34f, 44~45
　　　토양의 조성 14, 28, 30~34
　　　탄소 고정; 토양 침식; 토지 황폐화 참고
토양과학 관계부처 실무그룹 239
토양목 73~84, 74~77f. *각각의 토양목 참고*
토양보호 운동(SOS) 231, 247~251
토양의 생태계서비스 14~15, 43, 55f
토지 관리:
　　　소규모 자작농 135
　　　토머스 제퍼슨이 토지 관리에 미친 영향 104, 114
　　　토지 관리의 효과 107~108, 178
　　　토양 관리 참고
토지 이용 전환 132
토착민:
　　　국제 식량 원조 147
　　　기후변화가 미치는 영향 157~158
　　　보전 농법 87
　　　코로나바이러스19 구호품 147
　　　토양과의 연대 44
　　　토착민 강제 이주 107
　　　토착민별로 참고
투모로우(영화) 248

ㅍ

파리(유엔기후변화)협약(2015년) 16, 172, 232, 235, 237
파커 리오토 239
퍼머컬쳐 216, 218
표층 제거 실험 127~128
풍식(바람에 의한 토양 침식) 89~92, 113, 118, 243
프랭클린 루즈벨트 208
프랭클린 하이럼 킹 217
프레리(대초원) 식물 80, 110~111, 112f, 215, 244
프리츠 하버 48
플라겐 농법 178~179, 199, 226, 236
피드몬트 대지에서의 농경 108~110, 113
핑크하우스 공동체 농장 226~228

ㅎ

하버-보슈법 48~49, 145, 179
하얀 흙. *스포도솔 참고*
하천 오염 246
항생제 59~62, 206
허글리 실험 217
허리케인 148, 156~157
혐기성 대사 162
호기성 대사 163~164
호주:
　　　광합성 가속화 169
　　　국제 식량 원조 147~148
　　　식량 생산 146
　　　아리디솔 78
　　　토양분류체계 72
　　　퍼머컬쳐 216
　　　폭풍우의 증가 118
혼농 임업 221~223, 238
홍수:
　　　(농)작물 보험 243
　　　국제 식량 원조 148
　　　기후변화 149, 156~158
　　　논(경작 습지) 164~165
　　　부유식 채소밭(수상 경작지) 158
　　　토양 침식 92, 128
　　　홍수 조절(예방) 79, 116, 187, 207
　　　홍수가 지하수에 미치는 영향 57
화석 연료 49, 89, 144, 171~173, 251
화전 농법 184
환경 문제:
　　　먼지(모래) 폭풍 89~92, 92f, 119~120, 160~161
　　　산림 벌채(벌목) 93, 108~110, 113, 130, 186, 195~196
　　　오염 91, 160, 163, 242, 246
　　　기후변화, 가뭄, 토양 침식, 홍수 참고
황폐화. *토양(토지) 황폐화 참고*
흙냄새(지오스민) 43, 68, 137
히스토솔 76~77f, 79, 89, 131, 162

흙이 사라진 세상
A World Without Soil

우리 발밑에 있는 지구의 과거, 현재 그리고 위태로운 미래
The Past, Present, and Precarious Future of the Earth Beneath Our Feet

초판 1쇄 인쇄 2025년 9월 20일
초판 1쇄 발행 2025년 9월 30일

지은이 조 핸델스만
옮긴이 김숲

펴낸곳 지오북(GEOBOOK)
펴낸이 황영심
기획편집 툰드라, 전슬기
책임교정 노환춘
디자인 장영숙

주소 서울특별시 종로구 새문안로5가길 28, 1015호
(적선동, 광화문플래티넘)
Tel_02-732-0337 Fax_02-732-9337
eMail_geobookpub@naver.com
www.geobook.co.kr
cafe.naver.com/geobookpub

출판등록번호 제300-2003-211
출판등록일 2003년 11월 27일

ISBN 978-89-94242-92-7 03450

이 책은 저작권법에 따라 보호받는 저작물입니다.
이 책의 내용과 사진 저작권에 대한 문의는
지오북(GEOBOOK)으로 해주십시오.

재생종이로 만든 책

이 책은 환경과 산림자원 보호를 위한
FSC 인증 종이와 재생종이를 사용했습니다.